遥感制图
原理与应用

主编　梅晓丹　李　丹　郑树峰　张德福

主审　曲建光　王文福

WUHAN UNIVERSITY PRESS

武汉大学出版社

图书在版编目(CIP)数据

遥感制图原理与应用/梅晓丹等主编.—武汉:武汉大学出版社,2021.11
ISBN 978-7-307-22623-4

Ⅰ.遥… Ⅱ.梅… Ⅲ.遥感图象—地图编绘 Ⅳ.P283.8

中国版本图书馆 CIP 数据核字(2021)第 196448 号

责任编辑:任仕元 责任校对:李孟潇 版式设计:马 佳

出版发行:**武汉大学出版社** (430072 武昌 珞珈山)
(电子邮箱:cbs22@whu.edu.cn 网址:www.wdp.com.cn)
印刷:武汉市宏达盛印务有限公司
开本:787×1092 1/16 印张:19.25 字数:439 千字 插页:1
版次:2021 年 11 月第 1 版 2021 年 11 月第 1 次印刷
ISBN 978-7-307-22623-4 定价:49.00 元

内 容 摘 要

本书以遥感制图为主体，以遥感制图的技术流程为主线，全面系统地阐述遥感制图的原理及其应用。全书共9章。第1章至第4章主要介绍遥感制图的基本理论、方法和软件；第5章至第8章主要介绍遥感制图的数据获取、数据处理、图像解译与分类、遥感反演以及遥感制图的设计、编制和评价；第9章主要介绍遥感制图的应用案例。

本书注重理论与实践相结合，强调科学性、系统性和实践性，可作为高等院校测绘、地理信息、遥感、地质、林业、城市规划、环境等相关专业本科学生的教材用书，也可作为其他相关专业的教学、科研和生产技术人员的实用工具书。

前　言

近几年来，我国卫星遥感技术已实现跨越式发展，遥感制图技术使传统的地图制图学从制图理论、表示内容、信息提取方法和手段到编制工艺和印刷技术都产生了深刻的变革。同时，遥感制图与其他学科的综合研究也取得了长足的进展，在自然资源监管、生态环境保护、应急管理服务、海洋环境保护、极端天气应对和气候变化等方面得到了广泛应用。因此，我们应该抓住国家重大战略机遇，充分发挥遥感制图的功能和作用，使遥感制图的内容与表现形式更适应当前社会经济发展的需求。同时，国民经济建设和遥感技术的蓬勃发展必然促使遥感制图理论和技术水平的不断提高。

本书以遥感制图为主体，以遥感制图的技术流程为主线，全面系统地阐述了遥感制图的原理、方法及其应用。在吸取国内外遥感制图理论及前沿学科理论的基础上，结合我国的具体国情，融入了近年来的最新研究成果，注重理论与实践相结合，从大气、水体、土地、植被、土壤、地貌、城市和大区域遥感制图等方面，选择国内外典型案例以及遥感应用的研究前沿所取得的系列成果，突出地方区域特色，反映了遥感制图的广阔应用前景。同时，还将遥感制图理论知识与专业软件操作相结合，着重对学生进行遥感制图的工程实践能力和创新能力的培养。本书内容新颖、结构合理、资料丰富、图文并茂，强调了科学性、系统性和实践性。

本书由黑龙江工程学院和黑龙江大学联合编写，特别邀请曲建光和王文福两位教授负责教材的总体设计、组织和审校工作并担任主审；梅晓丹、李丹、郑树峰和张德福作为教材主编。本书共9章。其中，梅晓丹编写了第1章、第7章、第8章、第9章（9.1、9.2、9.5、9.6和9.7节）；李丹编写了第3章、第4章、第9章（9.3节）；郑树峰编写了第2章、第5章、第6章、第9章（9.4节）；张德福编写了第9章（9.8节）和参考文献。本书在编写过程中得到了诸多同行及专家的热情帮助和支持，在此表示衷心的感谢。另外，本书编写也参阅了大量国内外相关的学术著作、期刊和网络资料，由于篇幅所限未及一一注明，请有关作者见谅，在此致以最衷心的感谢。

此外，特别感谢国家自然科学基金青年基金项目（31800538）对本书的出版所给予的支持和经费资助。

由于编者水平有限，书中难免存在不足之处，敬请广大读者批评指正。

编　者

2021 年 5 月

目　　录

第1章 绪 论

遥感是通过对电磁波敏感的传感器，在远离目标和非接触目标物体条件下探测目标地物，获得其反射、散射或辐射的电磁波信息，并进行提取、判定、加工处理、分析与应用的一门科学和技术。目前，遥感技术已广泛应用于测绘、军事、气象、资源、环境、防灾减灾、农业、林业、地质、水利和城市规划等多个领域。遥感科学促进了现代地图学的进步，加速了遥感制图的崛起，使之形成现代地图学中的一个新分支——遥感制图学。

1.1　遥感制图的基本概念

遥感制图（Remote Sensing Mapping，RSM）是指通过对遥感图像目视判读或利用图像处理系统对各种遥感信息进行增强与几何纠正并加以识别、分类和制图的过程。遥感图像的来源主要包括航空遥感图像和卫星遥感图像。航空遥感图像主要用于测制地形图和编制大比例尺专题图，卫星遥感图像主要用于编制中、小比例尺专题图。随着影像分辨率的提高，利用卫星影像编制大、中比例尺的专题图和地形图已成为可能。

1.2　遥感制图的产品类型

目前，遥感制图的产品类型众多，大体上可归纳为正射影像图、遥感影像地图、三维遥感影像图和新型影像地图4种产品类型。

1. 正射影像图

正射影像图是指消除了由于传感器倾斜、地形起伏以及地物等所引起的畸变后的影像，具有直观、信息量丰富和细节表达清楚等特点。数字正射影像图（Digital Orthophoto Map，DOM）是利用数字高程模型（Digital Elevation Model，DEM）对扫描处理的数字化的航空像片或遥感影像，经过逐像元进行处理，再按影像镶嵌，根据图幅范围剪裁生成的影像数据。DOM信息丰富直观，具有良好的可判读性和可量测性，从中可直接提取自然地理和社会经济信息，其在城市规划、土地管理、铁路以及公路选线等方面有着特殊的作用。随着航空和航天测量技术的提高以及计算机技术的飞速发展，作为测绘4D产品之一的DOM的制作已经步入成熟阶段。

2. 遥感影像地图

遥感影像地图是以遥感影像为基础内容的一种地图形式，是根据一定的数学规则，按一定的比例尺，将地图专题信息和地理基础信息以符号、线划、注记等形式综合缩编到以地球表面影像为背景信息的平面上，并反映各种资源环境和社会经济现象的地理分布与相互联系的地图。按内容分类，其可分为普通遥感影像地图与专题遥感影像地图；按传感器分类，其可分为航空摄影影像地图、扫描影像地图和雷达影像地图。综合性城市遥感影像地图集是基于遥感影像数据，采用最新的测绘科技手段将各类信息数据进行融合处理、依据统一的编制原则而系统汇集并编制成册的新型地图集品种。目前，我国一些城市都相继编制和出版了综合性城市影像地图集。例如，《深圳市写真地图集》《上海市影像地图集》《广州市影像地图集》和《北京市写真地图集》等。

3. 三维遥感影像图

三维遥感影像图在表现形式上更为直观，主要采用卫星图像来完成影像图的绘制，在卫星技术快速发展的新形势下，能够为绘制提供更加可靠的数据基础。目前，常见的三维遥感影像图有三维地貌影像图、三维地质影像图和其他三维影像地图等。制作三维地貌影像图所需数据：数字高程模型和遥感影像；三维地质影像图的制作所需数据主要包括数字地形图、数字遥感影像和数字地质图。三维地貌影像图是通过 DEM 和遥感图像数据进行数据叠加后生成的具有三维视觉的立体影像，可以进行地貌的定量计算和数值解析，解决地貌的数值分类问题和基于数学模型的空间分析问题。在立体测图卫星图像上，可以运用立体像对直接建立光学立体模型，使地貌解译更具有三维立体测图的技术优势。例如，北京矿产地质研究所自主开发制作的新一代正三维立体卫星影像图图像的生成仅依赖于原始卫星图像，无需 DEM 数据即可实现多种比例尺成图，适于第四纪地貌、地质灾害、地质找矿、水文勘测以及军事等领域的应用研究；哈尔滨地图出版社制作的《立体视界三维中国——中华人民共和国 3D 地图集》和《立体视界三维龙江：黑龙江省 3D 地图集》，图集利用最新全球地形数据，运用计算机景深分层处理技术和专用光栅材质，通过特殊印刷工艺印制完成，裸眼便可领略从高空俯瞰三维地貌景观的视觉效果。

4. 新型遥感影像地图

遥感影像地图具有广阔发展前景，电子影像地图、多媒体影像地图、立体全息影像地图等一些新型影像地图的问世，代表了影像地图制作技术发展的主要趋势。

1.3 遥感制图的主要方式

遥感制图主要包括常规制图与计算机辅助制图两种制图方式。

1. 常规制图

常规制作遥感影像地图的一般流程是：①影像地图的设计；②遥感影像的选择、处理和识别；③地理基础底图的选取（地形图作为地理基础底图）；④影像几何纠正；⑤制作线划注记版；⑥遥感影像地图的制印。

2. 计算机辅助制图

计算机辅助制图是在计算机系统支持下，根据地图制图原理，应用数字图像处理技术和数字地图编辑加工技术，实现遥感影像地图制作和成果表现的技术方法。计算机辅助制图的一般流程主要包括：①遥感影像信息选取与数字化：选取合适时相、恰当波段与指定地区的遥感图像，对航空像片与影像胶片进行数字化处理；②地理基础底图的选取与数字化：包括底图数字化前的一系列准备工作以及在此基础上进行的底图数字化。③遥感影像几何纠正与图像处理：几何纠正的同名点应尽量选取永久性地物（道路交叉点、大桥、水坝等），图像处理的目的是消除影像噪音、去云和增强专题信息。④遥感影像镶嵌与地理基础底图拼接：遥感影像镶嵌需投影相同、比例尺相同，有足够的重叠区域；图像的时相保持一致，多幅图像镶嵌时，以中间一幅为准进行几何拼接和灰度平衡；有必要时应进行局部区域二次几何纠正和灰度调整；镶嵌后的影像应是一幅信息完整、比例尺统一和灰度一致的图像。⑤地理基础底图与遥感影像复合：将同一区域的图像与图型准确套合，目的是提高遥感影像地图的定位精度与解译效果。⑥符号和注记图层的生成：注记是对地物属性的补充说明，可以提高影像地图的易读性。⑦影像地图图面配置：影像地图应放在图的中心区域；添加影像标题在影像图上方或左侧；配置图例放在地图中的右侧或下部；配置参考图放在图的四周任意位置；放置比例尺在影像图下部右侧；配置指北箭头放在影像右侧；图幅边框生成；配置结果可单独保存在一个数据图层中。⑧遥感影像地图制作与印刷。

1.4 遥感制图的现状及发展

1. 遥感制图理论方面

20 世纪 70 年代以来，我国地图学界对地图学的研究与教学非常重视，陆续出版了一大批地图学方面的专著和教科书。具有代表性的著作有：祝国瑞和尹贡白的《普通地图编制》（上、下册），高俊的《地图概论》，王家耀的《普通地图制图综合原理》，段体学和王涛等的《地图整饰》，刘岳和梁启章的《地图制图自动化》，胡友元和黄杏元的《计算机地图制图》，张力果和赵淑梅的《地图学》，廖克、刘岳和傅肃性的《地图概论》，陆漱芬等的《地图学基础》，陈述彭的《地学的探索——地图学》，施祖辉的《地貌晕渲法》，褚广荣、王乃斌等的《遥感系列成图方法研究》，李满春、徐雪仁的《应用地图学纲要——地图分析、解译与应用》，陈逢珍的《实用地图学》，黄万华等的《地图应用学原理研究》，毛赞猷等的《新编地图学教程》，傅肃性的《遥感专题分析与地学图谱》，喻沧和廖克的《中国地图学史》等。

地图是根据一定的数学法则和符号系统，利用制图综合来记录空间地理环境信息的载体，是传递空间地理环境的工具，它能反映各种自然和社会现象的空间分布、组合、联系和制约及其在时空中的变化和发展。现代地图学是以地学信息传输与可视化为基础，以区域综合制图与地图概括为核心，以科学认知与分析应用为目的，研究地图的理论实质、制作技术和使用方法的综合性科学。从地图学发展特点和趋势出发，同时在分析比较国内外关于地图学组成与结构的各种观点的长处和不足的基础上，廖克提出现代地图学是由理论地图学（地图学理论基础）、地图制图学（地图编制方法与技术）和应用地图学（地图应用原理与方法）三大部分构成的现代地图学体系（见图 1.1）。

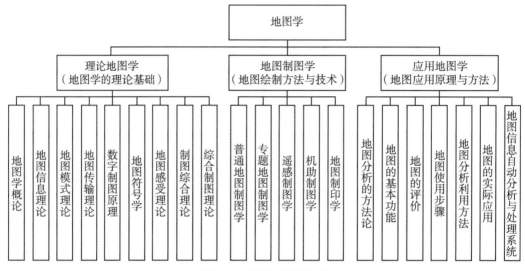

图 1.1 现代地图学体系

近十年来，遥感技术的应用已成为地图编制尤其是各种专题地图编制的重要方法，因此遥感制图学也已成为一个分支学科。遥感制图学的主要内容包括：①遥感的物理基础与技术手段；②遥感图像的纠正与处理；③航空影像地图与卫星影像地图的制作；④假彩色合成、密度分割及影像增强技术及其在制图中的应用；⑤航空影像解译及其在各种地图编制中的应用；⑥卫星影像解译及其在各种地图编制中的应用；⑦遥感制图一般工艺方法；⑧图像自动分类与制图系统。遥感技术能够通过多平台、多波段及多时相的信息源来提供丰富的制图信息，并将其在地图制图中进行应用，使地图在资料来源、现势性、制图工艺等方面都发生了明显的变化，促进了传统地图学的深刻变革。遥感制图成为现代地图学的一个新的发展方向。

遥感制图学发展的特征，基本上可归纳为：①制图信息源日趋多样，数据采集与分析技术不断革新，促进了遥感制图的自动化；②多种信息复合的研究和标准影像地图系列化的研究是遥感专题制图的发展趋势；③多时相图像的综合分析与环境动态制图是目前遥感信息制图的一个重要途径；④信息系列转换及制图工艺的研究是成图精度和效益的基本保证；⑤信息分析与制图趋向标准化、规范化，国际制图趋向系统化。以上基本特征反映了遥感与现代制图技术发展的时代特色。

2. 遥感制图技术方面

我国遥感制图采用计算机图像数字处理与自动分类技术，已在地质、土地资源、生态环境、气象等各项专题制图以及区域综合系列制图中广泛应用。地理信息系统技术及其应用也得到迅速发展，在资源调查与管理、国土规划与整治、灾害预警与评估、政务信息管理与咨询决策等方面发挥了越来越大的作用。随着计算机专题制图软件系统的建立和完善，电子地图集的研究、设计与制作也得到迅速发展，《中国国家经济地图集》电子版、《中国国家普通地图集》电子版、《北京电子地图集》等一批电子地图集相继问世。目前，遥感技术已发展到多层面（空间站、多种卫星、飞机等）、多波段光谱、多频率雷达、多时相、全天候、高分辨率的多源遥感数据的空天地一体化观测系统。而且我国已积累了50多年的遥感数据，每天还在不间断地获取大量空天地遥感遥测数据，在此基础上不断生成各种网格地图与矢量地图。同时还有全国数字化的各种比例尺地形图、普通地理图与各类专题地图；全国各类普查（包括人口普查、工业普查、第三产业普查、经济普查、农业普查和科技普查等）数据；历年的各类经济与社会（国民经济总量、工业、农业、运输业、商业、外贸、文化、卫生、科技和教育等）的统计数据；全国气象、水文台站长期积累的观测数据等。再加上移动通信中每个人每天产生的位置及动态信息以及物联网带来的大量信息，数据量极大且内容极其丰富。而且在过去无法获得的数据，现在可以轻而易举地得到，例如每天人流、车流、物流的实时动态数据。大数据中有相当部分来源于地图数据，而其他空间数据也都较容易地实现地图可视化。通过地图可视化，可显示事物和现象的空间格局与区域分异及时空动态变化，进而做出分析评价、预测预报、区划布局、规划设计和管理调控。

3. 遥感制图的数据产品方面

地理国情是空间化、可视化的国情信息，是从地理的角度分析、研究和描述国情，是重要的基本国情之一。地理国情普查与监测是综合利用现代测绘技术和各时期已有测绘成果档案，对地表覆盖和地理国情要素等进行全面普查和监测，并统计分析其分布特征与差异、变化量和变化频率以及相互关系等，形成反映各类自然资源、生态环境、社会经济要素的空间分布及其发展变化规律的地理国情数据、地图和报告。

从地理国情监测应用的角度，遥感制图的数据产品可归纳为六大类型：基础卫星遥感影像、气象/气候数据、土地资源类数据、生态资源类数据、灾害检测类数据、社会经济类数据等。①基础卫星遥感影像，主要包括 Landsat TM、Landsat MSS、SPOT-6 卫星影像，法国 Pleiades 高分卫星、MODIS、中巴资源卫星、资源三号卫星、天绘一号卫星影像，环境小卫星、NOAA/AVHRR、风云 3 号影像等；②气象/气候数据，主要包括多年平均气温/降水量空间分布数据、湿润指数数据、大于 0℃积温空间分布数据、光合有效辐射分量数据、显热/潜热信息数据、波文比信息数据、地表净辐射通量数据、光合有效辐射数据、温度带分区数据、山区小气候因子精细数据等；③土地资源类数据，主要包括全国高分辨率土地利用数据，土地利用数据，土地覆盖数据，坡度数据，土壤侵蚀数据，耕地、草地、林地、水域资源空间分布数据，建设用地空间分布数据，全国各省市 DEM 数据，地形、地貌、土壤数据，分坡度耕地数据，全国大宗农作物种植范围空间数据等；④生态资源类数据，主要包括多种卫星遥感数据反演植被覆盖度数据、地表反照率数据、比辐射率数据、地表温度数据、地表蒸腾与蒸散数据、归一化植被指数数据、叶面积指数数据、净初级生产力数据、净生态系统生产力数据、生

7

态系统总初级生产力数据、生态系统类型分布数据、土壤类型质地养分数据、生态系统空间分布数据、增强型植被指数产品等；⑤灾害检测类数据，主要包括地震灾情评估信息数据、全国分省旱情信息数据、全国林火火情信息数据、洪涝灾害灾情空间分布数据、汛情卫星影像信息数据、区域地面扬尘程度数据和典型沙尘天气卫星影像数据等；⑥社会经济类数据，主要包括全国夜间灯光指数数据、全国 GDP 公里格网数据、全国建筑物总面积公里格网数据、全国人口密度数据、全国县级医院分布数据、人口调查空间分布数据、收入统计空间分布数据、矿山面积统计及分布数据、载畜量及空间分布数据、农作物种植面积统计数据、农田分类面积统计数据、农作物长势遥感监测数据、医疗资源统计数据、教育资源统计数据、行政辖区信息数据等。

目前，国际上对二氧化碳等影响气候变化关键因子的连续监测和分析能力仍较为薄弱，尚未形成完备的基础数据。精确监测全球二氧化碳的排放状况已成为有效开展气候变化研究和应对的迫切需求。中国自主研制的碳卫星于 2016 年 12 月 22 日发射，在国家高技术研究发展计划（863）"中国碳卫星"和中科院战略性科技先导专项"碳专项"等的资助下，大气所团队核心成员、博士杨东旭研发了卫星遥感反演算法，一方面，该算法充分优化气溶胶光学性质随波长的变化以及卷云的连续吸收等特征，显著降低系统误差，提高了反演精度；另一方面，发展了快速矢量辐射传输计算方法，在保证精度的同时，大幅度提高了计算效率；前期研究表明，算法精度已达国际先进水平。利用该反演算法解析中国碳卫星观测数据，获得了首幅全球二氧化碳分布图，预示着中国碳卫星将为气候变化的研究提供数据支撑。该成果受到美国航天局（NASA）、日本航天局（JAXA）和欧洲空间局（ESA）等国外研究机构代表的高度关注。

地表覆盖及变化是环境变化研究、地球系统模式模拟、地理国情监测和可持续发展规划等方面不可或缺的重要科学数据和关键变量。迄今国际上有美国和欧盟完成了分辨率为 1 000m 和 300m 的全球地表覆盖数据产品，但其精度和分辨率较难满足全球变化研究与可持续发展应用的需求。全球地表覆盖数据（GlobeLand30）是国家"863"计划重点项目"全球地表覆盖遥感制图与关键技术研究"历时 4 年的科研成果，将同类全球数据产品的空间分辨率提高了 10 倍。这套填补世界空白的数据成果已经服务于世界地学研究，为全球可持续发展规划提供服务。中国科学院院士、著名遥感专家徐冠华评价其是我国地球科学立足中国、走向世界的一个标志性事件，为应对能源资源短缺、环境污染、生态危机、全球气候变化等一系列人类社会发展重大挑战，为中国实施"一带一路"倡议、实现"走出去"战略和可持续发展提供了重要的技术支撑。自 2014 年我国政府在联合国气候峰会向联合国捐赠该数据图集以来，目前全球已有 118 个国家、400 多个国内外研究机构和 570 多所大学的 6 000 多名用户将该成果用于研究实验、系统开发、统计分析、变化监测等领域，在国际社会受到普遍欢迎和高度认可，其被国际同行称为"对地观测和开放地理信息领域的里程碑"。未来要开拓遥感制图产品领域，在全球地表覆盖数据的基础上，着手对交通、海洋、资源、农业、水利等数据进行研究开发，丰富产品种类；紧密结合国家重大战略，以及海洋开发、生态保护、国防建设等重大议题，加强研究，拓展应用，更好地发挥全球地表覆盖数据的应用价值，推动数据成果应用服务向更深更广领域扩展；充分运用全球地理信息资源支持联合国《2030 可持续发展议程》的落实，让更大范围、更广领域、更多用户共享数据成果；促进全球地理信息资源建设项目早日立项，全面构建包括数字地形、正射影像、地表覆盖、地名在内的多尺度、高精度、现势性强的全球地理信息资源，以更有效地服务国家"一带一路"倡议和全球可持续发展。

1.5　遥感制图的主要应用

遥感影像信息在制图中的应用，目前主要是用于地形图的修编与更新、影像地图的制作和专题地图的编制等。其中，以遥感资料的专题制图为当前的主要应用。由于遥感影像本身的信息极其丰富，可根据制备的统一基础影像进行各种专题内容的解译，进而编制系列专题地图。因此，利用遥感影像信息进行综合性的系列制图，实践证明行之有效并已广为应用。

1. 开展国土资源调查与地学专题制图

基于遥感图像的国土资源调查与专题制图是国家公益性基础事业，立体测图卫星为国土资源遥感提供了高空间分辨率及多光谱影像，并可提供精确三维全方位空间位置信息；为国土资源专题制图提供高精度地形图。全球地表覆盖分布及变化反映着人类与自然相互作用、地表水热和物质平衡、生物地球化学循环等过程。我国推出的全球首套 30m 分辨率地表覆盖遥感制图数据产品，正在全球环境变化监测和可持续发展等方面发挥重要作用。应用遥感技术可精准掌握国家土地利用情况，强化耕地保护。就国土资源管理方面的问题，应用遥感技术可有效解决，切实提升土地资源利用率，促使国家有关部门精准掌握土地利用和开发情况，保障各项国土资源的精准性。在遥感技术基础上，开展专题制图，能够实现新一轮土地利用的规划与创新，实现基础图修编，以此提升规划编制的精准性，弥补传统规划编制缺陷，为后期各项工作开展提供数据支撑。在土地变更调查中，遥感技术的应用，能够实时掌握土地情况，就土地变更系统可及时更新，并做出对应的影像图，强化国土资源信息的获取，保障国土资源的时效性与合理性。

基于遥感影像的专题图制图综合方法研究，引入地学信息图谱方法基于遥感影像进行综合，以满足地图综合中地理要素协调一致性、相互制约性及表达的协调一致性原则。地学信息图谱是我国科学家陈述彭院士率先提出的空间科学研究方法，是我国空间科学研究领域的独创成果，是由遥感、地图数据库、地理信息系统与数字地球的大量数字信息，经过图形思维与抽象概括，并以计算机多维与动态可视化技术，显示地球系统及各要素和现象空间形态结构与时空变化规律的一种手段与方法。

2. 地震灾害的应急监测与测图

通过遥感影像可识别山体滑坡、道路损坏、房屋倒塌、堰塞湖等地表变化程度，利用制图技术制作其灾害地理现势图，可对交通状况监测、堰塞湖监控、环境评估和灾后重建等提供决策支持，可满足自然资源部、水利部、灾区政府实施泥石流、滑坡、堰塞湖等地质灾害监测和防控的迫切需求。在应急减灾过程中，准确分析灾害对地理环境的影响，对提高应急能力有着至关重要的作用。灾害应急专题地图是表达灾害信息的专题地图，其制图过程实质上就是对基础空间数据和灾害数据进行处理的过程。灾害应急专题地图通过对灾害信息内容的表达，可为救援指挥工作提供依据。基于灯光遥感图像的地震灾情信息提取，通过对地震前后灯光遥感图像特点进行分析，不仅能够从宏观上获得地震破坏范围及其程度，而且能够直接反映震后受灾人口规模及其空间分布。通过多种卫星的协同观测和综合应用可实现对重大地震灾区主要损毁要素、次生灾害和安置帐篷等时空分布信息的动态监测，进一步将遥感监测与地面调查手段相结合，可对地震灾害的态势和损失进行全面分析和综合评估。常态条件下以定期获得我国环境减灾卫星、高分系列卫星和国际开放卫星数据为主，在应急条件下，除常态监测卫星外，还可通过国内应急监测机制和国际应急合作机制，以获取其他民用卫星、商业卫星和国际宪章值班卫星等资源。遥感震害应急正朝着全球遥感数据系统化、遥感震害应急业务平台化、遥感震害应急产品网络化的方向发展。

3. 洪涝灾害遥感监测与洪灾专题图

通过识别并监测洪水的发生过程，制作洪灾地理现势图，可及时预测和预警灾情的发展趋势，评估灾害损失，定时为国家提供可能出现的灾害预警信息。结合大比例尺地面观测数据，可开展受灾村镇人口数目估算、防灾工程和生命线工程损失评价，提供灾后重建规划图。科学有效的洪涝灾害监测和评估是防灾减灾决策的重要依据，提高洪涝灾害监测与评估的时效性和精度是加强洪涝灾害管理的迫切需求。洪涝灾害遥感监测研究的难点和重点主要在于多源遥感数据的融合和水体信息的提取，特别是薄云覆盖条件下光学遥感数据水体信息的提取方法。洪涝灾害评估需综合考虑灾害系统的自然和社会经济属性，研究极大地受制于能否获取完整、准确的历史洪水资料信息，包括社会经济统计数据的获取及其空间化处理。洪涝灾害的评估指标模型建立在完备指标信息的基础上，资料信息的缺失都将导致评估缺乏科学性，从而影响研究结论。洪涝灾害遥感监测评估的精度主要取决于多源遥感数据的获取、数据融合方法的选取、水体信息提取的精度、社会经济统计数据格网化处理和评估指标模型的建立。

4. 森林草原火灾监测

高分辨率卫星数据能辨别森林林火，及时发现火情，准确预报火险等级。结合多源空间数据在全国范围实现动态监测，可以形成对火灾发生地区的高精度、全天时、全天候跟踪监测。通过比较各卫星遥感数据的光谱特性，日本静止轨道气象卫星 Himawari-8，其高频率连续的观测数据能提供火灾动态演变的重要数据；极轨气象卫星 Suomi NPP 和 Sentinel-3A 具有相对高的时间分辨率和空间分辨率，可以提供火点发现、火点定位、燃烧面积测量、灾后评估等数据；中等分辨率（15~100m）的 Landsat8 能提供更精确的火点定位和更详细的地形信息；利用风云三号极轨气象卫星遥感数据无死角、全天候、实时的特性来监测森林火灾，进行火灾预警和火灾态势分析，对森林灭火指挥决策提供依据，对森林生态环境保护具有重要的意义。

5. 旱灾定量监测与现状图

受全球气候变化尤其是极端气候事件频发的影响，旱灾的发生呈现出发生频率高、波及范围广、危害程度重等特点，开展抗旱减灾研究具有重要意义。现代遥感旱情监测的特点是定量化和标准化。利用卫星高分辨率影像可以进行旱情遥感监测的区域标定和定量分级，通过与气象、农业等部门信息的集成，估算各类干旱指数及其综合指数，形成标准化的旱情监测业务流程，客观反映旱情实况和未来短期旱情发展的趋势信息，进行国家级及省级的旱情监测预测与绘制旱情现状图和趋势图。目前，用于旱情遥感监测的数据源主要有 NOAA/AVHRR 和 MODIS 数据两种。将遥感技术应用贯穿于灾害预警、监测和评估的整个灾害管理过程，并从气象、农业、水文和社会经济四个方面对旱灾的严重程度和造成的损失进行评估，不断改善旱灾预警、监测和评估产品，提高产品的精度和生产实效性，才能为自然灾害救助应急预案的仿真和模拟提供更为精确的有效信息。

6. 沙尘暴监测与预警图

近年来，我国北方连续发生大范围的沙尘暴，给交通运输、生态环境以及人们的日常生活和工作带来了不利影响。沙尘暴问题成了全社会关注的焦点，沙尘暴监测与预警技术的研究在防灾和减灾中就显得尤为紧迫和重要。高分辨率卫星图像的对地观测数据能准确提取沙尘暴途经区域下垫面的各种参数，在地理信息系统的支持下，可建立戈壁、沙漠、沙漠化土地和潜在沙漠化土地的专题地图与空间数据库，引入沙尘暴气象数据和高精度地形数据，建立沙尘天气与沙尘暴的气候地理模型，为建立沙尘暴中-短期预警系统提供科学数据。利用卫星遥感技术，结合地面观测数据，对沙尘天气的形成、发展和扩散进行跟踪观测，通过分析可判明沙尘暴起源、路径、强度和影响范围，是形成实用的沙尘天气监测与预警系统的可行方法。应用卫星资料，可完成沙尘暴信息提取，生成沙尘暴监测图像、沙尘暴影响范围示意图及面积估算、沙尘暴强度分析图，配合天气图和地表资料，开展沙尘暴短时预警工作。

7. 农-林业遥感调查与制图

测图卫星在国家农业遥感、林业遥感调查与各类专题图件应用中具有重要科学意义，对国家农业普查与监测、农情监测、精准农业、粮食安全、森林资源评估、国家生态环境与生态安全评估等多项应用具有极为重要的作用。世界各国对基于农业、林业的遥感都十分重视，并进行了巨额投入。在省域尺度上，冬小麦遥感识别中存在冬小麦物候不一致、地表环境复杂、数据处理复杂、遥感数据冗余、选择适当的分类样本困难、分类精度低等问题，而遥感数据云平台为解决这些问题提供了良好的数据基础和数据处理能力。随着高分卫星的陆续发射，高分遥感数据在自然资源调查中的应用价值愈显突出。目前，多用以IKONOS 为代表的高分辨率卫星影像开展对监测森林资源、工程造林质量、退耕还林的效益等方面的研究。

8. 人造地表遥感制图

伴随着全球人口增长与经济发展，城镇化进程预计将在全球范围内持续加速，而人造地表是城镇化在地表覆盖上的直接体现。一方面，人造地表的扩张为工业生产、经济活动、人员居住等提供了合适的场地；另一方面，人造地表深刻改变了地球的自然表面，进而影响地表热量交换、水文过程以及生态系统等自然过程。因此，对全球人造地表进行精确制图对于自然科学与社会科学等相关领域研究都具有重要意义。利用 30m 分辨率遥感数据提取全球人造地表，由北京师范大学地表过程与资源生态国家重点实验室、国家基础地理信息中心和中国农业科学院农业资源与农业区划研究所共同研制的全球 2000 年与2010 年的人造地表制图产品（空间分辨率 30m），是目前全球尺度上人造地表或相关地表覆盖类型产品中分辨率与精度都最高的分类成果。该数据将为开展全球城镇时空格局分析、生态环境健康诊断等相关研究工作提供重要的基础数据。

9. 月球遥感制图

月球探测对于认识地月系统乃至太阳系的形成与演化、对于开发和利用月球资源具有重大的科学意义和战略意义。从 1958 年开始全世界开展的月球探测工程任务，其中月球遥感制图是其必需的基础性工作。由于月球环境的特殊性，其遥感制图技术与对地观测制图相比具有更大的挑战和更大的难度。目前，中国嫦娥二号轨道器获取的 7m 分辨率立体影像是覆盖全月球分辨率最高的立体影像数据。美国月球侦察轨道器 LRO 任务的激光雷达高度计 LOLA 数据是精度和密度最高的激光测高数据，影像的分辨率最高（0.5~2m），但未覆盖全球。在各个探测任务中，基于月球遥感数据和摄影测量技术，已经制作了大量的全球及区域的影像拼图、正射影像图和数字高程模型等制图产品。

10. 火星遥感制图

火星是太阳系中最类似地球的行星，对火星的探测不仅能大大深化人类对行星起源和演化的科学认识，更是人类寻找宇宙生命的第一步。自 1960 年开始，以美国、苏联和欧盟为主，对火星进行了多种探测。成功的探测任务获取了火星表面大量遥感影像，目前部分任务仍在继续获取数据。基于轨道器影像和激光测高数据、着陆器和火星车的影像数据，相关团队已开发了一系列的摄影测量技术，制作了百米量级全球制图产品、米级及亚米级局部高分辨率遥感制图产品等，广泛用于火星科学研究和工程任务支持。火星遥感制图是火星科学研究和探测工程任务不可或缺的基础性工作，是获取火星形貌和构造信息的基本手段，对于研究火星的形貌特征、地质构造及其演化历史具有重要的科学意义。同时，探测工程任务和科学目标的制定、着陆区选择、着陆后探测目标的选择及高效安全探测等都有赖于遥感制图，特别是高精度三维制图的成果及技术支撑。由于受火星轨道器的轨道和姿态测量精度低、难以获得控制点、无卫星导航定位设施、表面环境荒芜等条件限制，火星遥感制图与对地观测制图相比，具有更大的挑战和难度。

1.6 遥感制图的研究意义

遥感制图促进了传统地图制图学的深刻变革。利用遥感影像制图，丰富了编图资料，扩大了视野，可以方便地获取现势制图资料，便于不断地更新地图内容，既可节省人力物力，缩短成图周期，又可提高成图质量，为编制形式多样的专题地图开辟了新的天地。另外，由于目前使用的遥感影像处理系统都具有分析、识别、分类等多种功能，而且可以和多种外围设备相连，可以完成影像的处理、分析、识别、分类、统计以及成图等制图内容，利用遥感影像制图为制图自动化开辟了一条新的途径。遥感制图以丰富的地面信息、真实的地理内容、快速的成图方法、崭新的地图形式受到世界各国的普遍重视。

1. 遥感技术为地图制作提供了新的、丰富的信息源

①保证地图的完整性：利用陆地卫星图像修编和更新了普通地图，并新编了各种专题地图，尤其是填补了过去人们难以进入的制图区域的空白；②保证地图的现势性：由于遥感信息源更新周期短，利用遥感信息制图可提高地图的现势性，缩短地图的更新周期；③保证地图制作的经济性。

2. 遥感技术为制图工艺带来了新变化

①遥感制图有利于地图质量的提高：在传统的地图制图过程中，制图综合质量受到制图人员对地理特征的认识水平和制图熟练程度等限制；②遥感制图是根据统一的信息源进行遥感图像解译成图，有利于各专题图幅之间内容的统一协调；③传统的经地面调查编制而成的各种专题地图，受到图时间、条件和人员水平差异的限制，往往使得同一制图区域范围内，不同专题图相关专业的内容和类型界线出现矛盾现象。

3. 遥感技术发展了地图学理论

①对地图信息论的影响：地图信息论是研究地图图形显示、传递、存储、处理和利用空间信息的理论。遥感图像的宏观性、多光谱特性和多时相特性，充实和丰富了地图信息。通过对多波段、多时相、多种遥感图像的分析，使得通过遥感图像所提取的信息，要

超过一般地面观察所能获取的信息。因此，开展对地图信息与遥感信息特征结合方面的理论研究，对地图学理论的发展具有重要的实际意义。②对地图模型论的影响：地图模型论是把地图作为一种模型，并用模型法来解释地图的制作和应用的理论。遥感图像把地图模型和对实地进行分析研究的结合变为现实，这就改变了传统地图图形来自野外调查制图的、根据特征点转绘类型界线的作法，依据遥感图像的影像特征，进行专题类型界线的线转绘，保证了遥感系列制图各专题要素内容的正确性与协调性。③对地图感受论的影响：地图感受论应用生理学和心理学的一些理论来探讨读图过程，为取得较好的地图传输效果，为选择最佳的地图图形与色彩设计提供科学依据。遥感影像越来越多地出现在各种专题地图当中，这为地图感受论提供了广泛的研究课题。

地理制图学是一门古老而又年轻的综合性技术学科，遥感制图学继承了它的历史积累，但伴随着现代测绘技术的进步，制图信息源、分析方法、应用技术、工艺革新、动态更新和制图系统研究等方面都有了新的飞跃。在中央各部门和各级政府的积极支持下，中国的"数字地球"战略和"一带一路"倡议等为遥感地图发展提供了新的机遇和挑战。近年来，我国国民经济建设的迅猛发展，促进了遥感制图技术的广泛应用，促使遥感制图生产体系向多层次、多样化、系统性的方向发展。随着国内外遥感制图技术的发展以及社会生产实践的需要，必然要求遥感制图产品多样化以满足社会生产实践的需要，许多新型的遥感制图产品必将出现，从而使遥感制图技术充满勃勃生机。这些满足社会生产实践活动的新型的遥感制图产品代表了遥感制图技术的发展方向，这也正反映了遥感制图研究的内容实质和深刻意义。

目前，随着"数字地球""数字省区""数字流域""数字城市"和"数字社区"等宏伟计划的逐步落实，遥感制图在各项空间信息基础设施建设、电子政务、电子商务以及各部门的应用均已取得较大进展和明显成效。同时，随着我国"一带一路"倡议的实施，反映其布局的规划地图及沿线各国的普通地图与各类专题地图（自然资源与自然条件、经济发展、基础设施、民族宗教、历史文化等地图）的设计编制应提到日程，这必将是非常重要的专题地图任务。而且数字地图本身就是"数字地球"的重要形式。今后大数据的应用，关键是各类大数据的融合、时空大数据挖掘与知识发现，以及建立各种智能化的应用模型与自动生成各种综合评价、预测预报等遥感专题制图软件。因此，我们应该抓住国家重大战略机遇，充分发挥遥感制图的功能和作用。同时，使遥感制图的内容与表现形式更加适应我国社会经济发展的需求。

◎ 思考题

（1）简述遥感制图的基本概念和主要类型。

（2）简述遥感制图的主要应用领域，并举例说明。

（3）说明全球地表覆盖全要素数据产品（GlobeLand30）和主要应用。

（4）试比较中国、美国和日本的碳卫星数据产品特点和精度。

（5）简述遥感制图的主要应用领域和未来发展方向。

（6）简述地学信息图谱在基于遥感影像的专题图制图综合中的应用。

（7）查找相关期刊资料，说明夜光遥感在"一带一路"建设中的应用潜力。

（8）查看"地理国情监测云平台"能提供的遥感数据产品类型，并举例说明。

（9）比较常用的 BIGEMAP 和水经注地图下载器，并下载不同数据产品的级别的影像数据。

（10）请列举至少 5 个提供遥感数据产品下载的网站，并说明遥感数据产品的类型和特点。

第 2 章　遥感制图的数学基础

2.1 空间分辨率和成图比例尺

遥感影像中可辨识的细节取决于传感器的空间分辨率。空间分辨率指的是可观察到的最小地物的尺寸。被动式传感器的空间分辨率主要取决于瞬时视场（IFOV）。瞬时视场是传感器角锥体的可视范围，决定了特定海拔高度特定时刻可以覆盖的地表面积。传感器覆盖的地表面积可由瞬时视场乘以地表和传感器之间的距离得到。所对应的地表面积称为分辨率单元，这决定了传感器最大的空间分辨率。对于均质的目标而言，其大小需大于或等于分辨率单元才能被观察到。如果目标物小于分辨率单元，由于分辨率单元的亮度值是单元内所有地物的均值，该目标物可能无法识别。但是也有例外的情况，比如，对于面积小于分辨率单元的地物，当其反射率在分辨率单元中占据主体，像元可以再次分割或识别时，也可以辨识出这些地物。

许多遥感影像由图像要素的矩阵组成，这些图像要素或像元，是构成影像的最小单位。图像的像元一般是正方形，代表一定的面积。需要区分像元大小和空间分辨率这两个概念，二者不可互换。如果传感器的空间分辨率是20m，传感器采集的影像按完整的分辨率显示，每个像元代表了20m×20m的地表面积。许多海报上的卫星影像，对原始像元值进行了平均处理，以生成较大像元，代表的区域也更大，此时传感器的空间分辨率和像元大小就不同了。

仅能辨识较大型地物的影像称为粗或低分辨率影像。高分辨率影像上较小型的地物也可以被识别。例如军用传感器就是专门设计来采集详细的影像的，因此影像的分辨率非常高。而商业卫星的影像，其分辨率跨度为几米至数千米。一般而言，分辨率越高，影像所覆盖的地表面积越小。

地图比例尺是指图上距离与实地距离之比，一般用1/M 表示。1：1 000 000，1：500 000，1：250 000，1：100 000，1：50 000，1：25 000，1：10 000，1：5 000，1：2 000，1：1 000，1：500 是我国 11 种基本地形比例尺。比例尺不但反映了空间尺度，还隐含地图测量精度和内容详细程度的说明。

图像比例尺会影响从航空和航天影像中提取有用信息的级别。图像比例尺可视为图像上测量距离与地面对应距离间的关系。在数字数据的情况下，图像本身并没有固定的比例尺，但是它们有确定的地面采样距离。当数字数据显示到计算机显示器上或硬拷贝输出时，也称为数字图像的显示比例。各种影像比例尺在资源研究中的适用范围概括如下：小比例尺影像用于区域普查、大面积资源评估、普通资源管理规划和大面积灾害评估；中比例尺影像用于地物识别、分类，以及树种、农作物类型、植被区及土壤类型的制图；大比例尺影像用于特殊项目的重点监测，如由植物病害、虫害或树木倒塌所致损害的调查。大比例尺图像还用于危险废弃物溢出的紧急事件反应、规划调查，以及与龙卷风、洪水、飓风相关的营救行动。

2.1.1　空间分辨率

传感器可以放置在太空站、轨道卫星、航天飞机、航空飞机、高塔和遥感车等不同的遥感平台上。这些不同平台的高度、运行速度、观察范围、图像分辨率和应用目的等均不相同，它们构成了一个对地球表面观测的立体观测系统。

选择平台的主要依据是地面分辨率，也称空间分辨率（Spatial Resolution）。针对地面而言，指可以识别的最小地面距离或最小目标物的大小。针对传感器而言指图像上能够详细区分的最小单元的尺寸或大小。

像元（pixel）：指单个像元所对应的地面面积大小，单位为米（m）或千米（km）。例如，美国 QuickBird 商业卫星一个像元相当于地面面积 $0.61m \times 0.61m$，其空间分辨率为 $0.61m$；Landsat/TM 一个像元相当于地面面积 $28.5m \times 28.5m$，其空间分辨率为 $30m$；NOAA/AVHRR 一个像元相当于地面面积 $1\,100m \times 1\,100m$，其空间分辨率为 $1.1km$（或 $1km$）。像元是扫描影像的基本单元，是成像过程中用计算机处理时的基本采样点，用亮度表示。

对于光电扫描成像系统，像元在扫描线方向的尺寸大小取决于系统几何光学特征的测定，而飞行方向的尺寸大小取决于探测带连续电信号的采样速率。

线对数（line pairs）：对于摄影系统而言，摄影的最小单元常通过 1mm 间隔内包含的线对数确定，单位为线对/mm。所谓线对是指一对同等大小的明暗条纹或规则间隔的明暗条对。

瞬时视场（IFOV）：指传感器内单个探测元件的受光角度或观测视野，单位为毫弧度（mrad）。瞬时视场越小，最小可分辨单元（可分像素）越小，空间分辨率越高。瞬时视场取决于遥感光学系统和探测器的大小。一个瞬时视场内的信息表示一个像元。然而，在任何一个给定的瞬时视场内，包含着不止一种地面覆盖类型，它所记录的是一种复合信号响应。因此，一般图像包含的是"纯"像元和"混合"像元的集合体，这依赖于瞬时视场的大小和地面物体的空间复杂性。

这三种表示方法意义相仿，只是考虑问题的角度不同，它们可以相互转换。例如，若瞬时视场为 2.5mrad，则从 1\,000m 高度上拍摄的图像的地面投影单元的大小为 $2.5m \times 2.5m$。事实上，空间分辨率所表示的尺寸、大小，在图像上是离散的、独立的，是可以识别的，它反映了图像的空间详细程度。而这种空间详细程度受到所选择的传感器、记录图像的高度等因素的影响。

一般说来，传感器系统的空间分辨率越高，其识别物体的能力越强。但是实际上每一目标在图像上的可分辨程度，不完全决定于空间分辨率的具体值，而是和它的形状、大小以及它与周围物体亮度、结构的相对差异有关。例如，Landsat/MASS 的空间分辨率为80m，但是宽度仅 15~20m 的铁路甚至仅 10m 宽的公路，当它们通过沙漠、水域、草原、农作物等背景光谱较单调或与道路光谱差异大的地区时，往往清晰可辨。这是因它独特的形状和较单一的背景值所致。可见，空间分辨率的大小，仅表明影像细节的可见程度，但真正的识别效果，还要考虑到环境背景复杂性等因素的影响。

经验表明，传感器系统空间分辨率的选择，一般应选择小于被探测目标最小直径的1/2。例如，若要识别公园内的橡树，则可以接受的最小空间分辨率应是最小橡树直径的一半。不过，若橡树与背景特征间光谱响应差异很小，这种经验方法所推算的空间分辨率也不能保证成功。

设计成像传感器系统时，选择空间分辨率是必须考虑的重点。对于摄影系统，空间分辨率是影响信息数量和质量的重要因素，它直接传递景物的空间结构信息，由此可以再推断出有关该景物的大量信息。对于扫描系统，空间分辨率决定了所获得的数据组能直接确定的信息类别。例如，NOAA/AVHRR 空间分辨率 1.1km 的数据可以用于分析农、林、牧等信息类别；而 Landsat/TM 空间分辨率 30m 的数据可以对上述林地的子类别，例如针叶林、阔叶林、混交林等进行分析。

对于摄影成像的图像来说，地面分辨率 R_g 取决于胶片的分辨率和摄影镜头的分辨率所构成的系统分辨率 R_s，以及摄影机焦距 f 和航高 H。即

$$R_g = \frac{R_s f}{H} \tag{2.1}$$

式中，R_g 为地面分辨率，单位为线对/m；H 为摄影机距地面高度，单位为 m；R_s 为系统分辨率，单位为线对/mm；F 为摄影机焦距，单位为 mm。

1. 高空间分辨率图像

高空间分辨率图像的出现，使得大比例尺的地物识别和信息的提取成为可能。当前，遥感图像已成为大比例尺地图数据更新的关键数据源，极大地提高了地图的更新速度，并进一步推动了地理信息技术的应用。高空间分辨率遥感图像一般指图像空间分辨率达到10m 以内的航天、航空遥感图像。

以航天遥感图像为例，常见的高空间分辨率图像，主要包括 IKONOS，QuickBird，WorldView，SPOT-5、6、7 以及中国的高分系列卫星等提供的图像。

1）IKONOS

IKONOS 是美国空间成像公司（Space Imaging）于 1999 年 9 月 24 日发射升空的世界上第一颗高分辨率商用卫星，其全色波段的空间分辨率达到了 1m，多光谱图像的分辨率为 4m。以前，高分辨率侦察卫星专门用于军事领域。但是随着该卫星的发射成功，可以订购从 681km 高的太空中拍摄的分辨率为 1m 的图像，这些图像以数字方式传输。

2）QuickBird

QuickBird 是美国 DigitalGlobe 公司于 2001 年 10 月 18 日成功发射的高分辨率商业遥感卫星，其全色波段的空间分辨率达到了 0.61m，多光谱图像的分辨率为 2.4m。除了分辨率高的优势之外，QuickBird 还在多光谱成像（1 个全色通道、4 个多光谱通道）、成像幅宽（16.5km×16.5km）、成像摆角等方面具有显著的优势。

3）SPOT-5、6、7

SPOT 对地观测卫星系统是由瑞典、比利时等国参加，由法国国家空间研究中心设计

制造的。从 1986 年开始，SPOT 系统迄今已发射了 7 颗卫星。SPOT-5 于 2002 年 5 月 3 日发射；2012 年 9 月 9 日 SPOT-6 发射成功，分辨率又提高了一个数量级；2014 年 6 月 30 日，SPOT-7 卫星在印度达万航天发射中心，使用印度极轨运载火箭（PSLV）成功发射。SPOT-7 由欧洲空客防务与航天公司研制，其性能指标与 SPOT-6 相同。SPOT-7 全色分辨率为 1.5m，多光谱分辨率为 6m。SPOT-6 和 SPOT-7 这两颗卫星每天的图像获取能力达到 600 万 km²，面积大于欧盟成员国的总面积。这两颗卫星预计将工作到 2024 年。根据用户需求可对 SPOT-7 进行灵活编程，具备每天 6 个编程计划。SPOT-7 具备多种成像模式，包括长条带、大区域、多点目标、双图立体和三图立体等，适于制作 1∶25 000 比例尺的地图。

4）WorldView

WorldView 是 DigitalGlobe 公司的商业成像卫星系统，它由三颗卫星组成，其中 WorldView-Ⅰ 于 2007 年发射，WorldView-Ⅰ 卫星发射后在很长一段时间内被认为是全球分辨率最高、响应最敏捷的商业成像卫星。WorldView-Ⅱ 在 2009 年 10 月发射升空，它能够提供 0.5m 全色图像和 1.8m 分辨率的多光谱图像。WorldView-Ⅲ 是美国 DigitalGlobe 公司第四代高分辨率光学卫星，于 2014 年 8 月 13 日发射，卫星影像分辨率为 0.3m，是目前世界上分辨率最高的光学卫星。

5）中国的高分系列卫星

在我国，高分辨率对地观测系统重大专项是《国家中长期科学与技术发展规划纲要（2006—2020 年）》确定的十六个重大科技专项之一，于 2010 年批准启动实施。高分系列卫星最高分辨率可达 1 米，高分一号首颗卫星于 2013 年 4 月 26 日在酒泉卫星发射基地成功发射入轨。2015 年 6 月 26 日 14 时 22 分，高分八号卫星在太原成功发射升空，卫星顺利进入预定轨道。2015 年 9 月 14 日 12 时 42 分，酒泉卫星发射中心成功将高分九号卫星送入太空。2016 年 8 月 10 日，高分三号卫星在太原卫星发射中心成功发射升空。2018 年 5 月 9 日 2 时 28 分，高分五号卫星在太原卫星发射中心成功发射。2018 年 6 月 2 日 12 时 13 分，在酒泉卫星发射中心成功发射高分专项高分六号卫星。高分六号卫星是一颗低轨光学遥感卫星，也是中国首颗实现精准农业观测的高分卫星。2018 年 7 月 31 日 11 时，在太原卫星发射中心，成功将高分十一号卫星发射升空。2019 年 10 月 5 日 2 时 51 分，我国在太原卫星发射中心用长征四号丙运载火箭，成功将高分十号卫星发射升空。2019 年 11 月 3 日 11 时 22 分，我国在太原卫星发射中心又成功发射高分七号卫星。高分七号卫星是我国首颗民用亚米级光学传输型立体测绘卫星，该星运行后，将在国土测绘、城乡建设、统计调查等方面发挥重要作用。

2. 图像解译中的其他重要分辨率

遥感图像的重要特征还包括其他形式的分辨率。比如：

（1）光谱分辨率：光谱分辨率是指基于不同地物的光谱特征来区分它们的传感器的能力。光谱分辨率取决于收集图像数据的传感器所用光谱波段的数量、波长位置和宽窄。任何传感器收集数据的波段可以是单个较宽的波段（全色图像）、几个较宽的波段（多波段图像）或许多非常窄的波段（高光谱图像）。

（2）辐射分辨率：辐射分辨率是指传感器区分微小亮度变化的能力。传感器会细分"最亮"像元到"最暗"像元这一范围，使得像元在图像中记录为（动态范围）256 个、512 个或 1024 个灰度级。辐射分辨率越好，图像的质量和可解译性就越高。

（3）时间分辨率：时间分辨率是指检测较短或较长时间段的地物变化的能力。这一术语常用于产生多幅时间序列图像的传感器。它可能是轨道重复周期为 16d 或 26d 的卫星系统，或每小时定时获取图像用来作为参考数据的三脚架摄影机。快速和重复覆盖区域的重要性会因应用而不同。例如，在灾害响应应用中，时间分辨率要比其他分辨率更为重要。

2.1.2 像片的比例尺

像片的比例尺即像片上两点间的距离与地面上相应两点实际距离之比（图 2.1），像片上的 a、b 两点是地面上 A、B 两点的投影，ab：AB 即为像片的比例尺。图中 $\triangle SAB$ 和 $\triangle Sab$ 为相似三角形；H 为摄影平台的高度（航高）；f 为摄影机的焦距。像片的比例尺大小取决于 H 和 f。在地形平坦、镜头主光轴垂直于地面时，像片的比例尺 $1/m$ 为

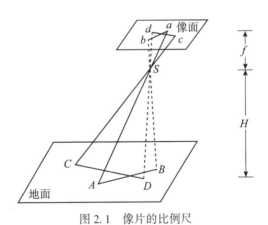

图 2.1 像片的比例尺

$$\frac{1}{m} = \frac{f}{H} = \frac{ab}{AB} \tag{2.2}$$

通常 f 可以在像片的边缘或相应的影像资料（遥感摄影的报告、设计书）中找到，H 由摄影部门提供。

在未知航高时，满足以下两个条件之一，也可求得比例尺：①已知某一地面目标的大小，可以通过量测其在像片上的影像而算出该像片的比例尺；②若具有摄影地区的地形图，先在像片上和地形图上找到两个地物的对应点，例如道路的岔口、田角、房角等，然后分别在像片上和地形图上量得其长度。

上述比例尺的概念是指像片的平均比例尺。实际上，中心投影像片的比例尺在中心和

边缘是不同的。对面积较小的目标来说，可以根据其在像片上的具体部位，求得相应的比例尺。如果摄影范围很大且区域内的高差也较大，则摄影平台的高 H 不是一个定值，因而每张像片的比例尺也会有差异。

　　航空像片比例尺：其与地形图的比例尺含义是一样的，即像片上的影像长度 ab 与该影像在地面上的实际长度 AB 之比，叫作像片比例尺。由 $\triangle SAB$ 和 $\triangle Sab$ 相似可知，航空像片的比例尺大小是由航高和焦距决定的（图 2.2）。因此，可以认为焦距 f 同航高 H 之比即为航空像片的比例尺。

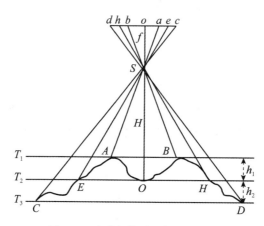

图 2.2　地形起伏对比例尺的影响

2.1.3　地形起伏对比例尺的影响

　　地形起伏会使像片航高改变，会影响像片比例尺。山顶 A、B 和山脚 C、D 以及山坡上 E、H 各点，在像片上的影像分别为 a、b、c、d、e、h，它们的比例尺是不一样的。中心摄影的像片，在地面平坦时可以认为像片上比例尺是统一的。

　　目前，人们在消除因地形起伏产生位移方面已取得显著进展，研制成功的各种正射投影仪，可将中心投影的航空像片转换成正射像片。通过计算机图像处理，也可将中心投影纠正为正射投影。

2.1.4　像片比例尺的测算

　　1）根据焦距（focus）和航高（flight altitude）计算

　　一般 f 可在像片角隅上找到，航高可向航测单位索取。地面平坦时可根据公式 $1/m = f/H$ 求出像片比例尺。向航测单位要的航高记录，是航片高差仪记录的像主点的航高，因此用其计算的比例尺称为"主比例尺"，只概略代表该片的比例尺。

　　2）用航测地区地形图或实测进行计算

　　在像片上找到明显地物点，测量其长度 l，再在地形图上找到相应的两点，量其长度，根据地形图比例尺求出两点间的实际长度 L，则像片比例尺：$1/m = l/L$。这种方法也很粗略，为了提高精度，可选择有代表性的 4~6 个点，按上述方法量测。

3）平均比例尺的计算

在像片中心点的对角线附近，选择一对有代表性的最高点和最低点，量测其像片上长度 l_1、l_2，利用地形图，求出其实际长度 L_1、L_2，在山区，像片的比例尺常常按此法计算。

4）局部比例尺（local scale）

林业工作中应用航片测定的对象常常是细小的地物，如标定样地面积、测定树冠直径、换算样地林木株数等，量测精度要求高，而林区绝大多数是山区，地形起伏大，所以实际工作中使用局部比例尺的情况比较多。局部比例尺必须每一点都计算，因为同一张像片上由于测点海拔不同，局部比例尺亦不同。

局部比例尺一般不用线段长度之比来测算，而用真航高计算。RC-5、RC-10 等摄影机拍摄的胶卷上都有真航高记录，如果没有每张像片的航高记录，在有比较详细精确地形图的条件下，可以用改正法求算真航高和局部比例尺。

2.1.5 空间分辨率和成图比例尺

影像比例尺是指影像上任一个线段与其在地面上实际长度之比。对于理想条件下（像片水平、地面水平且无起伏）的中心投影影像，其影像比例尺可用焦距与航高之比来表达。由于地形起伏和传感器姿态不稳定，影像上各点比例尺是不同的，只能采用平均比例尺或近似比例尺。这种影像不能用来定量分析和量测。航天遥感影像中的陆地卫星影像，因轨道高度和姿态相对稳定，可看作具有统一比例尺的影像。比例尺严格统一的影像，一般是经过精确几何纠正的正射像片或正射影像图，可直接用于各种量测和计算。影像比例尺作为影像反映地面景物详细程度的量度，在影像分析、判读和制图中是一个重要参数。比例尺越大，反映地物越详细准确。反之则越概略、越综合。

随着信息技术和传感器技术的飞速发展，遥感影像的空间分辨率有了很大的提高。卫星影像的空间分辨率已经从原来的 30m、10m，提高到 1m、0.61m（以 IKONOS、QuickBird 为代表），侦察卫星影像空间分辨率甚至达到了 0.1m。卫星影像空间分辨率形成嵌套层次体系，并且向着越来越高的方向发展。层次化的卫星影像可以满足多种比例尺制图的应用需求，卫星影像空间分辨率越低，反映的空间内容就越宏观，相应的影像成图比例尺就越小；空间分辨率越高，反映的空间内容就越精细，相应的影像成图比例尺就越大。实事求是地制作相应比例尺的图件，保证制作图件应有的精度，是遥感技术工程化的一个重要技术环节。对于有一定空间分辨率的遥感影像，若将成图比例尺确定得过大，则会造成图像模糊不清，细小地物无法判读，影像控制点精度得不到保证，影响成图质量；反之，若将成图比例尺确定得太小，则冗余的分辨率会增加影像购买成本，加重内业处理的负担，造成不必要的信息损失和资源浪费。成图比例尺越大，所需的影像分辨率越高，但两者并不是成线性正比关系，而是非线性的。

2.1.6　卫星影像分辨率的选择

卫星影像分辨率的选择除了要考虑不同比例尺成图对影像分辨率的要求之外，还要考虑现有可获取卫星影像产品规格，因为卫星摄影与航空摄影不同，其摄影高度（即摄影比例尺）是固定的。

卫星与航拍影像由像素点组成，像素点越丰富，相片辨认的细节尺寸越小。影像照片上像素点的密度常用每毫米多少条线来表示，线越多表示影像质量越高。地面分辨率是能够在照片上区分两个目标的最小间距，但它并不代表能从照片上识别地面物体的最小尺寸。一个尺寸为 0.3m 的目标，在地面分辨率为 0.3m 的照片上，只是 1 个像素点，不管把照片放大多少倍，依然只是 1 个像素点。所以，要从照片上认出一个目标就得有若干个像素点在照片上来构成该目标的轮廓。

2.1.7　地图比例尺与遥感影像分辨率

地图比例尺隐含着对地图测量精度和内容详细程度的说明，其实质也就是对地物要素的选择。大比例尺地图要求反映地物的细节，也就是要表达较小的地物要素；小比例尺地图需要表达地物的宏观信息，因而舍弃了对较小地物的反映。遥感影像分辨率是指在遥感图像上能详细区分的最小地物的尺寸。高分辨率遥感影像能区分尺寸较小的地物，能反映地物的细节，符合大比例尺地图制作的要求。低分辨率遥感影像所涵盖的地域范围广阔，对地物要素的表达比较粗略，符合小比例尺地图制作的要求。

由此可知，地图比例尺与遥感影像分辨率有着内在的一致性。特定的比例尺一定对应最佳的遥感影像分辨率。在遥感影像制图时，要求遥感影像分辨率不小于比例尺精度。

2.2　空间地图投影基本理论

2.2.1　地图投影和空间地图投影

1. 传统地图投影

球面上任意一点的位置是用地理坐标 (ϕ, λ) 表示的，而平面上点的位置是用直角坐标 (x, y) 或极坐标 (r, θ) 表示的，因此要将地球表面上的点投影到平面上去，需要采用一定的数学方法来确定其地理坐标与平面直角坐标或极坐标之间的关系。地图投影就是在球面与平面之间建立点与点之间对应函数关系的数学方法。地图投影是研究如何解决地球球面到地图平面上的数学转换而又使投影变形最小的学问。地图投影的任务是建立空间数据或多源数据的统一坐标格网，如平面格网或曲面格网等。地图投影的本质是空间信息的定位模型，是空间高速公路的基础框架。

2. 空间地图投影

卫星遥感图像数据的大量涌现，促使卫星遥感图像制图和制图自动化迅速发展，传统意义上的静态、二维的地图投影理论已不能完全适应现代制图的需求，接踵而来的便是空间地图投影的诞生，这弥补了静态地图投影的不足。空间地图投影是地图投影的一个崭新的研究领域，它是专门为卫星遥感图像制图而设计的动态地图投影。空间地图投影能够很好地模拟卫星动态成像的物理过程，可将传统地图投影中地球形状、透视中心和投影面三者固定的关系转换成随时间变化的函数关系，是适合于遥感图像处理的动态投影。空间地图投影涉及地球形状、地球自转、卫星轨道摄动等非常复杂的数学分析问题，能较好地模拟卫星遥感成像过程。通过空间地图投影，可以解决由星载探测器获得的地理空间信息用什么投影方式记录在图像平面上的问题。空间地图投影的使用保证了空间信息在地域上的联系和完整。

3. 空间地图投影方法

地图投影分类的方法有很多，通常可归纳为几何透视法和数学解析法。几何透视法是利用透视关系，将地球表面上的点投影到平面上的一种方法。几何透视法只能解决一些简单的变换问题，具有很大的局限性，常常不能将全球和大范围图像投影下来。而随着数学分析这一学科的出现，人们就普遍采用数学分析方法来解决地图投影问题了。数学解析法是在球面与投影平面之间建立点与点之间的函数关系的数学投影公式，在球面上点位的地理坐标已知的情况下，根据坐标转换公式确定相应平面坐标或极坐标的一种投影方法。而空间投影的出现，使得投影模型的建立更为复杂，空间地图投影涉及地球形状、地球自转、卫星轨道摄动等非常复杂的数学分析问题，高等数学方法已不能满足空间投影建模的需要，而数学抽象方法，如算子方法等，已逐渐运用到地图投影学中。

4. 传统地图到空间地图投影演变

投影从地面延伸到空间。传统地图投影已从相对地球表面的投影逐渐发展为到月球和其他行星的空间区域，现在已经有月球地形图、月球地质图和火星一览图等。因为地理信息是利用航空技术获取的，是通过空间动态的方法，所以投影方案的设计需考虑时间参数，因而选择地图投影时最好采用空间地图投影方法。

地图投影从静态发展到动态。传统的地图投影都是在静态条件下的，即平面与投影面是固定不动的，是在静止下的地球到地图平面的几何像面投影。但卫星图像是在时间变化过程中所获取的地球或星球影像，考虑动态因素是为卫星图像设计地图投影所需要的。因此，地图投影研究和教学开始从单一的静态投影转向静态和动态投影协同的方向。由于空间投影是一种动态投影，从三维投影发展到四维投影，增加的投影参数为时间变量。遥感卫星在影像的逐点逐行逐列扫描中，伴随着卫星飞行、轨道进动、地球自转，卫星与地球完全处于两个不同的惯性系，相对运动和时间成为遥感图像投影的重要参数，卫星成像过程是动态变化的，这区别于传统的地图投影。

地图投影从主框架发展到辅助坐标网。传统的地图投影是先让其作为一种地图框架，随后填绘专题要素。轨道卫星上连续研制扫描记录装置，在某种意义上推翻了这一概念。例如，LAND-SAT 陆地卫星上的扫描装置，以数字方式连续记录图像数据，在将其制成图像之前需要进行一系列几何校正和相应的图像投影变换。先获取专题要素，再将空间斜圆柱投影（SOM 投影）作为辅助坐标网。

2.2.2　空间地图投影的一般概念

卫星摄影或扫描成像是一种动态的过程，由传感器逐点或逐行逐列扫描成像构成整幅图像。卫星图像的形成与卫星沿轨道的飞行、地球的弯曲和转动、卫星轨道面的进动等因素有关，对成像制图有较大的影响，不可避免地会使遥感影像产生扭曲变形。有些影响可以通过卫星轨道设计或者地面站进行解决，而有些影响与地图投影有着十分密切的关系。空间地图投影定义在惯性空间中，考虑的主要是卫星和地球的双重运动及其对制图的影响。

2.2.3　空间投影与卫星遥感图像之间的关系

空间投影模型可以描述遥感图像的成像过程，因此，遥感图像与其相应的空间投影之间存在着严格的依赖关系。下面来讨论推导关系模型的公式。像素坐标 (m, n) 与空间投影坐标 (x, y) 之间可采用逼近函数关系来表述：

$$x = f_1(m, n) = a_0 + a_1 m + a_2 n + a_3 m^2 + a_4 mn + a_5 n^2 \tag{2.3}$$

$$y = f_2(m, n) = b_0 + b_1 m + b_2 n + b_3 m^2 + b_4 mn + b_5 n^2 \tag{2.4}$$

选取适量已知的控制点（GCP），解上述方程组，从而确定上述公式的系数。

利用上述公式对整幅图像进行变换后，图像中的每一个像点就统一投影到空间投影坐标系中，这样就建立了遥感图像的数学基础。

利用空间投影的反解变换，可以得到像素点 (m, n) 与相应地面点的地理坐标 (ϕ, λ) 之间的变换关系式：

$$\begin{cases} \phi = F_1(x, y) = F_1(f_1(m, n), f_2(m, n)) \\ \lambda = F_2(x, y) = F_2(f_1(m, n), f_2(m, n)) \end{cases} \tag{2.5}$$

式中，F_1，F_2 为空间投影的反解变换函数。

以上方法是建立在同一幅图像上的，但由于遥感图像每景的坐标范围是固定的，可以任一景图像的左下角作为图像坐标系的原点，以卫星前进方向为正方向，将整轨图像按顺序前后相连，这样就使得整轨图像统一在图像平面坐标系内，然后依照式（2.5），就使整轨图像统一在同一空间投影坐标系中，从而实现了卫星图像的连续制图。

2.2.4　空间地图投影分类

为更好地了解现有空间地图投影的性质、特征和应用范围，揭示出各种空间地图投影之间的内在联系，可以对空间地图投影进行科学分类。这有助于挖掘新的空间地图投影，从而促进空间地图投影理论和应用研究的进一步发展。

1. 按卫星轨道状况对投影的要求进行分类

卫星运行轨道可分为倾斜轨道、极地轨道和赤道轨道等。按照轨道运行状况对投影选择的要求可把空间投影分为：①正轴投影：卫星星下点轨迹是赤道，扫描带形区域及侧视带形区域与赤道平行，极点为两极或投影面的中心线与地轴一致；②横轴投影：卫星星下点轨迹是子午线，扫描区域及侧视区域与子午线平行极点在赤道上或投影面的中心线与地轴垂直；③斜轴投影：卫星星下点轨迹与赤道斜交，极点既不在赤道上又不在两极，或投影面的中心线与地轴斜交。

2. 按正轴投影经纬线形状分类

按正轴投影经纬线形状可将空间投影分为：①空间方位投影：空间方位投影为遥感影像最原始、最常用的投影方式，包括单张航空像片的正负图像空间透视投影，倾斜像面透视投影，空间正、斜方位投影等；②空间圆柱投影：包括空间斜圆柱投影（SOM 投影）、空间投影（SM）和空间横圆柱投影；③空间圆锥投影：包括适合侧视雷达图像的空间正圆锥投影（SC）、空间横圆锥投影（STC）和空间斜圆锥投影（SOC）等。

3. 按空间投影变形性质分类

按投影变形性质，可将空间投影分为等角投影、等面积投影和任意投影三大类，空间地图投影的变形与传统地图投影变形相似。①等角投影：投影面上两微分线段的夹角与地面上的相应两线段的夹角相等，即没有角度的变形，这种投影称为等角变形，角度变形 $\omega = 0$。在微小区域内地球面上的图形与投影后的图形是相似的，变形椭圆均是微分圆。从小范围看，能保持无限小图形的相似，这类投影也称为正形投影。②等面积投影：投影面上任一块图形的面积与地面上相应图形的面积保持相等，即没有面积变形的投影称为等积变形，亦面积变形 $V_p = 0$。不仅对一点是这样，扩展到整个制图区域也是如此。变形椭圆在图上为面积相等但形状各异的椭圆，其角度变形较大。③任意投影：既不满足等角条件又不能满足等面积条件的投影叫任意投影，任意投影同时存在长度变形、面积变形和角度变形，但是它的面积和角度等误差较小。变形椭圆在图上呈现为大小不等形状各异的椭圆。在任意投影中。如果沿某一条曲线长度比等于 1，则称这类投影为等距离投影。

2.2.5 不同空间投影方法的比较

遥感制图的主要空间地图投影方法有空间墨卡托投影（SM 投影）、空间 Gauss-Kruger 投影（STM 投影）、空间斜圆柱投影（SOM 投影）、卫星地面轨迹投影、等角空间投影（CSP 投影）、空间斜圆锥投影（SOC）和三轴椭球的空间斜圆柱投影等。这些投影方法有以下异同：

（1）统一的几何模型设想；

（2）同一个建模思路；

（3）统一体现出投影坐标与时间的关系；

（4）不同的建模假设；

（5）不同的适用范围；

（6）不同的推导公式方法；

（7）不同的变形性质。

几种空间投影的变形有所区别。偏离星下点轨迹越远，变形就越大。

2.3　遥感制图的常用地图投影

地图制图的主要资料来源于卫星遥感图像数据，利用这些图像数据可以制作各个种类的地形图。所以，卫星遥感图像数据在地图制图方面应用广泛。由于卫星遥感图像是动态获取的，不能很好地用于静态的地图投影制图，因此，应建立与之相对应的动态投影。空间投影直接模拟卫星成像过程中的物理过程，所以空间投影是卫星遥感制图的数学基础。

2.3.1　常用星载传感器的投影方式

传感器的种类很多，主要类型有：电视摄像机、面阵列固态扫描仪、画幅式摄影机、多光谱摄影机、缝隙连续摄影机、全景摄影机、线阵列固态扫描仪、多光谱扫描仪、红外或微波扫描仪以及侧视雷达等。

按照成像的投影性质，常用的星载传感器具有以下五种相应的投影方式。

1. 中心投影

框幅式相机和反束光导管摄像机（RBV）所获取图像的投影方式属中心投影（图2.3），是二维（平面）投影形式。该投影在垂直摄影且地面平坦的条件下，图像与其相应的地面景物保持几何上的完全相似性，且图像比例尺恒定为 $1/M$，因此像点与相应地面点成一一对应的线性关系（或称"共线关系"），图像与地物之间的几何关系比较严密。所有利用框幅式成像系统和反束光导管摄像机成像系统对地面成像的，不论是在静止状况下还是在运动的瞬间成像，或者不论是用胶卷回收的方式还是数值信息传输（视频传输）的方式（如 RBV 系统），其整幅图像都是在同一瞬间曝光而形成的中心投影图像。因此，构像的几何原理是严格的。

2. 多中心投影

缝隙连续扫描相机和电荷耦合器件（CCD）等图像产品属多中心投影方式，是一维（直线）投影形式。其特点是扫描方向上属中心投影，飞行方向上属平行移动投影，即由

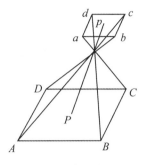

图 2.3　中心投影

于卫星匀速运动，因此在前进方向上不发生投影变形。推扫描式（如 CCD 系统）成像系统的构像方式属于多中心投影，有时也称为"行扫描投影"。多中心投影图像的几何构像原理比较严密，所以容易拟合或转换成某一种传统的地图投影。

3. 似多中心投影

这是光机械扫描（也称点扫描）传感器的图像所特有的投影方式，如 MSS 图像。由于图像是由像素构成的，而每个像素都是一个小的中心投影图像，故称"多中心投影"。也可以把这种投影看成两种情况的组合，即在垂直于地面轨迹的方向上近似于中心投影（实际属等焦距圆柱投影），在平行于地面轨迹的方向上近似于平行移动。

线扫描式（如 SPOT）属于似多中心投影，图像的几何构像原理比较复杂，且受机械扫描性能影响，图像难以用一种常规的地图投影来精确描述。但是，有些卫星图像（如 Landsat 卫星图像）的几何高保真，且分辨率相对较高，它们虽属于线扫描式，却能将图像拟合或转换成一种传统的地图投影。

4. 等焦距圆柱面投影

全景扫描图像属于这种特殊的投影形式，如照相侦察卫星等所获取的图像。由于采用等焦距圆柱面成像，因而随着扫描角度的变化，图像的比例尺也发生非线性变化，图像的几何关系虽能确切地表述，但比较复杂，对图像的制图处理将造成很大困难。等焦距圆柱面成像的图像必须由专用的设备经几何校正和比例尺归一化后，才能像中心投影图像那样拟合或转换成一种传统的地图投影形式。

5. 多中心旋转投影

侧视雷达图像符合这种投影方式。按雷达接收地面反射波时间的先后顺序，把回波信息用规定的比例尺记录在图像上。地物点在影像面上的构像以侧视雷达天线为原点，以地物点到天线的斜距为半径，将地物点旋转投影到与天线同高的水平面内，而沿飞行方向的扫描则以工作平台的运行来完成。雷达的投影方式有时也称为"反射投影"或"距离投影"。

尽管上述构像方式的几何规律较为确切，所得到的图像在理论上都可以转换或拟合成一种常规的地图投影，但是，还需要寻找一定数量的已知地面控制点（ground control point）和计算机转换程序才能精确地拟合或转换，尤其是批量生产的图像产品，只有经过一系列的处理和地图投影转换才能把地理坐标或某一种平面坐标网（如高斯-克吕格坐标网格）拟合到卫星图像上，以完成对大量卫星图像的空间地图投影变换工作。

2.3.2 常见的空间投影方法

1. 空间墨卡托投影

墨卡托投影，是一种"等角正切圆柱投影"，荷兰地图学家墨卡托（Gerhardus Mercator，1512—1594）在1569年拟定，假设地球被围在一个中空的圆柱里，其标准纬线与圆柱相切接触，然后再假想地球中心有一盏灯，把球面上的图形投影到圆柱体上，再把圆柱体展开，就形成了一幅选定标准纬线上的"墨卡托投影"绘制出的地图。

墨卡托投影没有角度变形，每一点向各方向的长度比相等，它的经纬线都是平行直线，且相交成直角，经线间隔相等，纬线间隔从标准纬线向两极逐渐增大。墨卡托投影的地图上长度和面积变形明显，但标准纬线无变形，从标准纬线向两极变形逐渐增大，但因为它具有各个方向均等扩大的特性，保持了方向和相互位置关系的正确。在地图上保持方向和角度的正确是墨卡托投影的优点，墨卡托投影地图常用作航海图和航空图。

假想有一圆柱切于赤道，卫星在地球上空运行，星下点轨迹是赤道。卫星从起始点开始，经过一微分时间段 dt 后，卫星沿赤道运行的经差为 $d\lambda$，把这一瞬间星下点以及扫描线上的各点都投影在圆柱面上；再经过一微分时间段 dt 后，卫星运行的经差为 $d\lambda + d\lambda$，又进行一次瞬间的投影。如此不断地进行瞬间投影，就可以把动态图像完整地、连续不断地投影到圆柱面上，得到动态的地图投影，这样的投影称为空间墨卡托投影（SM）。

墨卡托投影坐标系是取零子午线或自定义原点经线（L_0）与赤道交点的投影为原点，零子午线或自定义原点经线的投影为纵坐标 X 轴，赤道的投影为横坐标 Y 轴，构成墨卡托平面直角坐标系。

2. 空间高斯-克吕格投影和 UTM 投影

高斯-克吕格（Gauss-Kruger）投影是一种"等角横切圆柱投影"。德国数学家、物理学家、天文学家高斯（Carl Friedrich Gauss，1777—1855）于19世纪20年代拟定，后经德国大地测量学家克吕格（Johannes Kruger，1857—1928）于1912年对投影公式加以补充，故名。设想用一个圆柱横切于球面上投影带的中央经线，按照投影带中央经线投影为直线且长度不变和赤道投影为直线的条件，将中央经线两侧一定经差范围内的球面正形投影于圆柱面。然后将圆柱面沿过南北极的母线剪开展平，即获高斯-克吕格投影平面。

高斯-克吕格投影后，除中央经线和赤道为直线外，其他经线均为对称于中央经线的曲线。其没有角度变形，在长度和面积上变形也很小，中央经线无变形，自中央经线向投影带边缘，变形逐渐增加，变形最大处在投影带内赤道的两端。由于其投影精度高，变形小，而且计算简便（各投影带坐标一致，只要算出一个带的数据，其他各带都能应用），因此在大比例尺地形图中应用，可以满足军事上各种需要，并能在图上进行精确的量测计算。按一定经差将地球椭球面划分成若干投影带，这是高斯投影中限制长度变形的最有效方法。我国大于等于 1∶50 万的大中比例尺地形图多采用 6°带高斯-克吕格投影，3°带高斯-克吕格投影多用于小比例尺测图，如城建坐标多采用 3°带的高斯-克吕格投影。

UTM（Universal Transverse Mercator）投影全称为"通用横轴墨卡托投影"，是一种"等角横轴割圆柱投影"，椭圆柱割地球于南纬 80°、北纬 84°两条等高圈，投影后两条相割的经线上没有变形，而中央经线上长度比 0.999 6。UTM 投影是为了全球战争需要创建的，美国于 1948 年完成这种通用投影系统的计算。与高斯-克吕格投影相似，该投影角度没有变形，中央经线为直线，且为投影的对称轴，中央经线的比例因子取 0.999 6 是为了保证离中央经线左右约 330km 处有两条不失真的标准经线。UTM 投影分带方法与高斯-克吕格投影相似，是自西经 180°起每隔经差 6°自西向东分带，将地球划分为 60 个投影带。我国的卫星影像资料常采用 UTM 投影。

高斯-克吕格投影与 UTM 投影都是横轴墨卡托投影的变形。高斯-克吕格投影与 UTM 投影是按分带方法各自进行投影的，故各带坐标成独立系统。为了避免横坐标出现负值，高斯-克吕格投影与 UTM 北半球投影中规定将坐标纵轴西移 500km 当作起始轴，而 UTM 南半球投影除了将纵轴西移 500 km 外，横轴南移 10 000km。由于高斯-克吕格投影与 UTM 投影每一个投影带的坐标都是对本带坐标原点的相对值，所以各带的坐标完全相同，为了区别某一坐标系统属于哪一带，通常在横轴坐标前加上带号，例如：（4231898m，21655933m），其中 21 即为带号。

3. 兰勃托等角投影

兰勃托等角投影，在双标准纬线下是"等角正轴割圆锥投影"，由德国数学家兰勃托（J. H. Lambert）在 1772 年拟定。设想用一个正圆锥割于球面两标准纬线，应用等角条件将地球面投影到圆锥面上，然后沿一母线展开，即为兰勃托投影平面。兰勃托等角投影后纬线为同心圆弧，经线为同心圆半径。前面已经介绍的墨卡托投影是它的一个极端特例。

兰勃托投影采用双标准纬线相割，与采用单标准纬线相切比较，其投影变形小而均匀。兰勃托投影的变形分布规律是：①角度没有变形；②两条标准纬线上没有任何变形；③等变形线和纬线一致，即同一条纬线上的变形处处相等；④在同一经线上，两标准纬线外侧为正变形（长度比大于 1），而两标准纬线之间为负变形（长度比小于 1），变形比较均匀，变形绝对值也比较小；⑤同一纬线上等经差的线段长度相等，两条纬线间的经纬线长度处处相等。

4. 等角空间投影

程阳（1991）在星下点轨迹线保持曲率不变和长度不变形等条件下，基于卫星飞行轨道在惯性系中满足的微分方程组，利用数值解法得到了星下点轨迹线在投影平面上的坐标，再计算出相应的切墨卡托投影坐标，然后利用正形多项式拟合出一种具有等角性质的空间投影（CSP）。CSP 在制图和测量中是比较重要的投影，CSP 的等角性质有利于和其他等角投影（比如高斯-克吕格投影、横轴等角割圆柱投影）的统一，有利于投影转换。等角投影的投影变换理论和方法均很成熟，其数值变换的精度远比其他普通投影的变换精度高，所以采用 CSP 有利于提高地图精度。在 1°范围内，投影变形小于 0.000 15，完全可以保证投影精度的要求，而且无论在高纬、中纬、低纬地区均保持相当的精度。可以连续地表示卫星采集的图像，该投影适用于任何卫星轨道，有利于和轨道计算统一，进行适时处理，计算简单。总之，CSP 是一种较理想的空间投影，可以用于资源卫星及其他卫星的数据处理和卫星遥感图像制图。

5. 三轴椭球的空间斜圆柱投影

如果地球处于完全的均衡状态，大地水准面将十分接近于旋转椭球面，它们之间的差距将是很小的。然而，地球并不是完全均衡的。根据全球大地水准面差距图可以判断出，地球更接近三轴椭球（熊介，1988）。

为了进行行星（及其卫星）像片的测图，对于绝大多数的被测天体，均需建立一个统一的控制网作为测图的基础。一般可以采用类似地球大地测量的办法，用一个几何参考面来描述被测行星的形状和大小，统一的控制网便以此参考面为基础建立起来。常见的几何参考面是三轴椭球面，并且通过使椭球中心与该天体的质心重合、相坐标重合的方法进行参考面的定位。利用行星像片测制地图，除根据星体的形状和大小来确定一个合适的几何参考系统之外，还要根据用途选择适当的地图投影。所选择的地图投影，对于传送的图像也可以在恢复图像过程中通过空间投影变换加以实现。因此，研究三轴椭球的空间斜墨卡托投影是非常有意义的。

6. 空间斜圆锥投影

侧视雷达是一种主动的微波遥感成像系统，通过向地面发射脉冲波获得数据胶片。这些数据胶片按什么样的数学模型记录下来，然后进行几何校正，使得成图误差较小，是制图工作者亟待研究的问题。图像中所包含的几何畸变可以表示为图像上各像元的位置坐标与地图坐标系中的目标地物坐标的差异。SAR 图像的几何畸变由诸多因素引起，其中包括卫星姿态、地球自转和弯曲、轨道进动以及图像投影面的选取等。要对 SAR 图像进行高精度的几何纠正，选择合适的地图投影是至关重要的。现有的适合侧视雷达图像的数学模型是逐点或逐行建立的瞬时构像方程，不能连续地表示所采集的数据（钱正波，杨启和，1989）。为侧视雷达图像建立的平距投影或斜距投影实质上是空间透视投影，具有近距离压缩等特性，侧视区域投影图像变形较大。空间斜圆锥投影（SOC）是为处理侧视雷达图像而专门建立的一种新型动态地图投影。这种空间圆锥投影保持侧视区域中心线不变形，且能在粗制处理之后就可以建立遥感区域内像素点与地面点之间较近似的对应关系。

2.3.3 卫星图像在空间投影中的几何性质

卫星图像的几何性质主要包括遥感器构像的数学模型和像片的几何误差。研究卫星图像的几何性质是为了对图像进行正确的几何处理，以确定目标的形状、大小和空间位置等。传统的航天摄影测量学中卫生遥感图片的数学模型都是其瞬时构像方程，对动态传感器还需建立一些附加方程，这些模型只能表示摄影瞬间的几何关系，不能连续地表示所采集的数据，不能以连续无误的比例尺表示卫星同一轨道不同图幅的地面轨迹，所得到的卫星图像几何畸变较大。

在卫星图像的形成过程中，卫星的飞行、轨道的进动与地球的自转存在着相对运动，使得像点与相应地面点的几何位置关系都与时间有关，因此，静态的地图投影（如墨卡托投影）无法满足卫星图像投影的需要。

2.3.4 空间投影与卫星遥感图像之间的关系

空间投影可以描述遥感图像的成像过程，所以，空间投影与遥感影像是相互依赖的关系。下面介绍关系模型建立的相关方法。

1. 数值方法

具体方法请参阅2.2.3空间投影与卫星遥感图像之间的关系。

2. 仿射变换方法

可以利用仿射变换公式

$$x = a_0 + a_1 m + a_2 n \tag{2.6}$$
$$y = b_0 + b_1 m + b_2 n \tag{2.7}$$

建立图像数学基础变换关系（赵琪，1999），具体步骤如下：

（1）获取像素比例尺，即计算投影坐标范围和像素坐标范围之比，分为水平比例尺和垂直比例尺；

（2）建立仿射变换模型，即构建图像坐标与空间投影坐标之间的仿射变换关系；

（3）根据图像的四个角点（或图幅经纬度范围）计算变换后的地图尺寸，得到相应图像的矩形阵列；

（4）对变换后图像中的每个点，反解其在原图像中的像素坐标；

（5）利用双线性插值对像素点赋值。

3. 图像数学基础变换的快速算法

采取两级变换的机制可以提高变换速度。应先按照一定的行列间隔使变换图像变成矩形格网，其中每个网点的坐标都由投影变换关系式决定。再将每个小矩形进行变换，对于每个小矩形，可利用矩形的四个角点对应双一次变换多项式，从而实现两图像间的坐标转换。算法步骤如下：

（1）装载原图像定位基础，主要是投影类型、投影参数、像角点坐标、图像坐标系尺度、图像坐标与空间投影坐标系的配准系数；

（2）求出变换图像外接矩形尺寸和图像左下角点投影坐标；

（3）在变换图像外接矩形中铺设矩形控制格网，将变换图像外接矩形以一定的行列间隔分成许多小矩形，对每个小矩形反求其在原图像中对应小四边形的图像坐标；

（4）对变换图像的任一小矩形，构造其与原图像对应小四边形的双一次变换多项式，利用小矩形和小四边形的四个角点对应图像坐标值，求解双一次变换多项式的系数；

（5）按双一次变换求解变换图像中每一点在原图像中的坐标，利用求得的新图像到原图像的双一次变换多项式直接进行图像坐标的变换；

（6）对变换坐标利用双线性灰度插值，并将插值灰度赋给变换图像的对应点。

2.4　遥感影像的投影变换

影像投影变换是地图投影和地图编制的一个重要组成部分，它主要研究从一种地图投影变换为另一种地图投影的理论和方法，是从一个地理坐标系统转换到另外一个坐标系统。如果是在同一个椭球基准面下的转换，就是严密转换；而在不同椭球体之间或者同一个椭球体不同基准面的转换是不严密的，这就需要用到七参数、三参数等方法，其实质是建立两平面场之间点的一一对应关系。

在编制地图时，原始资料影像与新编地图之间在数学上存在着投影变换问题。这种变换随着两种投影之间是否相同、接近或差异甚大而有难易不同。例如，在地形图之间，从一种比例尺地图编制成另一种比例尺地图，它们的投影是相同的，只存在比例尺的缩放，是容易处理的，这种变换可称为相似变换。

为了适应计算机地图制图、各类地理信息系统建设，满足空间遥感技术坐标变换的需要，影像投影变换已逐步发展成为研究空间数据处理以及空间点位与平面点位之间变换的理论、方法及应用的地图投影学的一个分支学科。

2.4.1　常规投影变换

1. 选择控制点

控制点的选择对投影转换的精度有直接的影响。一般一张卫片选 9~12 个控制点，且最好均匀分布于遥感图像的四周。选点的基本要求如下：

（1）尽可能选用固定的地形地物，如突出的山头制高点、铁路和河岸交点、水坝端点、岩石小岛的夹角、人工水渠交叉点、V形谷地中的河流交叉点等。这些均属固定地物点，一般不会移位，点位精度较高。

（2）半固定的地形地物点也可适当选用，如小河与小河的交叉点、小河流与水库的交点、长年河的河流弯曲等。这些一般较稳定，点位精度尚好。

（3）非固定的点位尽可能不要选用，如河心沙洲、湖心小岛、时令河等。这些往往会随季节性降雨而移位，一般精度较差。

为进行控制点坐标的量测，选点时应与大比例尺地形图进行对照。

2. 量测控制点坐标

控制点的选择，常因人和卫片而异。点位选择后，不可能进行野外实测坐标，于是采用在大比例尺地形图上量测坐标，一般取1∶10万或1∶5万地形图。

控制点的选择与量测工作必须认真仔细，尤其是编图范围较大、涉及卫片较多时，选点与量测的工作是很大的，一旦有错，容易造成混乱，影响精度。为便于检核，不致产生混乱，应编写好选点记录表。

3. 控制点投影变换后的坐标值

坐标量测后，需要进一步解决如何把这些点的坐标变换成所需地图投影坐标，也就是解决卫星影像将转换到一个怎样的数学基础（控制点格网）上去。控制点的地图投影坐标可这样获得：

（1）由控制点的经纬度（λ，φ），根据前述的地图投影数学算式，由计算机计算出所需地图投影的坐标值（x，y）。

（2）选择一个大于遥感图像范围的经纬度格网，即将一幅遥感图像的范围略加扩展后，取经纬度每隔1°或30′的规则格网点。当制图区域较大时，则涉及多幅卫片，需建立一个较大的规则格网。查表列出这些格网点的两种投影（控制点量测坐标的投影和需转换的地图投影）的坐标值以及它们二者之间的差值，然后内插出处于这些格网内的控制点的两种投影的坐标差值，由差值计算出投影转换后的控制点坐标值。此法称为图解法，其优点是计算方便，缺点是精度低于用地图投影数学算式计算得到的精度。此法适用于有现成的地图投影坐标表可查取坐标值的情况。

（3）利用纠正仪进行同素变换，获得控制点投影变换后的点位位置。同素变换法根据同素变换的理论，采用分块逼近的方法实现投影转换。该方法采用大型纠正仪进行光学同素变换，是一种较为有效的方法，作业方便，便于掌握，精度较高。作业过程如下：①选点：在地形图上选出四个经纬线焦点作为同位素变换点。②展点：首先查表或计算出四个经纬网点投影变换后的坐标值，并按所需比例尺展点在半透明的聚酯薄膜上，将透明的聚酯薄膜蒙在地形图上，精准刺出经纬网点和平面控制点。③经同素变换获得控制点点位：即将经过蒙绘的透明聚酯薄膜放在纠正仪的底片盘内，如果图幅较大，可缩小后放入。把经展点的半透明聚酯薄膜图控制点的坐标差值内插膜放在承影面上，按相应的 4 个经纬线网点精确对点，定位精度为 0.2mm。此时凭着控制点的影像，将定位点转刺到半透明薄膜上，这样便获得了投影变换后的控制点位。若一次变换达不到精度要求，可进行第二次变换或分块变换。此方法省去了地图上控制点型标的量测、投影变换的坐标计算与展点工作，对于一张卫片来说只需查表或计算 4 个经纬网点的坐标并展点即可。④在纠正仪下晒像获得投影变换后的像片，将刺点的卫星底片放入纠正仪的底片架内，将展有控制点的图版或薄膜放在承影面上，依控制点精确对点定位后，抽去图版换上感光相纸，洗印后即得一张投影变换后的像片。

常规的遥感图像投影转换方法与遥感图像的几何纠正基本相同，不同之处在于前者可以任意选择投影性质，而后者只具有地形图的投影性质。随着计算机和遥感图像处理系统的广泛应用，遥感图像的计算机投影转换方法也日趋广泛。电子计算机进行地图投影变换的过程分为 3 个步骤：①将原始遥感图像资料数字化（若有原始遥感图像数字磁带，则不必进行数字化）；②依据一定的数字模型对数字化遥感图像进行数据处理，即进行投影变换；③将几何处理的遥感图像数据按新投影复现为遥感图像，即进行像元亮度值的重新分配和输出遥感图像。其中关键的是第②步，包括建立两种投影（遥感图像投影和地图投影）之间用多项式通近的关系式以及解出多项式的系数两个方面，即遥感图像投影变换数学算式的确定和变换系数的求解。

2.4.2　GIS 软件中的地图投影功能

目前，绝大多数 GIS 软件都具有地图投影选择及变换功能。下面以国际著名的桌面 GIS 软件 MapInfo、ArcGIS 和 ArcMap 为例，简略介绍一下 GIS 软件中的地图投影功能。

1. MapInfo 的投影变换

MapInfo 通过"Choose Projection"对话框为用户提供两级目录菜单进行投影选择。它提供了 20 多种投影系统，如墨卡托投影、等角圆锥投影、高斯-克吕格投影、方位投影等，以及 300 多种预定义坐标系。坐标系决定了一系列投影参数，包括椭球体及其定位参数、标准纬线、直角坐标单位及其原点相对投影中心的偏移量等。当用户要使用其他坐标系或创建新的坐标系时，可通过修改投影参数文件 MAPINFOW. PRJ 来实现。

MAPINFOW. PRJ 是一个 ASCII 码的文件，这个文件以空行分段，每一段第一行的文字部分为投影菜单的第一级目录（Category）的描述；第二行开始即为第二级目录（Category，Members）的内容，每一行为一个预定义坐标系参数表，参数的意义顺序表达为：坐标系名称、投影代码、坐标单位、原点经度、原点纬度、标准纬线 1、标准纬线 2……一般情况下通过投影选择对话框，就可以很方便地进行地图投影选择。如果需要改变某些参数，如标准纬线、原点经纬度、坐标单位以及坐标偏移量等，则需修改 MAPINFOW. PRJ 文件。

GIS 的地图投影功能已提供了地图投影变换的便捷工具，而正确使用这一工具的关键在于使用者必须对地图投影本身有足够的认识。

2. ArcGIS 投影变换

Arc Toolbox 投影变换：

Arc Toolbox → Data Management Tools → Projections and Transformations

- Define Projection；
- Feature → Project；
- Raster → Project Raster；
- Create Custom Geographic Transformation。

当数据没有任何空间参考显示为 Unknown 时：

（1）利用 Define Projection 给数据定义一个 Coordinate System。

（2）利用 Feature → Project 或 Raster → Project Raster 对数据进行投影变换。

我国经常使用的投影坐标系统为北京 54、西安 80，由这两个坐标系统变换到其他坐标系统下时，通常需要提供一个 Geographic Transformation，因为 Datum 椭球体改变了。这里就用到常说的转换 3 参数、转换 7 参数（国家的转换参数是保密的，可以自己计算或在购买数据时向国家测绘部门索要）。

（3）已知转换参数后，利用 Create Custom Geographic Transformation 定义一个地理变换方法，变换方法可以根据 3 参数或 7 参数选择基于 GEOCENTRIC_TRANSLATION 和 COORDINATE 方法。这样就完成了数据的投影变换，数据本身坐标系统发生了变化。

3. ArcMap 投影变换

投影变换工作也可以在 ArcMap 中通过改变 Data 的 Coordinate System 来实现，按照 Data 坐标系统导出数据即可。具体如下：

（1）加载要转换的数据，右下角为经纬度；

（2）查看数据属性，选择 Coordinate System 选项卡；

（3）导入或选择正确的坐标系，确定，此时，ArcMap 右下角数据的显示坐标发生了变化，但数据本身没改变，还需要进行最后一步；

（4）右键单击数据，选择 Export，导出数据即可。

◎ 思考题

（1）什么是空间分辨率？什么是地图比例尺？二者概念有何异同？

（2）空间分辨率可以怎么表示？彼此之间有什么联系？

（3）高光谱图像常用的传感器有哪些？光谱分辨率各是多少？

（4）遥感图像解译主要使用的分辨率有哪些？

（5）像片比例尺的计算方法有哪些？

（6）对于不同的比例尺应该怎样选择分辨率？

（7）简述空间地图投影分类。

（8）简述不同空间投影方法的比较。

（9）常用星载传感器的投影方式有哪些？

（10）常见的空间投影方法有哪些？

（11）简述空间地图投影的分类。

（12）高斯-克吕格投影有哪三个条件？

（13）高斯-克吕格投影和通用横轴墨卡托投影有何区别和联系？

（14）为什么在海图中广泛应用墨卡托投影？

（15）简述影像投影变换的步骤。

（16）投影变换有哪些方法？

（17）投影变换的本质是什么？

第 3 章　遥感制图的遥感基础

3.1 遥感的基本原理

遥感是一种利用物体反射或辐射电磁波的固有特性，通过观测电磁波来识别物体以及物体所存在的环境条件的技术。按应用目的，已形成了多种类型的遥感平台，搭载不同的传感器可以获得多种类型的遥感影像，不同类型的遥感影像往往具有不同的几何变形特征和分辨率，可满足不同的制图要求。全面准确地掌握遥感的相关基本原理，是进行遥感影像解译及遥感制图的必要基础。

3.1.1 电磁波与电磁波谱

1. 电磁波

电磁波，也称电磁辐射，是由同相振荡且互相垂直的电场与磁场在空间中以波的形式移动，传递能量和动量，其传播方向垂直于电场与磁场构成的平面。根据麦克斯韦电磁场理论，变化的电场能够在它周围引起变化的磁场，这一变化的磁场又在较远的区域内引起新的变化的电场，并在更远的区域内引起新的变化的磁场。这种变化的电场和磁场交替产生，以有限的速度（光速）由近及远在空间传播的过程称为电磁波。电磁波是一种横波，具有波粒二象性。

2. 电磁波谱

电磁波从低频率到高频率分别为：无线电波、微波、红外线、可见光、紫外光、X 射线和 γ 射线等。不同的电磁波由不同的波源产生。电磁波是电磁场的传播，而电磁场具有能量，因而波的传播过程也就是电磁能量的传播过程。如果把电磁波按在真空中传播的波长或频率递增或递减的顺序排列，就能得到电磁波谱图。其中，可见光、红外线、微波为遥感中最常用的三大波段。可见光是人眼可以接收和识别的电磁波，其波长是 0.38 ~ 0.76μm。红外线的波长范围是 0.76~1 000μm，红外线的热效应特别显著。微波的波长为 1mm~1m。

从电磁波谱图可见，电磁波的波长范围非常长，从波长最短的 γ 射线到最长的无线电波，它们的波长之比高达 10^{22} 以上。但人眼可接收和感受到的电磁辐射波长范围仅为 380~780nm，称为可见光。只要是自身温度大于绝对零度的物体，都可发射电磁波。由于自然界并不存在温度低于或等于绝对零度的物体，因此人们周边所有的物体时刻都存在电磁辐射，但只有处于可见光频域内的电磁波才可被人眼直接接收和识别。遥感采用的电磁波波段可以从紫外线波段一直到微波波段。传感器就是通过探测或感测物体对不同波段电磁波的发射、反射辐射能级而成像的，可以说电磁波的存在是获取遥感影像的物理前提。在实际的遥感工作中，需根据不同的目的而选择不同的波谱段。

3.1.2　太阳辐射与大气窗口

1. 太阳辐射

地球的能源主要来源于太阳，太阳是被动遥感最主要的辐射源，其辐照度分布曲线如图 3.1 所示。

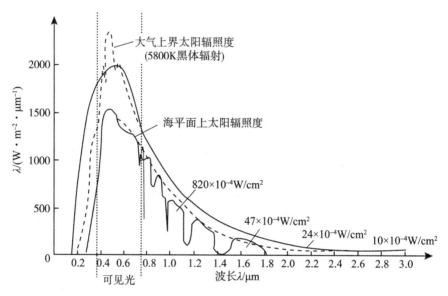

图 3.1　太阳辐照度分布曲线

从大气层外太阳辐照度曲线可以看出，太阳辐射的光谱是连续光谱，且辐射特性与绝对黑体辐射特性基本一致。太阳辐射从近紫外到中红外这一波段区间能量最集中而且相对来说最稳定，太阳强度变化最小。在其他波段如 X 射线、γ 射线、远紫外线及微波波段中，尽管它们的能量加起来不到1%，但变化却很大，一旦太阳活动剧烈，如黑子和耀斑爆发，其强度也会有剧烈增长，最大时刻相差上千倍甚至更多，因此会影响地球磁场，中断或干扰无线电通信，也会影响宇宙飞船或飞机的飞行。但就遥感而言，被动遥感主要利用可见光、红外线等稳定辐射，这样可以使太阳活动对遥感的影响减至最小。

2. 太阳辐射与大气的相互作用

人们习惯于把太阳辐射称作太阳光。太阳光通过地球大气照射到地面，经过地面物体反射又返回，再经过大气到达传感器。这时传感器探测到的辐射强度与太阳辐射到达地球大气上空时的辐射强度相比，已经有了很大的变化。

地球被大气圈所包围，大气圈上界无明显界线，离地面越高大气越稀薄，逐步过渡到太阳系空间。一般认为大气厚度约 100km,且在垂直方向自下而上分为对流层、平流层、中间层、热层(增温层)。热层再往上就是接近大气层外的顶部空间,也称散逸层。近年来,人们也常把平流层和中间层统称为平流层,把热层和散逸层统称为电离层,把电离层向上称为外大气层空间。

对流层中空气做垂直运动而形成对流,热量的传递产生天气现象,其高度在 7~12km,并随纬度降低而增加。温度随高度的增加而降低。平流层中没有明显的对流,几乎没有天气变化现象。平流层中的温度由下部的等温层逐渐向上升高,原因是臭氧层存在于平流层中,臭氧层吸收紫外线而升温。平流层的上部又称中间层,中间层内温度随高度增加而递减。

电离层的下部又称热层,上部称散逸层。从热层向上温度激增,且热层是人造地球卫星运行的高度,热层和中间层由于空气稀薄,大气中 O_2、N_2 等分子受太阳辐射中的紫外线和 X 射线的影响,处于电离状态,形成了 D 层、E 层、F 层 3 个电离层。随着高度增加,电离层的电子浓度增大。一般来说,在中纬度地区,D 层白天出现,夜晚消失;E 层白天强,晚上弱;F 层有时又分为 F_1、F_2 层,F_1 主要在夏季白天存在,而 F_2 层则经常存在。在极区,冬季 D、E、F_1 层消失。这些电离层的主要作用是反射地面发射的无线电波,D 层和 E 层主要反射长波和中波,短波则穿过 D 层和 E 层从 F 层反射,超短波可以穿过 F 层。遥感所用波段都比无线电波短得多,因此可以穿过电离层,辐射强度不受影响。800km 以上的散逸层空气极为稀薄,已无法对遥感产生影响,因此真正对遥感辐射产生影响的是对流层和平流层。

大气主要成分为分子和其他微粒。分子主要有 N_2 和 O_2,约占 99%,其余约 1% 是 O_3、CO_2、H_2O 及其他(N_2O、CH_4、NH_3 等)。其他微粒主要有烟、尘埃、雾霾、小水滴及溶胶。气溶胶是一种固液悬浮物,有固体的核心(如尘埃、花粉、微生物、海水的盐粒等),在核心外包有液体,直径为 0.01~30μm,多分布在高度 5km 以下。

太阳辐射在穿过大气层时,大气分子对电磁波的某些波段有吸收作用。吸收作用使辐射能量转变为分子的内能,从而引起这些波段太阳辐射强度的衰弱,甚至某些波段的电磁波完全不能通过大气。因此,在太阳辐射到达地面时,形成了电磁波的某些缺失带。从大气中几种主要分子对太阳辐射的吸收率(图 3.2)可以看出每种分子形成吸收带的位置。其中,水的吸收带主要为 2.5~3.0μm、5~7μm、0.94μm、1.13μm、1.38μm 和 1.86μm;二氧化碳的吸收峰值主要是 2.8μm 和 4.3μm;臭氧层对 0.2~0.32μm 的波有很强的吸收作用,此外对 0.6μm 和 9.6μm 的波吸收性也很强;氧气主要吸收波长小于 0.2μm 的辐射,对 0.60μm 和 0.76μm 的辐射也有窄带吸收。此外,大气中的其他微粒虽然对太阳辐射也有吸收作用,但不起主导作用。

3. 大气窗口

太阳辐射经过大气传输时,除了被吸收之外还有被反射和散射,折射虽然可以改变太阳辐射方向,但不改变辐射强度。当不考虑云层时,反射作用也很小。综合以上几种作用,它们的共同影响衰减了太阳辐射强度。不同电磁波段通过大气后衰减的程度是不一样

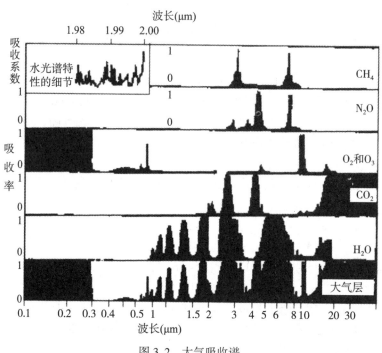

图 3.2　大气吸收谱

的。大气中有些电磁波透过率很小，甚至完全无法透过，称为"大气屏障"。反之，有些波段的电磁辐射通过大气后衰减较小，透过率较高，对遥感十分有利，这些波段通常称为"大气窗口"。

3.1.3　物体的光谱特征

电磁能入射到地物时，物体对入射能产生不同程度的反射、透射、吸收、散射和发射。电磁能与物体的相互作用是有选择的，它决定于物体的表面性质和内部的原子、分子结构。不同的物质反射、发射电磁波的能量因波长而不同，既有质的差异，又有量的变化。这种变化规律就是地物的光谱特性。不同类型的地物，其响应电磁波的特性不同，因此地物光谱特征是遥感识别地物的基础。地物的光谱特性主要包括反射、发射和透射等方面。

不同地物对入射电磁波的反射能力是不一样的，可以通过反射率表示。反射率不仅是波长的函数，同时也是入射角、物体的电磁学性质（电导、介电、磁学性质等）以及表面粗糙度、质地等的函数。一般地说，当入射电磁波波长一定时，反射能力强的地物，反射率大，在黑白遥感影像上呈现的色调就浅。反之，反射入射光能力弱的地物，反射率小，在黑白遥感影像上呈现的色调就深。在遥感影像上色调的差异是判读遥感影像的重要标志。

在可见光与近红外波段（0.3~2μm），地表物体自身的热辐射几乎等于零，地物发出的波谱主要以反射太阳辐射为主。当然，太阳辐射到达地面后，物体除了反射作用外，还有对电磁辐射的吸收作用，如黑色物体的吸收能力较强。最后，电磁辐射未被吸收和反射的其余部分则是透过的部分，即到达地面物体的太阳辐射能量=反射能量+吸收能量+透射能量。

一般地说，绝大多数物体对可见光都不具备透射能力，而有些物体，例如水，对一定波长的电磁波则透射能力较强，特别是对0.45~0.56μm的蓝、绿光波段，一般水体的透射深度可达10~20m，混浊水体则为1~2m，清澈水体甚至可透到100m的深度。一般不能透过可见光的地面物体，其对波长为5cm的电磁波则有透射能力，例如对超长波的透射能力就很强，可以透过地面岩石、土壤。

在反射、吸收、透射物理性质中，使用最普遍最常用的仍是反射这一性质，不同类型地物的光谱特征总结如下：

1. 植被

植物、健康绿色植物的反射光谱特征主要取决于它的叶子。在可见光的0.55μm（绿）附近有一个小反射峰，在0.45μm（蓝）和0.67μm（红）附近有两个明显的吸收带；在0.7~0.8μm是个陡坡，反射率急剧增高，在近红外波段0.8~1.3μm之间形成一个高的反射峰；以1.45μm、1.95μm和2.7μm为中心是叶子中水分的吸收带。植物光谱反射特性还受到生育阶段和物候期的影响。当绿色植物处于健壮的生长期，叶片中的叶绿素占压倒性优势，其他附加色素微不足道；而当植物进入衰老或休眠期，绿叶转变为黄叶、红叶或枯萎凋零，则上述绿色植物所特有的波谱特征都会发生变化。不同种类的植物，或不同环境下的植物，其反射率差异也较明显。另外，健康状况不同的植物具有不同的反射率，例如健康的牧草在可见光波段内，其反射率低于干枯、变黄的牧草；在近红外部分则高于干枯、变黄的牧草。

2. 土壤

土壤是表生环境下岩石的风化产物，其主要物质组成与母岩的光谱反射特性在整体上基本一致。但土壤是岩矿经过不同的风化过程，又在不同的生物气候因子和人类长期耕作活动的共同作用下形成的。因此，土壤类别多样，其光谱反射特性也必然相应地发生许多变化。此外，土壤温度对反射特性的影响也是巨大的。土壤的反射光谱曲线没有明显的波峰波谷，土质越细反射率越高，有机质含量越高反射率越低，含水量越高反射率越低。

3. 水体

水体的比热相对较大，对红外线几乎是全吸收，自身辐射发射率高。在白天，水将太阳辐射的热能大量吸收并储存起来，在红外图像上表现为黑色，即冷色调；夜间，水温比周围地物的温度高，辐射发射强，在红外图像上呈亮白色，即暖色调。水的辐射与其他地物相比有明显的特征，成为红外技术找水的理论依据。

4. 岩石

岩矿物的发射率与其表面特性如粗糙度、色调等有关。一般说来，粗糙表面比平滑表面发射强，暗色地物比浅色地物有较高发射率。在同样湿度条件下，发射率高的物体热辐射强。例如，碳酸钙含量达 95% 以上的大理岩的发射率为 0.942，而二氧化硅含量达 90% 以上的石英岩的发射率为 0.627；大理岩的热辐射比石英岩强，在热红外影像上色调更浅些。

5. 人工地物

人工建筑物的红外发射特征取决于建筑材料的热特性。当物体接收太阳、天空辐射或地下热流补给时温度上升，温度上升的速度则与物体的热惯性有关。例如，沥青路和混凝土路面，因温度传导系数小，白天增温慢，而晚上其发射辐射强，温度比周围地物高，所以在黎明前的热红外影像上，城市道路为白色网络；铁路线条平直，转弯圆滑，因金属的温度传导系数大，易增温也易散热，自身辐射红外线的能力和辐射能量远较其他物体低，凌晨时辐射温度比周围物体低。

正是因为不同地物在不同波段有不同的反射率这一特性，物体反射光谱曲线才可以作为判读和分类的物理基础，广泛地应用于遥感影像的分析和评价中。遥感影像中灰度与色调的变化是遥感影像所对应的地面范围内电磁波谱特性的反映。有很多因素会引起物体反射光谱的变化，如太阳位置、传感器位置、地理位置、地形、季节、气候、地面湿度、地物本身的变异、大气状况等。测量地物的反射光谱特征是有效地进行遥感影像处理的前提之一，是判读、识别、分析遥感影像的基础。

3.2　遥感的组成和分类

3.2.1　遥感的组成

用遥感方法获得地表信息的遥感系统，主要包括遥感平台与传感器系统，数据传输与地面接收系统，数据处理系统，成像制图系统，高级数据产品生成分析、产品生产和分发系统，产品验证系统和遥感应用。

1. 遥感平台与传感器系统

遥感平台是指遥感中搭载传感器的运载工具。遥感平台的种类很多，按平台距离地面的高度大体上可以分为地面平台、航空平台和航天平台。

传感器是远距离探测和记录地物环境辐射或反射电磁波能量的遥感仪器，传感器通常安装在不同类型和不同高度的遥感平台上。它的性能决定遥感的能力，即传感器对电磁波的影响能力、传感器的空间分辨率以及影像的几何特性、传感器获取地物信息量的大小和可靠程度。因此，传感器是遥感技术系统的核心之一。

传感器依据记录方式的不同，可以分为成像传感器和非成像传感器。成像传感器把所探测到的地物辐射能量用影像的形式表达出来，如航空摄影像片、多光谱扫描影像、线性阵列扫描影像、合成孔径雷达影像。非成像传感器把所探测到的地物辐射能量用数字或曲线图表示，直接记录目标的测量参数信息，如激光高度计记录高度信息、光谱辐射计记录目标的光谱辐射信息、微波辐射计记录目标的微波反射信息等。

2. 数据传输与地面接收系统

卫星传感器获取地表数据的传输方式主要有三种：①如果卫星地面接收站（Ground Receiving Station，GRS）在卫星的视线之中则可以直接将数据回传；②在卫星平台上在轨记录数据，随后传输到地面接收站；③通过跟踪和数据中继卫星系统（Tracking and Data Relay Satellite System，TDRSS）的延时传送数据到地面接收站。TDRSS 系统包括一系列地球同步轨道通信卫星，数据从一颗卫星传输到另一颗卫星直至到达其特定的地面接收站。

卫星地面接收站有两种类型：固定型和移动型。大多数卫星地面接收站是固定的，由于卫星地面接收站对全球的覆盖还不完整，用移动接收站可以填补固定站的不足，也适用于为偏远地区的特殊需要而进行长期或大量的图像数据接收。

地面接收站的作用在于收集、预处理和存储数据，其典型构成和功能包括：数据获取设备、数据处理和深加工设备、用户支持服务。

3. 数据处理系统

1）辐射处理

遥感影像的辐射处理包括辐射定标与辐射校正。由于遥感影像成像过程的复杂性，传感器接收到的电磁波能量与目标本身辐射的能量是不一致的。传感器输出的能量包含了由于太阳位置和角度条件、大气条件、地形影响及传感器本身的性能等所引起的各种失真，这些失真不是地面目标本身的辐射，会对影像的使用和理解造成影响，必须加以校正或消除。一般情况下，用户得到的遥感影像在地面接收站处理中心已经做了辐射定标和辐射校正。遥感影像的辐射误差主要包括：①传感器本身的性能引起的辐射误差；②地形影响和光照条件变化引起的辐射误差；③大气的散射和吸收引起的辐射误差。

因此，对遥感影像需进行辐射处理，即辐射校正。辐射校正是消除或改正遥感影像成像过程中附加在传感器输出能量值中的各种噪声的过程，它包括传感器辐射定标、地形影响和光照条件的变化引起的辐射误差消除以及大气校正等，其中辐射定标和大气校正是遥感数据定量化的最基本环节。辐射定标是传感器探测值的标定过程方法，用以确定传感器入瞳处的准确辐射亮度值，并进一步将辐射亮度值转换为大气表观反射率（即大气外层表面反射率）；大气校正就是将辐射亮度或者表观反射率转换为地表实际反射率，目的是消除由于大气散射、吸收、反射所引起的误差。

2）几何处理

卫星传感器获取的影像很难完美体现陆表景观的空间特征。有许多因素可以使遥感数据产生几何形变，如传感器搭载平台高度、姿态和速度的变化，地球自转和曲率，表面高程位移及观察投影变化。其中某些因素的影响，可以通过对传感器特性和卫星平台运行数据的分析进行纠正。但对另外一些随机因素的影响，必须利用地面控制点进行纠正。

3）图像质量增强

遥感影像增强是为了特定目的，突出遥感影像中的某些信息，削弱或去除某些不需要的信息，使影像更易判读。影像增强的实质是增强感兴趣目标与周围背景影像间的反差，它不能增加原始影像的信息，有时反而会损失一些信息，也是计算机自动分类的一种预处理方法。①辐射增强：遥感影像辐射增强的目的是突出遥感影像中感兴趣的内容，改善其视觉效果，而辐射处理主要是指辐射校正，是从遥感器所获得的影像的灰度中消除或改正遥感成像过程中附加在其中的各种噪声，从而得到地面的实际反射率。虽然两者所用模型有时有相似之处，并且两者的结果都会改变影像的色调和色彩，但其实质有一定区别。②影像平滑与锐化：从频率域来分析，影像平滑即去除影像的高频部分，保留低频部分信息，而影像锐化则正好相反，保留高频部分信息，两者分别对应着低通滤波和高通滤波。由于影像上的各种噪音以及细节一般对应着高频信息，因此平滑使影像中的高频成分消退，即平滑掉影像的细节，使其反差降低，保存低频成分；而锐化是增强影像中的高频成分，突出影像的边缘信息，提高影像细节的反差，也称为边缘增强，其结果与平滑相反。影像平滑、锐化包括空间域处理和频率域处理两大类。在频率域进行上述处理称为频率域滤波，其基础是傅里叶变换和卷积定理。首先要通过傅里叶变换将一般的空间域影像转换到频率域，然后在频率域选择合适的滤波器对影像进行低通滤波或高通滤波，再通过傅里叶变换把影像从频率域转换到空间域，从而达到影像平滑或锐化的目的。③多光谱影像增强：多光谱影像增强是指对同一地物有多个波段影像。根据多个波段影像间的特点，针对多光谱遥感影像的情况，可以利用多光谱影像之间的四则运算来达到增加某些信息或消除某些影响的目的。

4）影像融合与产品集成

影像融合可以看作从输入的多幅影像生成单幅影像的数据处理过程。融合后的影像含有更多信息，对地表参量估算也更有效。因此，影像融合可通过冗余信息提高影像信息的可靠性，通过补充信息扩充影像的信息容量。

4. 成像制图系统

人们一般对两种类型的地表参量感兴趣：类别数据和定量数据。类别变量代表地表目标的类型，通常通过图像分类制图。图像分类的目的是将具有相似特性的像元组合到一起，放在有限的类别分组中。分类处理的关键步骤有：分类方案的设定、特征选取、训练数据的采样、分类和精度评估。

5. 高级数据产品生成分析、产品生产和分发系统

由于数据量巨大，必须建立数据信息系统。例如，美国国家航空航天局主要的地球科学信息系统是自 1994 年 8 月以来一直运行的地球观测系统数据和信息系统（Earth Observing System Data and Information System，EOSDIS）。EOSDIS 从卫星数据中获取、处理、存档和分发地球科学数据和信息产品，每天处理超过 4 万亿字节的数据量。具有高性能计算能力支撑的信息系统也越来越多。对海量数据和产品的存档与分发也是具有挑战性的工作。美国国家航空航天局的地球科学信息存档在美国的 8 个分布式存档中心（DAAC_s）。存档中心按照专业主题区域进行分类，并将他们的数据提供给世界各地的研究人员使用。

6. 产品验证系统

在从遥感观测提取地表信息、形成遥感数据产品的研究中，关键一步是对数据产品的验证。不了解产品的精度，产品就不能被可靠使用，产品的适用性也会受到限制。随着多种可选用的陆表参量产品出现，用户需要知道产品不确定性的定量信息，以选择最适用的产品或产品组合，来满足他们的特定需求。由于遥感观测一般都会与其他信息源综合使用，或与过程模型同化相结合，所以必须对遥感数据产品本身的精度做出评价。将定量化的精度信息提供给用户，产品研发人员还能够得到用户的重要反馈信息，用来提高产品质量。

地表产品的验证依赖于地面测量数据，而地面测量工作会耗费时间且代价也高。由于验证工作的重要性，验证工作必须有研究队伍的共同努力，其中包括共享验证方法、仪器、测量数据和结果，从而寻求更有效的改正方法。产品验证中的难点问题是异质地表的地面"点"的测量数据和公里尺度像元值之间的不匹配。用高空间分辨率遥感数据将"点"测量值做升尺度转换，是解决这个问题的关键。

7. 遥感应用

随着遥感科学与技术的发展，从遥感观测产生出多种通用的、近实时的地表环境数据、信息和分析资料。遥感数据和信息的应用广泛，将帮助决策者更有效地应对现代文明所面临的很多环境问题的挑战。遥感数据能够用于驱动、校准和验证模型，也是决策支持工具。

全球综合地球观测系统指出了社会受益的九个方面，使公众认识到由全球观测系统驱动能够产生的明显社会效益，主要包括以下九个方面：

（1）减少自然灾害和人为灾害对生命和财产的损失；

（2）了解影响人类健康和幸福的环境因素；

（3）改善能源资源的管理；

（4）认识、评估、预测、减轻和适应气候异常变化；

（5）进一步理解水循环，改善水资源管理；

（6）改善对陆地、海岸带和海洋生态系统的管理和保护；

（7）改善气象信息、预报、预警；

（8）支持农业可持续发展和防治荒漠化；

（9）认识、监测和保护生物多样性。

3.2.2 遥感的分类

1. 遥感平台

遥感按平台划分通常分为航天遥感、航空遥感和地面遥感。

航天遥感：在航天平台上进行的遥感。平台有探测火箭、卫星、宇宙飞船、空间站和航天飞机。航天平台的高度从地轨（小于 500km）、极轨（保持太阳同步，随重复周期轨道高度可变，一般为 700~900km）到静止轨道（与地球自转同步，高度约 3.6 万 km），再到 L-1 轨道（此处太阳与地球对卫星引力平衡，离地约 150 万 km）。

航空遥感：在航空平台上进行的遥感。平台包括飞机和气球。按高度可以分为高空（12km 左右的对流层以上，如高空侦察机、无人驾驶飞机）、中空（2~6km 的对流层中层，如航空摄影飞机、飞艇）和低空平台（2km 以内的对流层下层，如低空气球）。

地面遥感：平台处于地面或近地面的遥感。平台有三脚架（0.75~2m）、遥感车（高度可变化，2~20m）、遥感塔（固定地面平台，30~350m）等。

2. 成像信号能量来源

按成像信号能量来源，遥感可分为被动式与主动式两种。被动式可分为反射式（反射太阳光）与发射式（被感目标本身的辐射）两种；而主动式可分为反射式（反射"闪光灯"的照射）与受激发射式两种。

主动式遥感：先由探测器向目标物发射电磁波，然后接收目标物的回射，例如雷达遥感；被动式遥感：不由探测器向目标物发射电磁波，只接收目标物的自身发射和对天然辐射源（主要是太阳）的反射能量，例如航空摄影测量。

3. 所选波性质

从广义遥感的概念来理解，遥感并非单纯是电磁波的遥感，而是泛指一切无法接触的远距离探测。因此，按所选波的性质，遥感可分为：电磁波遥感、声学遥感和物理场遥感。

4. 传感器探测电磁波段

按传感器探测的电磁波段，遥感可分为：可见光遥感和红外遥感、微波遥感和紫外遥感等。可见光遥感波长一般为 $0.38 \sim 0.76 \mu m$；红外遥感从近红外到远红外的波长范围一般为 $0.76 \sim 1\,000 \mu m$；微波遥感波长可以从亚毫米到米（一般为 $1mm \sim 1m$），此时衍射、干涉和极化已经很难忽略，故与光学遥感在成像机理上有很大的差异。紫外遥感波长为 $0.05 \sim 0.38 \mu m$，只用于某些特殊的场合，如监测海面石油污染等。

5. 信息记录表现形式

按信息记录的表现形式，遥感可分为成像方式遥感和非成像方式遥感。

成像方式遥感：能获取遥感对象影像的遥感。一般有摄影方式和扫描方式两种，摄影方式遥感即以照相机或摄影机进行的遥感；扫描方式遥感即以扫描方式获取影像的遥感，例如多光谱扫描仪、线性阵列扫描仪、合成孔径雷达（Synthetic Aperture Radar，SAR）等。

非成像方式遥感：不能获取遥感对象影像的遥感，如光谱辐射计、激光高度计等，可以获取反应对象的参数或高度信息，而非影像形式。

6. 遥感应用

从空间尺度分类，有全球遥感、区域遥感、局部遥感（如城市遥感）；从地表类型分类，有海洋遥感、陆地遥感、大气遥感；从行业分类，有测绘遥感、资源遥感、环境遥感、农业遥感、林业遥感、水文遥感、地质遥感等。

3.3 遥感平台及传感器

遥感平台与传感器是遥感系统中的重要组成部分，是遥感信息获取的关键设备与物质保证。遥感平台是装载传感器而进行遥感探测的工具，传感器则是记录地物信息的核心装置。

3.3.1 遥感平台

遥感平台是用于安置各种遥感仪器，使其从一定高度或距离对地面目标进行探测，并为其提供技术保障和工作条件的运载工具。遥感平台通常由遥感传感器、数据记录装置、姿态控制仪、通信系统、电源系统、热控制系统等组成。遥感平台的功能是记录准确的传感器位置，获取可靠的数据以及将获取的数据传送到地面站（表3.1）。

表 3.1 遥感平台类型

遥感平台	高度	目的与用途
星球探测	远离地球	月球、火星探测
静止卫星	36 000km	定点地球观测，如气象卫星，通信卫星

遥感平台	高度	目的与用途
圆轨道卫星（地球观测卫星）	500～1 000km	定期地球观测，如陆地卫星系列
航天飞机	240～350km	不定期地球观测，空间实验
返回式卫星	200～250km	侦察与摄影测量
无线探空仪	100～100 000m	各种调查（气象等）
高空喷气机	10 000～12 000m	大范围侦查
中低空喷气机	500～8 000m	各种调查航空摄影测量
飞艇	500～3 000m	各种调查空中侦查
直升机	100～2 000m	各种调查摄影测量
遥控飞机	500m 以下	各种调查摄影测量
牵引飞机	50～500m	各种调查摄影测量
系留气球	800m 以下	各种调查
索道	10～40m	遗址调查
吊车	5～50m	近距离摄影测量
地面测量车	0～30m	地面实况调查

在这些遥感平台中，高度最高的平台是气象卫星 GMS（Geostationary Meteorological Satellite，地球静止气象卫星）所代表的静止卫星，位于赤道上空 3.6 万 km 的高度上；其次是高度为 700～900km 的 Landsat、SPOT、MOS 等地球观测卫星，它们大多使用能在同一个地方时观测的太阳同步轨道；其他按高度由高到低排列分别为航天飞机、无线探空仪、高空喷气飞机、中低空飞机以及无线电遥控飞机等超低空平台和地面测量车等。

1. 遥感平台的种类

遥感平台可按不同的方式分类，如按平台距离地面的高度、用途、对象进行分类。遥感平台按平台距离地面的高度大体上可分为以下几类：

1）地面遥感平台

地面遥感平台是置于地面和水上的装载遥感器的固定的或移动的装置，包括三脚架、遥感塔、遥感车等，高度在 100m 以下，主要用于近距离测量地物波谱和摄取供实验研究用的地物细节影像，为航空遥感和航天遥感作校准和辅助工作。通常三脚架的放置高度为 0.75～2.0m，在三脚架上放置的地物波谱仪、辐射计、分光光度计等地物光谱测试仪器，用以测定各类地物的野外波谱曲线；遥感车、遥感塔上的悬臂常安置在 6～10m 甚至更高的高度上，对地物进行波谱测试，获取地物的综合波谱特征。摄影测量车是目前比较流行的一种综合性的地面平台，不仅能搭载摄影机、激光扫描仪等传感器，还能携带数据处理设备，实现遥感数据的实时或准时处理。

为了便于研究地物波谱特性与遥感影像之间的关系，也可将成像传感器置于同高度的平台上，在测定地物波谱的同时获取地物影像。

2）航空遥感平台

航空遥感平台主要是指高度在 30km 以内的遥感平台，其包括飞机和气球两种，具有飞行高度低、获取影像空间分辨率高、机动灵活、不受地面条件限制、调查周期短、资料回收方便等优点，应用非常广。

（1）气球：早在 1858 年，法国人就开始用气球进行航空摄影了，气球是一种廉价的、操作简单的航空平台。气球上可携带摄影机、摄像机、红外辐射计等简单遥感器。气球按其在空中的高度可分为低空气球和高空气球两类。凡是发送到对流层（12km 以下）中的气球都叫作低空气球，其中大多数可用人工控制在空中固定位置上进行遥感。用绳子拴在地面上的气球叫作系留气球，最高可以升至地面上空 5km 处。凡是发送到平流层中的气球均称为高空气球，它们大多是自由飘移的，可升至 12~40km 的高空。

（2）飞机：飞机是最常用的遥感平台。飞机的高度和速度可以人工控制，可以根据需要在指定的时间和地区飞行，能够携带多种遥感器，信息回收方便，仪器可以及时维修。按飞机不同的飞行高度，又可分为低空平台、中空平台和高空平台。

• 低空平台是在离地面 2km 以内的对流层下面飞行的。若要取得中等比例尺、大比例尺航空遥感图像，飞机飞行高度一般在此高度范围内。直升机可以进行离地 10m 以上的遥感；侦察飞机可以进行 300~500m 的低空大速度遥感；通常遥感试验在 1 000~1 500 m 的高度范围内进行。

• 中空平台离地高度为 2~6km，通常使用这类平台获得中小比例尺的航空遥感图像。

• 高空平台离地高度为 1.2km 左右。部分用于航空遥感的有人驾驶飞机的飞行高度在 1.2km 左右，一般用于航空遥感的飞机达不到这个高度，军用高空侦察飞机一般在此高度上飞行，无人驾驶飞机的飞行高度一般为 20~30km。

航空遥感对飞机性能和飞行过程有特殊的要求，如航速不宜过快且航速均匀；稳定性能要好，飞行平直；续航能力强，有较大的实用升限；有足够宽敞的机舱容积；具备在简易机场起飞的能力及先进的导航设备等。

无人机：无人机遥感（Unmanned Aerial Vehicle Remote Sensing）是利用先进的无人驾驶飞行器技术、遥感传感器技术、遥测遥控技术、通信技术、GPS 差分定位技术和遥感应用技术，具有自动化、智能化、专用化等特点，能快速获取国土、资源、环境等空间遥感信息，完成遥感数据处理、建模和应用分析的应用技术。无人机遥感系统由于具有机动、快速、经济等优势，且能够获得 0.1m 高分辨率影像数据，已经成为世界各国争相研究的热点课题，现已逐步从研究开发阶段发展到实际应用阶段，成为未来的主要航空遥感技术手段之一。

按系统组成和飞行特点，无人机可分为固定翼型无人机和无人驾驶直升机两大种类。固定翼型无人机：通过动力系统和机翼的滑行实现起降和飞行，能同时搭载多种遥感传感器。起飞方式有滑行、弹射、车载、火箭助推和飞机投放等；降落方式有滑行、伞降和撞网等。固定翼型无人机的起降需要较空旷的场地，比较适合矿山资源监测、林业和草场监测、海洋环境监测、污染源及扩散态势监测、土地利用监测以及水利、电力等领域的应用。无人驾驶直升机：能够定点起飞、降落，对起降场地的条件要求不高，通过无线电遥控或机载计算机实现程控。无人驾驶直升机的结构相对来说比较复杂，操控难度较大，种类有限，主要应用于突发事件的调查，如山体滑坡勘查、火山环境的监测等领域。

　　3）航天遥感平台

　　航天遥感平台是指高度在 150km 以上的人造地球卫星、宇宙飞船、空间站、高空探测火箭、航天飞机等遥感平台。在航天遥感平台上进行的遥感为航天遥感，目前对地观测中使用的航天遥感平台主要是遥感卫星。航天遥感可以对地球进行宏观的、综合的、动态的和快速的观察，同时对地球进行周期性的、重复的观察，这极有利于对地球表面的资源、环境、灾害等实行动态监测。与航空遥感平台相比较，航天遥感平台具有平台高、视野开阔、观察地表范围大、效率高的特点，并且可以发现地表大面积的、宏观的、整体的特征。①高空探测火箭：高空探测火箭飞行高度一般可达 300~400km，介于飞机和人造地球卫星之间。火箭可在短时间内发射并回收，并根据天气情况进行快速遥感，不受轨道限制，应用灵活，可对小范围地区进行遥感。但由于火箭上升时冲击强烈，易损坏仪器，且成本高、所获资料少，不是理想的遥感平台；②人造地球卫星：人造地球卫星在地球资源调查和环境监测等领域发挥着主要作用，是航天遥感中最主要、最常用的航天遥感平台，它发射升空后可在空间轨道上自动运行数年，不需要供给燃料和其他物资。因此，对于获取同样数量的遥感资料而言，航天遥感的费用比航空遥感低得多。按人造地球卫星轨道运行高度和寿命，可将其分为三种类型。

　　● 低高度、短寿命卫星：轨道高度为 150~350km，运行时间为几天至几十天。可获得较高分辨率的卫星影像，以军事侦察为主要目的。近几年发展的高空间分辨率遥感小卫星大多为此类卫星。

　　● 中高度、长寿命卫星：轨道高度为 350~1 800km，寿命一般为 3~5 年。大部分遥感对地观测卫星，如陆地卫星、海洋卫星、气象卫星，均属于此类型，也是目前遥感卫星的主体。

　　● 高高度、长寿命卫星：也称为地球同步卫星或静止卫星，轨道高度约 3.6 万 km，寿命更长。这类卫星大量用作通信卫星、气象卫星，也用于地面动态监测，如火山、地震、森林火害监测、洪水预报等。

　　这三种类型的卫星各有特点。高高度卫星可在一定周期内，对地面的同一地区进行重复探测，且观测周期短，便于大范围的动态监测；中高度卫星用于陆地、海洋资源调查和环境监测的优势明显；低高度卫星获得影像的空间分辨率较高，在资源详查及军事侦察方面有重要应用价值。在这三类卫星中，以研究地球环境和资源调查为主要目的的人造地球卫星称为环境卫星，它的主要任务是定期提供全球或局部地区的环境信息，为环境研究和资源调查提供卫星观察数据。根据环境卫星研究对象的不同，分为气象卫星、陆地卫星和海洋卫星。气象卫星以研究全球大气要素为主要目的，海洋卫星以研究海洋资源和环境为主要目的，陆地卫星以研究地球陆地资源和环境动态监测为主要目的。它们构成地球环境卫星系列，在实际工作中相互补充，使人们对大气、陆地和海洋等能从不同角度以及它们之间的相互联系来研究地球或某一个区域各地理要素之间的内在联系和变化规律。

2. 典型遥感平台

随着科学技术的进步和全球发展的需要，遥感平台的发展呈现多平台、多层次和多角度的趋势。典型的遥感平台包括陆地资源卫星、高光谱卫星、雷达卫星、环境卫星、海洋卫星、气象卫星、小卫星以及针对外星的平台等。按照携带的传感器空间分辨率高低可以分为高分辨率卫星、中分辨率卫星以及低分辨率卫星。

（1）高分辨率卫星系列：该类卫星能够提供高清晰度、高空间分辨率的卫星影像，开拓了一个新的更快捷、更经济地获得最新地球影像微观信息的途径，可以从大尺度范围对地球目标进行观察；还可以部分代替航空遥感，广泛用于城市、港口、土地、森林、环境、灾害的调查，地理国情普查和监测，更大比例尺的测图，军事目标动态监测及国家级、省级、市县级数据库的建设、更新。高空间分辨率卫星所获取的影像已经对人们的生活、商业活动及政府的管理产生了巨大的影响。目前，高空间分辨率卫星包括在空间分辨率1m以内的卫星、5m以内卫星以及雷达卫星。

（2）中分辨率卫星系列：该类卫星主要应用于陆地资源调查、变化检测、灾害监测等，一般采用近极地、近圆形、太阳同步及可重复轨道。

（3）低分辨率卫星系列：主要包括高光谱卫星、环境卫星、气象卫星及海洋卫星等。

高光谱卫星的成像光谱仪能够获取许多非常窄的光谱连续的影像数据，包括电磁波谱的可见光、近红外、中红外和热红外波段。从感兴趣物体获得的有关数据，包含了丰富的空间、辐射和光谱三重信息，使在宽波段遥感中不可探测的物质，在高光谱遥感中能被探测。其应用领域涵盖地球科学的各个方面，在地质找矿和制图、大气和环境监测、农业和森林调查、海洋生物和物理研究等领域发挥着越来越重要的作用。

气象卫星的应用与人们的生活密切相关，目前在气象变迁和天气预报方面已经取得较为成功的应用。气象卫星按卫星运行的轨道，可分为太阳同步近极地轨道卫星和地球同步静止轨道气象卫星。前者的轨道平面与地球赤道平面的交角略大于90°，通过卫星绕极运行和地球自转实现获取全球资料。后者位于离地面3.58万km的赤道平面上，卫星相对于地球静止而围绕地球赤道平面运行，从而实现高频次观测卫星视场范围内的区域。目前的业务气象卫星大多选用这两种轨道，其目的是既要获取气候和大尺度天气系统监测所需要的全球资料，也要获取监测中尺度天气系统所需要的高频次观测资料。气象卫星资料主要用于灾害性天气如旋风、水灾、风暴、雷暴和飓风等短期警报，以及雾、降水、雪覆盖、冰盖运动的检测等。

海洋卫星主要用于海洋水色色素、海面温度、海冰、海流和海平面高度等的探测，为海洋生物资源的开发利用、海洋污染监测与防治、海岸带资源开发、海洋科学研究等领域服务，在海洋资源、环境、减灾和科学研究等方面具有重要作用。

3.3.2　遥感传感器

传感器（Sensor）是收集、探测并记录地物电磁波辐射信息的仪器。它是遥感技术系统的核心部分，其性能直接制约着整个遥感技术系统的能力，即传感器探测电磁波段的响应能力、传感器的空间分辨率和图像的几何特征、传感器获取地物电磁波信息量的大小和可靠程度。

1. 遥感传感器的分类

目前，传感器种类非常丰富，有框幅式光学相机、缝隙、全景相机、数码相机、光机扫描仪、光电扫描仪、CCD 线阵、面阵扫描仪、微波散射计雷达测高仪、激光扫描仪和合成孔径雷达等，它们几乎覆盖了可透过大气窗口的所有电磁波段。

遥感传感器按成像方式可分为主动式传感器和被动式传感器。被动式传感器为接收目标对电磁波的反射和目标本身辐射的电磁波而成像的遥感方式；主动式传感器是由传感器向目标发射电磁波，经过目标反射，由传感器收集目标物反射回来的电磁波的遥感方式。

传感器一般由收集器、探测器、处理器、输出器组成。对于主动式传感器，还包括信号的发射装置。

（1）收集器：收集地物辐射来的能量，具体的元件如透镜组、反射镜组、天线等；

（2）探测器：将收集的辐射能转变成化学能或电能，具体的元件如感光胶片、光电管、光敏和热敏探测元件、共振腔谐振器等；

（3）处理器：对收集的信号进行如显影、定影、信号放大、变换、校正和编码等处理；

（4）输出器：输出获取的数据，主要类型有扫描晒像仪、阴极射线管、电视显像管、磁带记录仪、彩色喷墨仪、光盘、硬盘、磁盘阵列等。

2. 传感器的特征

对于电磁波遥感传感器，传感器获取的信息包括目标地物的大小、形状及空间分布特点，目标的属性特点，目标的运动变化特点。这些特点可分为几何、物理和时间 3 个方面，表现为传感器的 4 个特征：遥感影像的空间分辨率、光谱分辨率、辐射分辨率、时间分辨率。这些特性决定了遥感影像的应用能力和需求，传感器的发展往往体现在这 4 个指标的改善上。

　1）空间分辨率

空间分辨率（Spatial Resolution）是指遥感影像上能够详细区分的最小单元的尺寸或大小，是用来表征影像分辨地面目标细节能力的指标。不同类型的传感器对其空间分辨率有不同的表述方式：直接表述方式和间接表述方式。直接表述方式有地面分辨率（Ground Resolution）、像素分辨率（Pixel Resolution）和地面采样间隔（Ground Sampling Distance，GSD）；间接表述方式有瞬时视场角（Instantaneous Field of View，IFOV）和影像分辨率

（Image Resolution）。

2）光谱分辨率

光谱分辨率（Spectral Resolution）是指传感器探测器件接收电磁波辐射所能区分的最小波长范围，或接收目标辐射时能分辨的最小波长间隔。波段的波长范围越小，波谱分辨率越高。波谱分辨率也指传感器在其工作波长范围内所能划分的波段的量度。波段越多，波谱分辨率越高。波谱分辨率是评价遥感传感器探测能力和遥感信息容量的重要指标之一。提高波谱分辨率有利于选择最佳波段或波段组合来获取有效的遥感信息，提高判读效果。但对扫描型传感器来说，波谱分辨率的提高不仅取决于探测器性能的改善，还受空间分辨率的制约。

3）辐射分辨率

辐射分辨率（Radiometric Resolution）是表征传感器所能探测到的最小辐射功率的指标，或指遥感影像记录灰度值的最小差值，表现为每一像元的辐射量化级，也称为灰度分辨率。不同波段、不同传感器获取的影像辐射分辨率不同，摄影胶片的灵敏度很高，原则上认为摄影成像的灰度是连续的，因此辐射分辨率对相机而言没有意义。在可见光到近红外波段，扫描方式传感器的辐射分辨率取决于它所记录的目标辐射（主要是反射）功率的大小。

各类传感器获取的影像，以灰度的形式记录和显示其辐射分辨率的大小。灰度记录是分级的，一般分为 2^n 级。影像的灰度级别越多，其辐射分辨率越高，区分目标物属性能力越强。例如，Landsat 卫星的 MSS、TM、OLI 传感器的辐射分辨率分别为 2^6 级、2^8 级和 2^{12} 级。

对热红外传感器而言，其辐射分辨率也称温度分辨率，是指热红外传感器分辨地表热辐射（温度）最小差异的能力，即热红外传感器对地表温度差别的分辨能力。目前，热红外遥感图像的温度分辨率可达 0.1K，常用的 TM6 波段图像可分辨出 0.5K 温差。

4）时间分辨率

时间分辨率是指对同一目标进行遥感采样的时间间隔，即相邻两次探测的时间间隔，也称重访周期。对轨道卫星来说，也称覆盖周期。时间间隔大，时间分辨率低；反之，时间分辨率高。传感器的时间分辨率取决于卫星轨道的类型和传感器的视场角范围与传感器的侧视能力，但传感器本身不是决定因素。时间分辨率包括两种情况，一是传感器本身设计的时间分辨率，受卫星运行规律影响，不能改变，例如，Landsat、SPOT、IKONOS 的时间分辨率分别为 16d、26d 和 3d，而静止轨道气象卫星的时间分辨率可达 30 分钟；另一是根据应用要求，人为设计的时间分辨率，但它一定等于或低于卫星传感器本身的时间分辨率。

时间分辨率可提供目标物的动态变化信息，进行动态监测与预报，也可以为某些专题要素的精确分类提供附加信息。例如，可以进行植被动态监测、土地利用动态监测、城市建设用地监测，还可以通过预测发现地物运动规律，建立应用模型。利用时间分辨率还可以进行自然历史变迁与动力学分析，例如，河口三角洲的演变、城市变迁的趋势，并进一步研究变化的原因及动力学机制等。利用时间分辨率还可以对历次获取的数据资料进行叠加分析，从而提高地物识别精度。

5）视场角

视场角（Field of View，FOV）是指传感器对地扫描或成像的总角度，它决定了一幅图像对地面的覆盖范围。视场角越大，一幅图像所包含的地面范围越广，完成对一个区域覆盖所需图像帧数越少，处理效率越高。此外，视场角还决定了某些传感器的基高比，视场角越大，基高比就越大，高程测量精度就越高。例如，美国的大画幅相机 LFC，将相幅设计为 23cm × 46cm 以提高基高比，航向相幅比旁向增大了一倍。我国的测地卫星也采用这个策略来提高基高比。

不同的专业应用在选用传感器时，应根据地物的波谱特性和所需的空间分辨率来考虑最适当的传感器。一般情况，传感器的波段多、分辨率高，获取的信息量大，就认为其遥感能力强，但也不尽然。对于特定的地物，并不是波段越多、分辨率越高就越好，而要根据目标的波谱特性和必要的地面分辨率综合考虑。在某些情况下，波段太多、分辨率太高，接收到的信息量太大，形成海量数据，反而会"掩盖"地物电磁辐射特性，不利于快速探测和识别地物。因此，选择最佳工作波段与波段数，并具有最适当的分辨率的传感器是非常重要的，如感测人体选择 $8 \sim 12\mu m$，探测森林火灾等应选择 $3 \sim 5\mu m$，才能取得好的效果。

3.4　遥感数据特征及类型

3.4.1　遥感数据的特征

遥感技术的发展、遥感采集手段的多样性、观测条件的可控性，确保了所获得的遥感数据的多源性，即多平台、多波段、多视场、多时相、多角度和多极化等。从这个意义上可以认为遥感数据是多维的，这种多维性可以通过不同的分辨率和特性来度量和描述。

1. 空间特征

遥感图像与所表示的地表景观特征之间有特定的空间关系。这种空间关系是由遥感仪器的设计、特定的观测条件、地形起伏和其他因素决定的。

地面目标是一个复杂的多维模型，它有其一定的空间分布特征（位置、形状、大小、相互关系）。从地面原型（一个无限的、连续的多维信息源），经过遥感过程转为遥感信息（一个有限化、离散化的二维平面记录）后，受大气传输效应和遥感器成像特征的影响，这些地面目标的空间特征被部分歪曲，发生变形。

遥感数据可以通过遥感图像像元之间灰度差异来表征地物位置、大小、形状和空间关系等空间分布特征。遥感数据的空间特征是遥感图像上最直观、最基础的信息，可以通过目视解译或数字图像处理，例如边缘提取、纹理结构分析等进行识别、提取和处理分析。

2. 光谱特征

遥感信息的光谱特征采用光谱分辨率来描述。光谱分辨率指遥感器所选用的波段数量的多少、各波段的波长位置及波段间隔的大小，即选择的通道数、每个通道的中心波长（遥感器最大光谱响应所对应的波长）、带宽（用最大公布响应的半宽度来表示），这三个因素共同确定光谱分辨率。例如，对于黑/白全色的航空像片，照相机用一个综合的宽波段（$0.4 \sim 0.7 \mu m$）记录下整个可见光红、绿、蓝的反射辐射；Landsat/TM 有 7 个波段，能较好地区分同一个物体或不同物体在 7 个不同波段的光谱响应特性的差异。例如，TM3 用一个较窄的波段（$0.63 \sim 0.69 \mu m$，波段间隔为 $0.06 \mu m$）记录下红光区内的一个特定范围的反射辐射；而航空可见、红外成像光谱仪 AVIRIS 有 224 个波段，可以捕捉到多种物质特征谱段的微小差异。由此可见，光谱分辨率越高，专题研究的针对性越强，对于物体的识别精度越高，遥感应用分析的效果也就可能越好。但是，面对大量多波段信息以及它所提供的这些微小的差异，人们要直接地将它们与地物特征联系起来，综合解译是比较困难的，而多波段的数据分析，可以改善识别和提取信息特征的概率和精度。

3. 时间特征

时间分辨率是关于遥感影像时间间隔的一项性能指标。遥感探测器按一定的时间周期重复采集数据，这种重复周期又称回归周期。它是由飞行器的轨道高度、轨道倾角、运行周期、轨道间隔和偏移系数等参数所决定的。这种重复观测的最小时间间隔称为时间分辨率。时间分辨率的大小，除了主要决定于飞行器的回归周期外，还与遥感的设计等因素直接相关。例如，法国 SPOT 卫星虽重复周期为 26d，但 SPOT/HRV 遥感器具有倾斜观测能力（倾斜角±27°），这样便可以从不同轨道上，以不同的角度来观测地面上同一点。因而，地表特定地区重复观测的时间间隔，其回归周期 26d 被极大地缩短。在 26d 的周期内，中纬度地区可以观测约 12 次，赤道可观测约 7 次，经度 70°处可观测约 28 次。而极轨气象卫星 NOAA 中，由于采用双星系统，即同时有两颗星在轨运行，虽每颗星的重复周期为 1/2d，但在双星系统下，同一地点每天有 4 次过境资料。静止气象卫星，采用地球同步轨道，轨道高度 3.6 万 km，轨道倾角为 0°，卫星公转角速度与地球自转角速度相等，因而，从地球上看卫星近似固定在天空某一点，观测着约 1/4 的地球。对于同一点每隔 20 ~ 30 分钟可获得一次观测资料。因而，对于遥感系统的时间分辨率，可以认为 Landsat4、5 为 16d，SPOT 为 1 ~ 4d，NOAA 为若干小时，静止气象卫星为几十分钟。至于航空摄影、人工摄影等则可按照需求人为控制。

4. 辐射特征

光学传感器的辐射特征，是指用光学遥感器测量时来自目标反射或辐射的电磁波中的物理量在通过光学系统后会发生何种变化。一般用以下指标描述：

（1）遥感器的测量精度：包括所测亮度的绝对精度和二点间亮度差的相对精准。

（2）探测器灵敏度：通常用噪声等功效率（NEP）表示。NEP 指信号输出与噪声输出相等时的输入信号的大小，即探测器产生的数值等于 1 的信噪比所需的功率。它是衡量探测器接收弱信号能力的性能参数，与元件的面积、频带宽度等直接相关。NEP 越小，探测器性能越好。它决定其最大探索距离、最小可测温差或可探测目标的最小尺度。

（3）动态范围：指遥感器可测量的最大信号与可检测的最小信号之比。所谓最大信号指在此值以外无论输入的信号多强，响应也无变化的饱和区；所谓最小信号指在此值以外，对输入的弱信号无响应的无感应区，两者之间为动态范围，在此区间内，输入信号与输出信号几乎呈线性关系。

（4）信噪比 S/N：指有效信号（signal）与噪声（noise）之比，即信号功率与噪声功率之比（公式 3.1）。为了实用方便，信噪比常定义为信号均方根电压与噪声均方根电压之比，单位均为分贝（dB）。信噪比和图像的空间分辨率、光谱分辨率是相互制约的。

$$\frac{S}{N} = 10\lg\frac{P_S}{P_N} = 20\lg\frac{V_S}{V_N}P_S \tag{3.1}$$

式中，P_S 和 P_N 分别为信号、噪声的平均功率；V_S 和 V_N 分别为信号、噪声的均方根电压。

对于红外系统，接收的信号功率与目标的光谱辐射亮度、系统的孔径、瞬时视场、光学效率及系统接收元件的性能等有关。噪声功率较复杂，通常应考虑入射通量起伏引起的辐射或光学噪声及探测器产生的内部固有噪声（后者是由于热诱导而随机产生的暗电流）等。

（5）调制传递函数（Modulation Transfer Function，MTF）：不同的空间分辨率正弦波通过光学系统后强度会发生变化。这种变化是正弦信号空间频率的函数，此函数称为调制传递函数。它是光学成像系统传递信息的一种数学表达方式，相当于对像点进行傅里叶变换并求出其功率。MTF 可在频率域对图像细节和对比度进行精确的计量。它是影响图像分辨率和清晰度的重要因素。例如，我国 CBERS-02 的 CCD 相机空间分辨率为 20m，Landsat-TM、ETM 空间分辨率为 30m，然而前者的图像却不如后者的图像清晰，这正是由于仪器光学性能（折射、聚焦等）、电荷漫射和图像振动等因素所致，可以通过不同方法的 MTF 补偿改善图像的质量。遥感器的有效量化级数一般是由动态范围和 S/N 所确定的。

5. 角度（方向）特征

地物的方向特征用于描述地物对太阳辐射的反射、漫射能力在方向空间的变化，这种空间变化特征主要取决于物体的表面粗糙度，它不仅取决于表面平均粗糙高度值与电磁波波长之间的比例关系，而且还与视角关系密切。多角度遥感数据包含丰富的地表信息，尤其对植被形态、三维结构等植被遥感方面，是任何其他遥感数据所无法代替的。它被应用于植被结构参数（叶面积指数 LAI、叶片聚集度系数等）反演以及获取地表反照率等。遥感数据的角度特征为多角度遥感数据定量反演、分离、提取地物的组分波谱和空间结构参数，以及为地物反射各向异性行为的研究提供了新的十分重要的信息源。

6. 遥感系统的信息容量

量化的遥感数据，其信息量可以用比特（bit）表示，1 比特可以表示 0 或 1 两个状态的信息量。假设图像上像元取各灰度值的概率相同（即图像上各像元所取的灰度值不同，而各灰度值出现的概率相同），设数据的量化级数为 m，根据信息论的研究公式，每个像元所包含的最大信息量应为 $\log_2 m$（bit）。

一幅单波段图像内有 n 个像元，则一个单波段图像所包含的最大信息量。

$$I_m = n \cdot \log_2 m \text{(bit)} \tag{3.2}$$

一个遥感系统可以有 K 个波段，这个遥感系统所能容纳的最大信息量（I_S）。

$$I_S = K \cdot n \cdot \log_2 m = K \cdot \frac{C}{G^2} \cdot \log_2 m \tag{3.3}$$

式中，C 为一景图像所对应的地面面积；G 为地面分辨率（即空间分辨率）；n 为像元数；K 为波段数（可理解为光谱分辨率）；m 为量化级数（辐射分辨率）。

可见遥感系统的最大信息容量（式（3.3））取决于它的空间分辨率、光谱分辨率、辐射分辨率的大小。

此外，该遥感系统对于同一地区要重复覆盖多次采集数据；若为多角度遥感系统，还将多角度地采集数据。因而考虑其信息量时，还应考虑它的时间分辨率和角度特征。也就是说，任何一个遥感系统都有它一定的信息容量。它的最大信息容量与它的空间、光谱、时间、辐射分辨率、角度特征有关。在具体应用分析时，人们必须通过研究对象的特征来选择遥感信息，并使之与遥感系统的信息能力相一致。

3.4.2　遥感数据的类型

1. 美国陆地卫星 Landsat 系列

美国陆地卫星 Landsat 系列由美国航空航天局（NASA）和美国地质调查局（USGS）共同管理。自 1972 年起，Landsat 系列卫星陆续发射，是美国用于探测地球资源与环境的系列地球观测卫星系统，曾被称作地球资源技术卫星（ERTS）。

陆地卫星的主要任务是调查地下矿藏、海洋资源和地下水资源，监视和协助管理农、林、畜牧业和水利资源的合理使用，预报农作物的收成，研究自然植物的生长和地貌，考察和预报各种严重的自然灾害（如地震）和环境污染，拍摄各种目标的图像，以及绘制各种专题图（如地质图、地貌图、水文图）等。

2. IRS-P6 卫星

IRS 是印度空间研究中心（ISRO）研制的地球观测卫星系统。为了从技术上支持印度国内农业、水资源、森林与生态、地质、水利设施、渔业、海岸线管理等方面的发展，自 1988 年 3 月起，IRS 系列卫星陆续发射。目前，已发射的 IRS 系列卫星包括 IRS-1C、

IRS-1D、IRS-2A、IRS-2B、IRS-2C、IRS-P3、IRS-P4、IRS-P6 和 IRS-P5 等 10 余颗。印度 IRS 卫星系列已成为世界上最大的遥感卫星星座之一。这些卫星提供了不同空间分辨率、光谱分辨率和时间分辨率的卫星数据。

IRS-P6（RESOURCESAT-1）卫星于 2003 年 10 月 17 日在印度空间发射中心发射升空。它具有典型的光学遥感卫星的特点，星上携带三个传感器：多光谱传感器 LISS-3、LISS-4 以及高级广角传感器 AWIFS，接收空间分辨率为 5.8m 的全色图像信息和空间分辨率为 23.5m 与 56m 的多光谱信息产品，格式包括 FAST、GeoTIFF 和 LOGSWOG 等。

3. 欧空局雷达卫星系列

ERS-1、ERS-2 和 ENVISAT-1 三颗对地观测雷达卫星是由欧空局（ESA，European Space Agency）研制、发射并管理的。ERS-1 卫星是欧空局的第一颗对地观测卫星。它于 1991 年 7 月 17 日发射升空，卫星高度在 782~785km。ERS-1 卫星的后继星 ERS-2 卫星于 1995 年 4 月 21 日发射。ENVISAT-1 卫星于 2002 年 3 月 1 日发射升空，ENVISAT-1 卫星的 ASAR 传感器与 ERS-1/2 卫星的 SAR 相比，有了较大的改进，可以使用多种侧视角、两种不同极化方式进行对地观测。雷达卫星使用雷达波进行遥感，属于主动遥感，由于雷达波可以穿透云层，因此 ERS-1/2、ENVISAT-1 卫星不受被观测地区天气的影响，可以全天时，全天候进行观测，在制图、测绘、海洋、变化监测、资源普查、城市规划和抢险救灾等领域有着广泛的应用。

4. 加拿大雷达卫星系列

加拿大雷达卫星系列目前包括 2 颗卫星：RADARSAT-1、RADARSAT-2。RADARSAT 系列卫星由加拿大空间署（CSA）研制与管理，用于向商业和科研用户提供卫星雷达遥感数据。RADARSAT-1 卫星于 1995 年 11 月发射升空，载有功能强大的合成孔径雷达（SAR），可以全天时、全天候成像，为加拿大及世界其他国家提供了大量数据。RADARSAT-1 的后继星是 RADARSAT-2 卫星，它是加拿大第二代商业雷达卫星。RADARSAT-2 卫星于 2007 年 12 月 14 日发射。与 RADARSAT-1 相比，RADARSAT-2 卫星具有更为强大的功能。RADARSAT 系列卫星的应用广泛，包括减灾防灾、雷达干涉、农业、制图、水资源、林业、海洋、海冰和海岸线监测。

5. 法国地球观测卫星 SPOT 系列

SPOT 是法国空间研究中心（CNES）研制的地球观测卫星系统。SPOT 卫星系统包括一系列卫星及用于卫星控制、数据处理和分发的地面系统。自 1986 年 2 月起，SPOT 系列卫星陆续发射，到目前为止，共发射了 5 颗。SPOT 系列卫星有着相同的卫星轨道和相似的传感器，均采用电荷耦合器件线阵（CCD）的推帚式光电扫描仪，并可以在左右 27°范围内侧视观测。由于 SPOT-1/2/4/5/6 卫星具有侧视观测能力，且卫星数据空间分辨率适中，因此在资源调查、农业、林业、土地管理、大比例尺地形图测绘等各方面都有十分广泛的应用。

6. Terra 卫星 ASTER 数据

Terra 卫星（EOS-AM1 卫星）于 1999 年 12 月 18 日发射升空，是 EOS 计划的第一颗卫星。Terra 卫星上共有五种传感器：云与地球辐射能量系统 CERES、中分辨率成像光谱仪 MODIS、多角度成像光谱仪 MISR、先进星载热辐射与反射辐射计 ASTER 和对流层污染测量仪 MOPITT。能同时采集地球大气、陆地、海洋和太阳能量平衡等信息。Terra 是美国、日本和加拿大联合进行的项目，美国提供了卫星和三种仪器：CERES、MISR 和 MODIS，日本的国际贸易和工业部门提供了 ASTER 装置，加拿大的多伦多大学（机构）提供了 MOPITT 装置。Terra 卫星沿地球近极地轨道飞行，高度是 705km，在早上同一地方时经过赤道。Terra 卫星轨道基本上与地球自转方向垂直，所以它的图像可以拼接成一幅完整的地球图像。ASTER 传感器有三个谱段：可见光近红外谱段、短波红外谱段和热红外谱段。可见光近红外波段有 4 个，短波红外有 6 个，热红外波段有 5 个，共 15 个波段。ASTER 数据分辨率为 15 至 90m，扫描幅宽为 60km。

7. ALOS 卫星

ALOS 卫星于 2006 年 1 月 24 日发射，是 JERS-1 与 ADEOS 的后继星，采用了先进的陆地观测技术，能够获取全球高分辨率陆地观测数据，主要应用目标为测绘、区域环境观测、灾害监测、资源调查等领域。ALOS 卫星载有三个传感器：全色遥感立体测绘仪（PRISM），主要用于数字高程测绘；先进可见光与近红外辐射计-2（AVNIR-2），用于精确陆地观测；相控阵型 L 波段合成孔径雷达（PALSAR），用于全天时、全天候陆地观测。

ALOS 卫星共载有三种传感器：全色立体测绘仪（PRISM）、高性能可见光与近红外辐射计-2（AVNIR-2）和相控阵型 L 波段合成孔径雷达（PALSAR）。

PRISM 具有三个独立的观测相机，分别用于星下点、前视和后视观测，沿轨道方向获取立体影像，星下点空间分辨率为 2.5m。其数据主要用于建立高精度数字高程模型。

AVNIR-2 传感器比 ADEOS 卫星所携带的 AVNIR 具有更高的空间分辨率，主要用于陆地和沿海地区的观测，为区域环境监测提供土地覆盖图和土地利用分类图。为了灾害监测的需要，AVNIR-2 提高了交轨方向能力，侧摆角度为 44°，能及时观测受灾地区。

PALSAR 为 L 波段的合成孔径雷达，是一种主动式微波传感器，它不受云层、天气和昼夜影响，可全天候对地观测，比 JERS-1 卫星所携带的 SAR 传感器性能更优良。该传感器具有高分辨率、扫描式合成孔径雷达、极化三种观测模式，具有高分辨率模式（幅度 10m）和广域模式（幅度 250~350km），使之能获取比普通 SAR 更宽的地面幅宽。

ALOS 数据格式主要有 CEOS、GeoTIFF 和 NIFF。

8. 国内遥感卫星

国内遥感卫星的基本信息见表 3.2。

表 3.2　　　　　　　　　　　　国内遥感卫星基本参数

卫星	传感器	产品级别	空间分辨率	覆盖区域
CBERS-01/02/02B	CCD	L4	20m	全国（覆盖 2 次）
环境星	CCD	L2	30m	全国
高分一号	CCD	L1	16m	全国
北京一号	MSI	L4	32m	全国重点区域
北京一号	MSI	L4	32m	国外重点区域（非洲、欧洲、南美亚马逊）
环境一号 A、B 卫星	CCD	L2	30m	全国
FY-3A	VIRR	L1	1.1km	全国
FY-3A	MERSI	L1	250m，500m，1km	全国
FY-3A	TOU	L1	50km	全国
FY-3B	VIRR	L1	1.1km	全国
FY-3B	MERSI	L1	250m，500m，1km	全国
FY-3B	TOU	L1	50km	全国
FY-3B	IRAS	L1	17km	全国
FY-2E	VISRR	L1	1.25km，5km	全圆盘（星下点 104.5° E）
FY-2D	VISRR	L1	1.25km，5km	全圆盘（星下点 86.5° E）
HY-1B	水色扫描仪	L2	星下点像元地面分辨率 ≤1 100m	渤海、黄海、东海、南海及海岸带区域等，境外
HY-1B	海岸带成像仪	L2	星下点像元地面分辨率 250m	渤海、黄海、东海、南海及海岸带区域等，境外
HY-2A	雷达高度计	L2	无	全球
HY-2A	微波散射计	L2	地面足迹优于 50km	全球
HY-2A	扫描微波辐射计	L2	地面足迹（km）：100、70、40、35、25	全球

◎ 思考题

（1）什么是电磁波和电磁波谱？

（2）简述大气分层及其特征。

（3）简述遥感的常用大气窗口。

（4）不同类型的地物反射光谱的特征是什么？

（5）遥感的主要组成部分包括哪些？

（6）遥感数据处理系统主要包括哪些内容？

（7）遥感有哪些分类？

（8）简述遥感平台的种类。

（9）简述高分辨率遥感的特点及应用。

（10）简述遥感传感器的分类。

（11）简述遥感数据的主要特征。

第4章 遥感制图的常用软件

4.1 ENVI 软件

4.1.1 ENVI 简介

ENVI（the Environment for Visualizing Images）软件是一套开创性的图像处理系统。它是为经常使用卫星和航空遥感数据的人员设计的，以满足其众多特定需要。通过一个创新并友好的界面，ENVI 可以为任何尺寸和类型的图像提供全面的数据可视化和分析服务。

ENVI 软件的典型优势主要包括：

（1）为图像处理提供了交互式的功能，将基于波段和基于文件的技术相结合；

（2）具有功能强大的可视化界面，该界面是由全面的算法库所支撑的；

（3）ENVI 软件包括众多学科所需的许多图像处理工具，而且为用户根据自身策略而自定义的程序提供了很强的灵活性。

4.1.2 ENVI 功能介绍

（1）ENVI 在提供灵活的显示以及基于地理坐标的图像浏览功能的同时，还简化了对海量多波段数据集、图像尺寸、波谱图和波谱库以及感兴趣区图像的全面交互式处理过程。ENVI 提供了大量交互式功能，包括：X、Y、Z 剖面；图像裁切；线性和非线性直方图以及对比度拉伸；颜色表；密度分割和分类彩色制图；快速滤波预览；感兴趣区的定义和处理；特殊像元定位的简单方法；空间/波谱像元的交互式编辑；交互式散点图，包括二维散点图和 n 维可视化器，图像链接和生成动态覆盖图；创建包含 GIS 属性的矢量叠加图；在图像上添加地图或像元网格以及注记；三维浏览；曲面阴影；图像拖放；图像几何纠正和镶嵌。

（2）ENVI 功能具有交互式模式，为用户提供了一整套的工具，用于处理全色图像、AVHRR 数据、Landsat MSS 数据、Landsat TM 数据、其他多光谱和高光谱图像以及处理来源于当前和未来的改进型 SAR 系统的数据。使用 AVIRR 工具可以进行如下操作，包括：显示 ephemeris 数据、数据定标、几何纠正；计算海面温度。ENVI 提供的 Landsat 工具包括：为 1979 年前的 MSS 数据去斜和纵横比校正；去除大气影响所造成的条带并进行大气纠正；使用发射前的增益和偏移进行反射率定标。ENVI 也包括将热红外数据定标为发射率的三种方法。

（3）ENVI 包含以下数据交换工具：主成分变换、波段比值变换、色度-饱和度-值变换、去相关拉伸；生成植被指数。ENVI 提供的滤波功能包括：可以使用不同变换核的低通滤波、高通滤波、中值滤波、直通滤波、边缘探测速波。ENVI 也支持用户自定义的变换核（小于 $M \times N$ 即可），所有的变换核都可以进行交互式编辑，ENVI 还提供一些特定类型的滤波，包括：Sobel 滤波、Roberts 滤波、扩展滤波、侵蚀滤波以及自适应滤波（Lee、Frost、Gamma 和 Kuan 滤波）；纹理滤波以及对一些参数的测量方法，包括：数据范围、均值、方差、熵、偏移、同质性、对比度、相异性和相关性。

（4）ENVI 提供的非监督分类方法包括 K 均值法和 Isodata 方法，ENVI 使用所收集的训练区进行监督分类，包括：平行六面体分类、最小距离分类、马氏距离分类、最大似然分类、波谱角分类、二进制编码分类。ENVI 还提供分类后处理的工具，包括：对分类的聚合、筛选和合并，对分类的交互式显示；生成用于估计分类精度的混淆矩阵和 Kappa 系数统计；生成用于选择决策阈值的 ROC 曲线。

（5）ENVI 为高光谱数据提供了一整套的处理工具，包括使用图像或波谱库端元进行线性波谱分离和匹配滤波的特定制图工具；访问波谱库，并将波谱库波谱与图像波谱相比较。使用 ENVI 提供的纯净像元指数（PPI）工具可以在图像中寻找最纯净的波谱像元，用于选择波谱端元。ENVI 还提供波谱分析技术，用于对要素进行识别。用户还可使用灵活的波段运算和波谱运算功能，根据输入的数学表达式、函数以及程序，利用 IDL 的强大功能对数据进行处理。

（6）ENVI 还包含全面的 SAR 处理功能。除了可以使用所有标准 ENVI 处理程序对雷达数据进行处理以外，ENVI 还提供了许多特定的雷达数据分析工具，包括：获取标准 SAR 格式的 RADARSAT 和 ERS-I 数据；从 CEOS 格式数据中浏览和读取头文件信息；消除天线增益畸变；斜距校正；生成入射角图像；自适应和纹理滤波；合成彩色图像；大范围的极化数据分析工具。

（7）ENVI 还提供了将图像数据转换到最终地图格式的工具。包括：图像-图像和图像-地图的配准；正射校正；图像镶嵌；地图合成。使用 ENVI 提供的一整套矢量 GIS 输入、输出和分析工具可以将行业标准的 GIS 数据加载到 ENVI 中，并对矢量和 GIS 属性进行浏览和分析，编辑现有矢量；进行属性查询；使用矢量层进行栅格分析或从栅格图像的处理结果中生成新的矢量 GIS 层，并生成标准的 GIS 输出格式文件。

ENVI 提供的大部分功能可以直接在图像分析界面和对话框中完成。

4.1.3　通用图像显示概念

ENVI 中的图像显示由一组三个不同的图像窗口组成：主图像窗口、滚动窗口和缩放窗口。一个显示组的单个图像窗口可以被缩放在屏幕的任何一处，也可以选择显示风格（包含三个窗口），还可以通过多图像显示来同时显示多幅图像。

1. 主图像窗口

主图像窗口由一幅以全分辨率显示的图像的一部分组成，该窗口在第一次载入一幅图像时自动显示，窗口的起始大小由在 envi.ctg 配置文件中设置的参数控制，它也能动态地被缩放。ENVI 允许装载多个主图像窗口及相应的滚动和缩放窗口。

2. 主图像窗口内的功能菜单

在主图像窗口中，功能菜单条包括 5 个下拉菜单，控制所有的 ENVI 交互显示功能，这包括图像链接和动态覆盖；空间和波谱剖面图；对比度拉伸；彩色制图；ROI 的限定、光标位置和值、散点图和表面图；注记、网格、图像等值线和矢量层等的覆盖（叠置）；动画；存储和图像打印等文件管理工具；浏览显示信息和打开显示的控制。

3. 滚动窗口

滚动窗口是一个以二次抽样的分辨率显示整幅图像的显示窗口，只有当要显示的图像大于以全分辨率显示的主图像窗口时，才会出现滚动窗口，滚动窗口控制显示在主图像窗口的图像部分。滚动窗口位置和大小最初在 envi. cfg 文件中被设置并且可以被修改，可以动态地将其缩放到任何大小直至全屏。即使出现多个滚动窗口，每个窗口也仅对应于一个已载入的主图像窗口。

4. 缩放窗口

缩放窗口是一个小的图像显示窗口，它以用户自定义的缩放系数使用像元复制来显示主图像窗口的部分。缩放窗口的大小、位置和系统默认的缩放系数最初在 envi. cfg 文件中被设置，并且可以被用户修改。缩放窗口提供无限缩放能力，缩放系数出现在窗口标题栏的括号中。缩放窗口能动态地调整大小，直至适合屏幕中可利用的尺寸。如果使用不同的显示窗口风格，上面描述的显示菜单栏将出现在缩放窗口，可以显示多个缩放窗口，每个窗口对应于一个已载入的主显示窗口。

5. 调整窗口大小

许多 ENVI 窗口和对话框（包括所有的图像显示窗口）都能动态调整大小直至全屏。把鼠标指针放置在对话框或窗口的边角处直至指针变为一个双向箭头，按住鼠标左键并拖放窗口到需要的大小。当调整滚动窗口的尺寸时，重采样因子将自动改变以适应新的图像尺寸。重采样因子将出现在滚动窗口标题栏的圆括号中，如果调整主图像窗口，使它能够显示整幅图像，则滚动窗口将会消失；当主图像窗口缩小时，它将会重新出现。

6. 当前活动显示

每次只能有一个图像显示组（包括主图像、滚动和缩放窗口）作为当前活动显示，下一幅图像将被加载到当前活动显示组中。

7. 辅助窗口

ENVI 图像显示可以有很多相关的辅助窗口，这些辅助窗口通常由 Display 菜单来启动，辅助窗口可以包括 X、Y、Z 及任意方向的剖面、直方图、散点图和动画窗口。它们都各自附属于一个特定的图像显示组。多个显示可以有各自独立的辅助窗口组。

8. 矢量显示窗口

当矢量区别于其他所有图像而单独显示时，它们会出现在一个独立的窗口，在窗口顶部有一个矢量菜单，要把矢量叠加到一幅影像上去，矢量菜单中的选项将出现在一个单独的 Vector Parameters 对话框中。

4.1.4　数据管理

ENVI 可以为管理图像、矢量数据、对话框和单个窗口提供很多工具。

1. 可用波段列表

可用波段列表是用于存取 ENVI 图像文件和这些文件的单个图像波段的主要控制面板。无论何时打开一个图像文件，可用波段列表将在对话框中同步出现，它是包含所有打开文件和内存数据项的可利用图像波段的一个列表，可以为配准过的图像显示地图信息。若打开了多个文件，那么所有文件的波段将按先后顺序列出，最新打开文件的波段位于列表最顶部。

2. 可用矢量列表

可用矢量列表包含在图像显示窗口或矢量显示窗口中显示的一系列内存中现有的所有矢量文件。一旦载入，所有读入内存的矢量层将按先后顺序列出，最新读入的矢量位于列表最顶部。可使用该列表启动矢量显示以及从内存中删除矢量层。

3. 浏览目录列表和 Geo-Browser

浏览目录列表列出已选目录中的所有 ENVI 文件，可以打印文件信息，允许打开选定的文件以及启动 Gco-Browser 文件显示。Gico-Browser 在一幅世界地图上用一面红旗标识所有的地理编码数据的位置。

4. 可用文件列表

可用文件列表是个用于管理 ENVI 图像文件的工具。它列出了当前打开的所有文件和内存数据项的名字。选择一个文件名，将列出该文件所有的已知信息，这包括诸如完整的路径和图像名等参数；线、样本和波段数；标题大小；文件类型；数据类型；数据的字节顺序；数据是否采用了地理坐标定位，波长是否与波段相关联。选项中包括删除内存数据项，关闭或删除单个文件，以及将内存计算结果写到磁盘文件，这些操作允许最优使用系统内存。

5. ENVI 窗口查找器

ENVI 窗口查找器列出所有已打开的主要 ENVI 窗口，包括：主图像、滚动和增放窗口、所有辅助窗口，以及许多 ENVI 交互功能中用到的其他窗口和对话框。可以通过在窗口名字上点击，调用任何窗口或对话框到前景。

6. ENVI 处理状态窗口

当计算进行时，大多数 ENVI 功能显示处理状态，功能启动后，会立即出现一个标准的状态窗口。窗口标题与正在执行的功能相匹配，并且显示结果是否被置于内存或到一个输出文件中。当数据被处理时，一个标有"A% Complete"的进程条及时地更新。在一个文本框中显示每个数据处理增量的大小，以"tile size"（分块尺寸）为基数。功能自动地判定处理增量的大小。注意：若增量小于100%，可以用"Cancel"按钮终止处理。若增量等于100%，则不可能中断处理。

4.2 ERDAS 软件

4.2.1 ERDAS 简介

ERDAS IMAGINE 是美国 ERDAS 公司开发的专业遥感图像处理和地理信息系统软件。

ERDAS IMAGINE 以其先进的图像处理技术，友好、灵活的用户界面和操作方式，面向广阔应用领域的产品模块，服务于不同层次用户的模型开发工具以及高度的 RS/GIS（遥感图像处理和地理信息系统）集成功能，为遥感及相关应用领域的用户提供了内容丰富且功能强大的图像处理工具，其主要功能包括：图像处理、地形分析、数字化、栅格地理信息系统等。

ERDAS IMAGINE 是以模块化的方式提供给用户的，面向不同需求的用户，对于系统的扩展功能采用开放的体系结构，以 IMAGINEE Essentials、IMAGINE Advantage、IMAGINE Professional 的形式为用户提供低、中、高三档的产品架构，并有丰富的功能扩展模块供用户选择，使产品模块的组合具有极大的灵活性。

4.2.2 IMAGINE Essentials 级

IMAGINE Essentials 包括制图和可视化核心功能的影像工具软件。无论是独立地从事工作或是处在企业协同计算的环境下，都可以借助 IMAGINE Essentials 完成二维/三维显示、数据输入、排序与管理、地图配准、制图输出以及简单的分析操作。用户可以建立 shapefile 文件并显示、编辑、注记符号、设置属性、打印及分析等。可以集成使用多种数据类型，并在保持相同的易于使用和易于剪裁的界面下升级到其他的 ERDAS 公司产品。IMAGINE Essentials 有较强的矢量数据管理功能，能够同时处理多个文件。

4.2.3　IMAGINE Advantage 级

IMAGINE Advantage 级是建立在 IMAGINE Essentials 级基础之上的，增加了图像光栅 GIS 和单片航片正射校正等具有强大功能的软件。IMAGINE Advantage 提供了用于光栅分析、正射校正、地形编辑及先进的影像镶嵌工具。简而言之，IMAGINE Advantage 是一个完整的图像地理信息系统（Imaging GIS）。具有已产生的知识库，允许"非专家"人员利用知识库处理数据，评估所有可能的分类类型或只考虑规则的子集，利用选项设置输出模糊集、可信层、反馈层及分类，只要有 IMAGINE 的 ADVANTAGE 使用许可即可运行。IMAGINE Advantage 具有动态检测功能，也可镶嵌正射校正图像，其中空间模型支持多投影。

4.2.4　IMAGINE Professional 级

IMAGINE Professional 级面向复杂分析，需要最新和最全面处理工具，经验丰富的专业用户 Professional 是功能完整丰富的地理图像系统。除了 Essentials 和 Advantage 包含的功能外，IMAGINE Professional 还提供轻松易用的空间建模工具（使用简单的图形化界面）、高级的参数/非参数分类器、分类优化和精度评定，以及雷达分析工具。它是最完整的制图和显示、信息提取、正射校正、复杂空间建模和尖端的图像处理系统。知识工程师为掌握第一手数据知识的专家提供建立知识库的图形界面。知识库由树状结构表示，建立知识树可采用图形拖放工具，由最终或中间类型定义（假设）、规则（条件定义）、变量（光栅、Scalars）构成。在某一位置多个规则如果同时为真，则可信值最高的规则很可能成为此像素的类型，其中变量可以有不同的来源图像、矢量、SCALAR、模型、用户定义的程序，利用模型编辑器可以进行空间操作，突破了传统的逐象元分类。

4.2.5　ERDAS IMAGINE 主要菜单命令及其功能

1. Session（综合菜单）

ERDAS IMAGINE 中的 Session 综合菜单包含完成系统设置、面板布局、日志管理、启动命令工具、批处理过程、实用功能、联机帮助等。其中主要包括：Preferences：设置系统默认值。Configuation：配置外围设备。SessionLog：查看实时记录。Active ProcssList：当前运行处理操作；Commands：启动命令工具；Enter Log Message：向系统综合日志（SessionLog）输入文本信息。Start Recording Batch Commands：启动批处理工具。Open Batch Command File：打开批处理命令文件。View Offline Batch Queue：查看批处理队列。Flip Icons：确定图标面板的水平或垂直显示状态。Tile Viewers：平铺排列两个以上已经打开的窗口。Close All Viewers：关闭当前打开的所有窗口。Main：进入主菜单，启动图标面板中所包括的所有模块。Tools：进入工具菜单。Utililties：进入实用菜单。Help：打开帮助文档。Piesropert：系统特性配置模块。Generate system information report：生成系统报告。Exit IMAGINE：退出 ERDAS IMAGINE 软件环境。

2. Main（主菜单）

主菜单主要包括：

- Start IMAGINE Viewer：启动 ERDAS 窗口；
- Import/export：启动输入输出模块；
- Data preparation：启动预处理模块；
- Map composer：启动专题制图模块；
- Image interpreter：启动图像解译模块；
- Image catalog：启动图像库管理模块；
- Image classification：启动图像分类模块；
- Spatial modeler：启动空间建模模块；
- Vector：启动矢量功能模块；
- Radar：启动雷达图像处理模块；
- Virtual GIS：启动虚拟 GIS 模块；
- Subpixel classifier：启动子象元分类模块；
- DeltaCue：启动动态监测模块；
- Stereo analyst：启动三维立体分析模块；
- Imagine autosyne：启动影像自动配准模块。

3. Tools（工具菜单）

工具菜单主要包括：

- Edit text file：编辑 ASCII 文件；
- Edit raster attributes：编辑栅格文件属性；
- View binary data：查看二进制文件；
- View IMAGINE HFA file structure：查看 ERDAS 层次文件结构；
- Annotation information：查看注记文件信息，包括元素数量与投影参数；
- Image information：查看栅格图像信息；
- Vector information：查看矢量图形信息；
- Image commands tool：设置命令操作环境；
- Coordinate calculator：坐标系统转换；
- NITF Metadata viewer：查看 NITF 文件的元数据；
- Create/display movie sequences：产生和显示一系列图像画面形成的动画；
- Create/display viewer sequences：产生和显示一系列窗口画面组成的动画；
- Image Drape：以 DEM 为基础的三维图像显示与操作；
- DPPDB Workstation：输入和使用 DPPDB 产品。

4. Utilities（实用菜单）

完成多种栅格数据格式的设置与转换、图像的比较。

5. Help（帮助菜单）

启动联机帮助、查看联机文档等。

4.3　eCognition 软件

4.3.1　eCognition 简介

eCognition 是由德国 Definiens Imaging 公司开发的智能化影像分析软件，现属于美国 Trimble 旗下，是目前所有商用遥感软件中第一个基于目标信息的遥感信息提取软件。它采用决策专家系统支持的模糊分类算法，突破了传统商业遥感软件单纯基于光谱信息进行影像分类的局限性，提出了革命性的分类技术——面向对象的分类方法，大大提高了高空间分辨率数据的自动识别精度，有效地满足了科研和工程应用的需求。以单个像素为单位的常规信息提取技术过于着眼于局部而忽略了附近整片图斑的几何结构情况，从而严重制约了信息提取的精度。eCognition 所采用的面向对象的信息提取方法，针对的是对象而不是传统意义上的像素，充分利用了对象信息（色调、形状、纹理、层次）和类间信息（与邻近对象、子对象、父对象的相关特征）。eCognition 软件的诞生引领了图像处理技术的创新和发展，成为国际上主流的信息提取和影像解译分析技术，为业界领先的数据提供者、产品增值者以及遥感专家提供解决方案。

4.3.2　eCognition 模块介绍

1. eCognition Developer

eCognition Developer 是一个强大的面向对象的影像分析软件，具有直观的开发环境。

（1）eCognition Developer 的特征主要包括：优良的面向对象的影像分析工具和算法的集合；分析栅格、矢量和点云数据；直观的开发环境；从单一的桌面版扩展到企业产品工作流程；软件开发工具包（SDK）；在线访问规则集资源的功能。

（2）eCognition Developer 的优点主要包括：优良的面向对象的影像分析工具和算法的集合：eCognition Developer 提供了一个针对不同影像分析方面量身定制的全面的算法集合，用户可以从中选择不同的分割算法，如多尺度分割、四叉树分割或者棋盘分割。分类算法有基于样本的分类，模糊隶属度函数分类及结合语义的上下文分析。直观的开发环境：用户界面能够灵活地显示不同的数据源。通过简单的添加和放弃操作功能能够使没有任何编程技能的人员快速地开发规则集并应用于标准分析。用户还可以利用强大的工具来解决更加高级的任务。多种特征优势：eCognition Developer 中包括各种常规特征，如光谱信息、空间位置、形状等，同时还支持多种高级特征，如对象层次关系、纹理特征、对象逻辑关系、相关性特征，同时允许用户结合创建自定义特征，既包括创建传统的算术特征，又可创建包含各种逻辑关系的关系型特征，而且特征的选取不受软件的限制，即特征具有良好的可扩展性。软件开发工具包（SDK）：eCogntiion Developer 包含的软件开发工具（SDK）能够通过添加算法、对象特征、数据驱动等使 eCognition 的核心功能得到扩展。通过这种方式，自定义分割、分类器、层操作和对象特征等都可以被添加到软件中；组合、修整和校正规则集并可在线访问规则集资源：eCognition Developer 提供规则集的开发界面，可对规则集进行修改和校正，并可调用外部的规则集对其进行组合使用，充分增强了软件的通用性。

2. eCognition Architect

eCognition Architect 为非专业用户信息提取强大工具，能够让植被制图专家、城市规划师或林业工作者等这些非专业技术人员轻松利用公司的技术和产品。用户可以很方便地对 eCognition Developer 中创建的工作流程进行配置、校准和执行图像分析，不需要做任何的开发，只需按照操作流程调节参数值，逐步执行就可以完成工作任务。

（1）eCognition Architect 特点与优点：轻松地访问面向对象的影像分析功能的高级集合；预封装的通用工具箱——可以简单易行地提出解决方案；从单一的桌面版扩展到企业产品工作流程；在线访问解决方案资源；易于使用的工作流程向导。

（2）eCognition Architect 的功能：组合、修改和校正应用程序；数据处理；执行和监测分析过程；检查和编辑结果。

3. eCognition Server

eCognition Server 软件提供了一个图像分析工作的批处理执行环境，是专为大尺度影像工程设计的网格架构。eCognition Server 可以自动处理大批量的影像，并在单一的、全自动运行的环境中实行详细的分析。

（1）eCognition Server 的特征与优点：全面的管理工具集；ArcGIS 工作流程的完全整合；使用应用程序编程接口（API）嵌入工作流程；基于专门的网格体系结构设计的大尺度影像数据分析工程，eCognition Sever 可以自动处理成千上万的图像并且处理后自动形成一个详细分析报告。

（2）eCognition Server 的功能：①批处理数据：eCognition Sever 能够自动分析大型场景和大批量数据。通过自动分块和拼接工具使大型数据处理成为一种可能。通过增加额外的服务器，可以大大减少处理时间。②全面的管理工具集。③使用应用程序编程接口

（API）嵌入工作流程。应用程序编程接口（API）允许 eCognition Sever 嵌入已存在的工作流。使用 API 系统可以设置一种方式，即从新建工作区到数据提交再到监控状态所有步骤通过第三方软件控制。④ArcGIS 工作流程的完全整合。软件能够与 ArcGIS 桌面版完全整合。通过自动影像智能应用程序，包括对任何种类的遥感影像的特征提取、变化监测以及对象识别等，该扩展模块增强了 ArcCatalog 和 ArcMap 的功能。

4. eCognition Essentials

eCognition Essentials 软件是一款集所有功能于一身的影像分析解决方案，它的指导工作流程可有效地将影像数据转换为可用信息，减少地理空间影像分析所用的时间，提高整个组织的生产率。

eCognition Essentials 的特征和功能：

（1）直观的用户界面：对于任何希望利用遥感数据的人员而言，eCognition Essentials 提供了一个易于使用并且直观的图形用户界面。该软件可以立即进入自动分割和分类的任务，把基于样本的影像分类工作流程直接放在一个生产型用户的手中。

（2）所有功能集于一身的影像分析解决方案：eCognition Essentials 能够为用户提供一个完整的即装即用式解决方案，进行基于对象的影像分析。eCognition Essentials 的重点是快速获得高质量的结果和可操作的数据，使用户轻松地分析影像数据，并把它们转换成智能地理空间信息，例如，建立土地覆盖图以导出到 GIS 数据库中。

（3）自动影像分析和批处理：用户能够以最短的周转时间获得专业成果，这归功于自动影像分析功能和批处理能力。这些功能包括影像分割、基于样本的分类、变化检测以及用于质量控制的一套互动工具。eCognition Essentials 用户可以向 eCognition Server 提交分析任务，然后由 eCognition Server 以批量方式自动处理提交的所有数据。

（4）降低复杂性，功能多样性：eCognition Essentials 是一个独立运行的应用软件。它能覆盖所有的影像分析步骤，从遥感数据中有效提取高质量的信息，用于环境、城区和农业用地覆盖等应用场合。通过把预定义和结构化的规则应用于影像分析任务中，eCognition Essentials 给出了一个简化的工作流程，能够从原始影像数据中快速提取地理信息。

（5）访问 Trimble Data Marketplace：通过 Trimble Data Marketplace 插件，eCognition Essentials 可以使用户轻松地访问 Trimble Data Marketplace，快速查询并获取影像数据和地理空间信息。

4.4　Pix4Dmapper 软件

4.4.1　Pix4Dmapper 简介

Pix4Dmapper 是目前市场上独一无二的集全自动、快速、高精度为一体的无人机数据和航空影像处理软件。无需专业知识，无需人工干预，即可将数千张影像快速制作成专业的、精确的二维地图和三维模型。

4.4.2 Pix4Dmapper 功能介绍

（1）全自动：无需专业操作员，无需人为交互。

（2）快速：数据获取的当天即可得到结果。

（3）专业精度：可达到优于 5cm 的精度。

（4）无需人为干预即可获得专业的精度：Pix4Dmapper 让摄影测量进入全新的时代，整个过程完全自动化，并且精度更高，真正使无人机变为新一代专业测量工具。

（5）无需专业操作员：Pix4Dmapper 只需要简单地点击几下，不需要专业知识，飞机操控员就能够直接处理和查看结果，并把结果发送给终端用户。

（6）完善的工作流：Pix4Dmapper 把原始航空影像变为任何专业的 GIS 和 RS 软件都可以读取的 DOM 和 DEM 数据。通过提供 ERDAS、SocetSet 和 Inpho 可读的输出文件，能够与摄影测量软件进行无缝集成。

（7）自动获取相机参数：自动从影像 EXIF 中读取相机的基本参数，例如：相机型号、焦距、像主点等。智能识别自定义相机参数，节省时间。

（8）无需 IMU 数据：无需 IMU 姿态信息，只需要影像的 GPS 位置信息，即可全自动处理无人机数据和航空影像。

（9）自动生成 Google 瓦片：自动将 DOM 进行切片，生成 PNG 瓦片文件和 KML 文件，直接使用 Google Earth 即可浏览成果。

（10）自动生成带纹理的三维模型：方便进行三维景观制作。

（11）充分利用硬件资源：原生 64 位软件，在整个处理中，能自动调用计算机所有的处理器内核和内存资源，提高处理速度。

（12）生成正射校正及镶嵌结果：生成所有影像的正射校正结果，并自动镶嵌及匀色，将测区内所有数据拼接为一个大的影像，结果可以用任何专业的 GIS 和 RS 软件进行显示。全自动，一键操作，不需要人为交互。输出的格式：DOM 是 GeoTIFF、TFW 和 JPG，瓦片结果是 KML 和 PNG。

（13）生成数字表面模型 DSM：DSM 影像的每个像素都有一个高度值，可以使用标准的 GIS 软件精确地量测体积、坡度和距离，也可以产生等高线。全自动，一键操作，不需人为交互。输出的格式：DSM 是 GeoTIFF 和 TFW，点云是 ASCII TXT 和 PLY，三维模型是 OBJ 和 PLYDSM 成果。

（14）全自动空三、区域网平差和相机检校：通过高级自动空三计算原始影像的真实位置和参数。完全基于影像的内容，利用 Pix4UAV 的独特优化技术和区域网平差技术，自动校准影像。

（15）自动生成精度报告：可以快速和正确地评估结果的质量，显示处理完成的百分比以及正射镶嵌和 DEM 的预览结果，提供了详细、定量化的自动空三、区域网平差和地面控制点的精度。

（16）同时处理 10 000 张影像：利用自己独特的模型，可同时处理多达 10 000 张影像。

（17）快速处理模式：数分钟内即可预览到正射镶嵌结果和 DEM 结果。对于应急项目或快速检查测区是否完全覆盖等工作，堪称是完美工具。快速处理模式仅需要较低的硬件配置，在大部分的笔记本电脑上即可运行。

（18）支持添加控制点和丰富的坐标参考系统：在处理过程中不需要任何 GCP，因为它可以根据无人机自带的 GPS 估算地理位置。如果需要更高的绝对定位精度，利用其直观便捷的界面即可快速添加控制点，进行空三计算，使结果达到厘米级的精度。Pix4Dmapper 内置丰富的坐标参考系统，包括常用的 UTM、北京 54 等，也支持 prj 文件导入投影。

（19）支持多种传感器：不仅支持普通光学相机，也支持近红外、热红外及任何多光谱影像。对任意特征的影像都可以自动进行空三、区域网平差和相机检校。全自动快速无人机数据处理软件 Pix4Dmapper 对热红外和近红外数据也能进行处理。

（20）支持多种相机：支持多种类型的相机，例如较小尺寸的 Canon IXUS 和 Sony NEX 等类型相机。也支持具有较大传感器的相机，例如 5 000 万像素 Hasselblad 相机和徕卡相机。

（21）点云加密：高级算法计算了原始影像每个像元的高程值，生成三维点云，以提高 DEM 和正射镶嵌结果的分辨率。

（22）镶嵌编辑：包含镶嵌编辑工具，以生成更好的镶嵌结果。通过选择 ortho 或 planar 影像来编辑人造地物的边缘以消除扭曲现象，通过编辑拼接线或者改变影像次序以去除移动的物体，同时提供亮度和对比度调整功能。

（23）量测工具：基于生成的 DEM 进行位置、面积和体积的量测。

4.4.3　Pix4Dmapper 行业应用

1. 测绘

把制作地图交到自己手中，无论是城市规划、大规模测绘，还是地籍管理以及其他。Pix4Dmapper 软件做这项工作，能把从任何相机拍摄的影像转变成精确的地图和模型。

（1）最新地图：不需再使用过期的信息。简单的工作流程，使得地图和模型可以根据需要经常更新。

（2）GIS 兼容性：输出正射影像，数字表面模型和 3D 模型进行进一步分析，输出结果与 GIS 和其他专业平台兼容。

（3）精确结果：通过质量报告、实用而详尽的编辑工具、地面控制点和 RTK 无人机支持，确保达到用户需要的精确度标准。

2. 矿业

在软件中直接监控开采、废物处置以及更多。测量断裂线，生成等高线，通过详细的报告，进行质量评估，直接获得结果质量。

（1）测量和数字化：使用精确的、带地理坐标参考的 DSM 进行体积测量，生成等高线和数字模型。

（2）精确结果：通过质量报告、实用而详尽的编辑工具、地面控制点和 RTK 无人机支持，确保达到用户需要的精确度标准。

（3）矿业软件兼容性：输出结果与行业标准软件 Maptek I-Site 和 Vulcan 兼容。

3. 执法

为事故和犯罪现场提供纯基于影像的、可测量的、带地理坐标的数据。Pix4Dmapper 软件生成的三维点云、数字表面模型和正射影像镶嵌图可被直接用于分析。之后可被输出到执法软件或作为法庭证据。

4.5 LiDAR360 软件

4.5.1 LiDAR360 简介

LiDAR360 是数字绿土自主研发的一款专业激光雷达点云数据处理和分析软件，基于自主知识产权的点云数据处理平台，扩展地形、林业、电力等行业模块。主要功能包括海量点云数据可视化编辑、基于严密几何模型的航带匹配、点云自动／手动分类、地形产品生成、林业分析、电力巡检，已广泛应用于林业资源调查、地形测绘、灾害评估、电力巡线、填挖方分析、煤堆体积测量和采矿量勘测等。

4.5.2 LiDAR360 功能介绍

（1）海量点云数据可视化编辑；

（2）丰富的点云处理与编辑工具；

（3）便捷的航带拼接功能；

（4）地形产品：生成数字高程模型（DEM），数字表面模型（DSM），等高线，坡度、坡向粗糙度图等产品；

（5）林业分析-林业后处理；

（6）电力巡检：包括电力线/塔分类，实时工况分析，工况报告自定义模版输出，大风、高温、覆冰工况模拟，树木生长、倒伏分析；

（7）其他功能：测量、转换、去噪、归一化、裁切等操作工具。

4.5.3　LiDAR360 模块介绍

一般而言，LiDAR360 主要模块包括：

（1）工程工具：工程文件（＊.LiProj）是对当前工作区的一个快照，保存之后，下次使用时能够快速恢复程序设置和数据图层。保存工程文件只保存加载的数据图层和工程设置，而不是保存真正的数据。当把一个工程文件转移到另一个存储位置时，需移动与该工程关联的所有文件（保留它们的相对路径）。

（2）颜色条工具：为海量点云数据的可视化提供了若干颜色显示模式，针对不同的分析功能可选择最佳的显示方式（如按强度显示、按 GPS 时间显示、按回波次数显示等）。此外，系统提供 EDL、PCV、玻璃等工具可对显示效果进行增强，更直观地反映数据特征，也有助于对数据质量进行检查。

（3）视图工具：显示当前激活视图的各个默认视图。

（4）操作工具：操作工具栏包括控制视图操作的工具。

（5）设置工具：可对视图做基本设置，并包含了关于视图的常用功能。

（6）量测工具：量测工具用来测量点云数据的几何信息。

（7）模型显示：可设置当前激活视图中的模型显示方式。

（8）剖面工具：在正交投影顶视图模式下，剖面图支持用户任意划定一块矩形区域，并在一个独立的剖面窗口展示出该区域的侧视图。剖面窗口提供了很多小工具，方便用户在特定的角度下进行观察、量测甚至改变数据属性，例如修改点云数据的类别等。在点云处理过程中，受限于自动算法，需要一定的人工编辑，需要剖面功能。

（9）选择工具：对当前窗口的点云对象进行选择并保存。

（10）校正工具：可用于点云与点云、点云与影像、影像与影像之间的数据校正。将参考数据和待校正数据放在两个窗口中，在两个窗口中点选或拟合球（针对点云数据）得到至少三对同名点数据，通过同名点计算两个数据之间的坐标变换矩阵进行数据的坐标校正。通过点选点对，用户可在同名点对列表中查看数据之间的残差。

（11）批处理工具：针对多个点云数据实现流程化批处理操作，并提供了功能操作顺序及参数设置的保存，以方便其他数据的使用。

（12）工程管理窗口：包含图层管理和窗口管理两个部分。注意：数据可在一个或多个窗口中显示，也可以不在任何窗口中显示；若需数据在一个窗口中显示，可左键拖动数据到指定窗口中。

（13）窗口：窗口菜单允许对窗口进行创建、关闭和排列等操作。

（14）显示：与软件显示相关的设置与操作。

（15）航带拼接。提供安置误差检校，从而实现对机载激光雷达点云数据的航带拼接处理。该模块包含对机载激光雷达点云数据采集航迹线进行加载、删除、裁切，根据航迹线裁切点云，航迹线与点云匹配，依据航带安置误差信息对点云进行变换（误差修正），去冗余等功能。

4.6 ArcGIS 软件

4.6.1 ArcGIS 简介

1）ArcGIS 介绍

ArcGIS 为单用户或多用户在桌面、服务器、Web 和野外移动使用 GIS 提供了一个完整伸缩的框架。ArcGIS 是一整套 GIS 软件产品系列。

2）ArcGIS 资源中心

ArcGIS 包含一个基于 Web 的门户，可供用户访问动态 Web 在线帮助、社区页面、支持信息、用于帮助用户开始应用 ArcGIS 的模板，以及其他内容。在"资源中心"，可以与其他用户进行交流，并查找最新的有用信息。还可以与用户社区的其他用户进行交流。

3）ArcGIS 的作用

从功能上看，ArcGIS 是一个处理地图和地理信息的系统。用户通过 ArcGIS 软件能够完成以下工作：

- 创建和使用地图；
- 编辑地理数据；
- 管理数据库中的地理信息；
- 分析地理信息；
- 共享和显示地理信息；
- 在一系列应用程序中使用地图和地理信息。

4）ArcGIS 基础架构

ArcGIS 系统提供了一种基础架构（图 4.1），用于在整个组织或社区中共享地图和地理信息，以及在 WebArcGIS 上公开这些信息。

通过 ArcGIS 可在整个 Web 中创建、使用和共享地图和地理信息以满足用户的各种不同需求。

ArcGIS 全线产品都集成了在线的能力。用户在台式计算机、移动设备和 Web 浏览器等任何位置都可使用地图和地理信息等在线资源。各种类型的客户端均可连接到 GIS 服务网络，该网络提供了来自全球数以千计的 GIS 和制图机构的信息。

用户可以借助一系列用来连接和处理地图和地理信息服务的客户端（GIS 桌面软件、Web 浏览器和移动设备）来使用该系统。

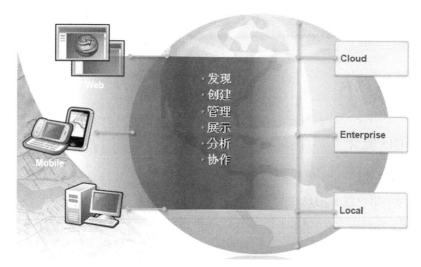

图 4.1　ArcGIS 基础架构图

5）适用对象

通过 ArcGIS，不同角色以及具有不同层次的 GIS 体验的用户都可使用一组共享的地图和地理信息。用户可通过 ArcGIS Desktop 软件访问地图。此外，还可以不通过 GIS 软件，而是通过浏览器、移动设备和 Web 应用程序接口（如 REST、SOAP 和 OGC 等）来与系统进行交互，从而访问和使用在线 GIS 和地图服务。这些信息的发布者决定哪些用户可以访问和使用所发布的信息。例如，仅限小型工作组中的用户、组织中的成员、特定社区的参加者，或任何具有 Web 连接的用户。

GIS 专业人员使用高级桌面软件来构建地理数据库和执行空间分析。这些用户负责创建和管理地理信息。他们也使用 ArcGIS Server 将内容作为服务发布和共享。许多其他类型的用户访问由 ArcGIS 用户在 Web 上创建和共享的 Web 地图和应用程序。

4.6.2　ArcGIS 产品技术介绍

1. 桌面产品介绍

ArcGIS 桌面产品（ArcGIS Desktop）是一套完整的专业 GIS 应用，通过对地理现象、事件及其关系进行可视化表达，从而解决用户的问题，构建特定的应用，提升工作效率以及制定科学决策。综合来说，一个 GIS 用户进行的 GIS 操作包括：

- 浏览地图；
- 创建、编辑和维护地理数据并提供在线地图功能；
- 使用空间处理工具实现自动化工作流；

- 对二维、三维数据进行空间分析和空间建模；
- 用二维、三维地图进行可视化并能够显示基于时间的动态现象；
- 创建定制的应用来共享 GIS。

ArcGIS 桌面是一系列整合的应用程序的总称，包括 ArcMap、ArcCatalog、ArcGlobe、ArcScene、ArcToolbox 和 ModelBuilder。通过通用的应用界面，用户可以实现任何从简单到复杂的 GIS 任务。

根据用户的伸缩性需求，ArcGIS 桌面分为四个级别产品：

（1）ArcReader：免费的地图数据（PMF）浏览、查询以及打印出版工具；

（2）ArcView：主要用于综合性数据使用、制图和分析；

（3）ArcEditor：在 ArcView 基础上增加高级的地理数据库编辑和数据创建功能；

（4）ArcInfo：是 ArcGIS Desktop 的旗舰产品，作为完整的 GIS 桌面应用包含复杂的 GIS 功能和丰富的空间处理工具。

ArcMap 是 ArcGIS Desktop 中一个主要的应用程序，承担所有制图和编辑任务，也包括基于地图的查询和分析功能。对 ArcGIS 桌面来说，地图设计是依靠 ArcMap 完成的。通过一个或几个图层集合表达地理信息，在地图窗口中又包含了许多地图元素，通常拥有多个图层的地图包括的元素有比例尺、指北针、地图标题、描述信息和图例。提供两种类型的地图视图：地理数据视图和地图布局视图。在地理数据视图中，能对地理图层进行符号化显示、分析和编辑 GIS 数据集。数据表（Table of Contents）帮助组织和控制数据框中 GIS 数据图层。数据视图是任何一个数据集在选定的一个区域内的地理显示窗口。在地图布局窗口中，可以处理地图的页面，包括地理数据视图和其他地图元素，比如比例尺、图例、指北针和地理参考等。ArcMap 的地图文档（即所谓的交互式地图）可以发布为一个 ArcGIS Server 的 GIS 地图服务。地图服务是 ArcGIS Server 的主要服务类型，几乎是所有服务器 GIS 应用的基础，包括 Web 地图浏览、编辑、分析、工作流以及移动 GIS。地图服务也可以发布为 OGC 标准中的 WMS 和 KML 形式。

ArcCatalog 应用模块帮助用户组织和管理所有的 GIS 信息，比如地图、球体、数据文件、Geodatabase、空间处理工具箱、元数据、服务等。它包括下面的功能：

- 浏览和查找地理信息；
- 创建各种数据类型的数据；
- 记录、查看和管理元数据；
- 定义、输入和输出 Geodatabase 数据模型；
- 在局域网和广域网上搜索和查找 GIS 数据；
- 管理运行于 SQL Server Express 中的 Arcs DE Geodatabase；
- 管理文件类型的 Geodatabase 和个人类型的 Geodatabase；
- 管理多种 GIS 服务。

ArcGIS 10.2 中已经将 ArcCatalog 嵌入各个桌面应用程序中，如图 4.2 所示。

ArcGlobe 是 ArcGIS 桌面系统中 3D 分析扩展模块中的一个部分，提供了全球地理信息

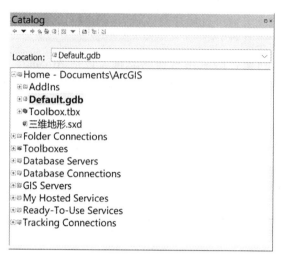

图 4.2 ArcMap 中的 ArcCatalog

连续、多分辨率的交互式浏览功能，支持海量数据的快速浏览（图 4.3）。ArcGlobe 也是使用 GIS 数据层来组织数据、显示 Geodatabase 和所有支持的 GIS 数据格式中的信息。ArcGlobe 具有地理信息的动态 3D 视图。ArcGlobe 图层放在一个单独的内容表中，将所有的 GIS 数据源整合到一个通用的球体框架中。它能处理数据的多分辨率显示，使数据集能够在适当的比例尺和详细程度上可见。

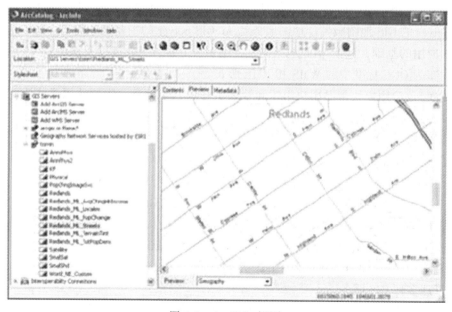

图 4.3 ArcGlobe 视图

ArcScene 是 ArcGIS 桌面系统中 3D 分析扩展模块中的一个部分，是一个适合于展示三维透视场景的平台，可以在三维场景中漫游并与三维矢量与栅格数据进行交互，适用于数据量比较小的场景进行 3D 分析显示。显示场景时，ArcScene 会将所有数据加载到场景中，矢量数据以矢量形式显示。它可以更加高效地管理三维 GIS 数据、进行三维分析、创建三维要素以及建立具有三维场景属性的图层。

ArcGIS Explorer 是一个由 ArcGIS Server 提供强大支持的新的空间信息浏览器；它提供一种免费的、快速并且使用简单的方式浏览地理信息，无论是 2D 还是 3D 的信息；并提供强大的对数据的查询和分析功能。ArcGIS Explorer 通过访问 ArcGIS Server 提供的 GIS 功能，整合了 GIS 数据集与基于服务器的空间处理功能，提供了空间处理和 3D 服务。ArcGIS Explorer 也可以使用本地数据和 ArcIMS 服务、ArcWeb Services、OGC WMS 以及 KML，具有开发性和互操作能力。ArcGIS Explorer 可以被任何个人和专业人员下载和使用。

ArcReader 是免费的地图和全球三维可视化浏览器。ArcReader 应用程序支持基于 Intel 的微软 Windows、Sun Solaris 和 Linux 平台，帮助用户以多种方式部署 GIS。它提供了开放的访问 GIS 数据的方式，可以在高质量的专业地图中展现信息。ArcReader 的使用者也可以交互地使用和打印地图，浏览和分析数据，用互动的 3D 景观来浏览地理信息。

ArcView 是 ArcGIS 桌面系统三个功能产品级别中的第一个。ArcView 中包括了以下应用：ArcMap、ArcCatalog、ArcToolbox 和 PowerBuilder。它是一个强有力的 GIS 工具包，可提供数据使用、制图、制作报表和基于地图的分析等服务。

ArcEditor 是 GIS 数据的自动化处理和编辑平台，可以创建和维护 Geodatabase、shapefiles 和其他地理信息。ArcEditor 除了具有 ArcView 中的所有功能之外，还可以利用丰富的信息模型，支持 Geodatabase 高级行为和事务处理。

ArcInfo 是 ArcGIS 桌面的旗舰产品，是 ArcGIS 桌面系统中功能最齐全的客户端。ArcInfo 提供了 ArcView 和 ArcEditor 中的所有功能。除此之外，它在 ArcToolbox 中提供了一个完整的工具集合，这些工具支持高级的空间处理。ArcInfo 还包括传统的由 ArcInfo workstation 提供的应用和功能，比如 Arc、ArcPlot 和 ArcEdit。通过增加高级的空间处理功能，ArcInfo 成为一个完整的 GIS 数据创建、更新、查询、制图和分析的系统。

2. 功能模块介绍

1) 空间分析（ArcGIS Spatial Analyst）扩展模块

ArcGIS Spatial Analyst 模块提供了众多强大的栅格建模和分析功能，利用这些功能可以创建、查询、制图和分析基于格网的栅格数据。使用 ArcGIS Spatial Analyst，用户可从现存数据中得到新的数据及衍生信息，分析空间关系和空间特征、寻址、计算点到点路径的综合代价等功能。同时，还可以进行栅格和矢量结合的分析。

利用空间分析模块能够：

- 进行距离分析、密度分析；
- 寻找适宜位置，确定位置间的最佳路径；
- 进行距离和路径成本分析；
- 进行基于本地环境、邻域或待定区域的统计分析；
- 应用简单的影像处理工具生成新数据；
- 对研究区进行基于采样点的插值；
- 进行数据整理以方便进一步的数据分析和显示；
- 进行栅格矢量数据的转换；
- 进行栅格计算、统计、重分类等。

另外，ArcGIS 10.2 中该模块新增了五个地理处理工具：多值提取至点、聚类非监督分类、模糊分类、模糊叠加和区域直方图。

ArcGIS 10.2 中，已将"地图代数"无缝集成到 Python 环境中，从而取代了"栅格计算器"，这可以为用户提供更卓越的分析和建模体验。"地图代数"语法基本与以前相同，从而保证了用户能快速上手。

2）三维可视化与分析（ArcGIS 3D Analyst）扩展模块

ArcGIS 3D Analyst 模块提供了强大和先进的三维可视化、三维分析和表面建模工具。通过 ArcGIS 3D 模块，可以从不同视点观察表面，查询表面，确定从表面上某一点观察时其他地物的可见性，可以将栅格和矢量数据贴在表面以创建一副真实的透视图，还可以对三维矢量数据进行高端分析。使用 ArcGIS 3D 模块，可以有效地编辑和管理三维数据。

ArcGIS 3D Analyst 模块功能：

- 进行表面创建和分析；
- 建立 ArcGIS 所支持的数据格式的表面模型，其中包括 CAD、shapefiles、coverages 和 images 数据格式；
- 进行交互式透视图的显示和分析，包括拖动和缩放、旋转、倾斜以及飞行模拟；
- 模拟诸如建筑物的现实世界表面特征；
- 模拟水井、矿、地下水以及地下储藏设施等地下特征；
- 根据属性值来生成飞行的三维表面；
- 把标准化数据以及扩大的数据运用在飞行中；
- 把二维数据遮盖在表面上且在三维空间中显示；
- 计算表面积、体积、坡度、坡角以及山阴影；
- 进行视域和视线分析、点的高度插值、画剖面图以及最陡路径判断；
- 进行日照分析、最大建筑高度分析、三维网络分析等高端三维应用分析；
- 使用许多数据图层效果诸如透明度、亮度、阴影以及深度优先；
- 生成二维或三维要素的等高线；
- 基于属性或位置的三维数据查询；
- 在网络上利用 VRML 输出显示数据；
- 创建可视化的动画（如 AVI 格式、MPEG 格式、QuickTime 格式）；

- 在三维可视化场景中进行编辑和管理 3D 数据；
- 在三维可视化场景中叠加视频；
- 进行日照分析、最大建筑高度分析、三维网络分析等高端三维应用分析；
- 三维高效可视化；
- 数据快速导入，二维数据无需格式转化；
- 创建三维场景只需要设定一些加载模式和显示参数；
- 模型纹理管理：手动设置，自动纹理管理技术；
- Label 可以依附表面或直立，同时被遮挡 Label 自动隐藏；
- 创建缓存，有两种缓存类型：内存 Cache、硬盘 Cache；
- 设置不同的显示比例尺。

3）地理统计分析（ArcGIS Geostatistical Analyst）扩展模块

ArcGIS Geostatistical Analyst 模块是 ArcGIS Desktop 的一个扩展模块，它为空间数据探测、确定数据异常、优化预测、评价预测的不确定性和生成数据面等工作提供了各种各样的工具，支持对所有栅格数据进行分析统计，且 ArcGIS 10.2 中改进了地理统计分析向导，用户可以调整窗口大小，可在对话框或帮助手册中获得参数帮助。该分析模块新增了11 个地理处理工具。

4）网络分析（ArcGIS Network Analyst）扩展模块

ArcGIS 网络分析模块可以帮助用户创建和管理复杂的网络数据集合，并且生成路径解决方案。ArcGIS Network Analyst 是进行路径分析的扩展模块，为基于网络的空间分析（比如位置分析、行车时间分析和空间交互式建模等）提供了一个完全崭新的解决框架。这一扩展模块将帮助 ArcGIS Desktop 用户模拟现实世界中的网络条件与情景。ArcGIS Network Analyst 模块能够进行行车时间分析、点到点的路径分析、路径方向、服务区域定义、最短路径、最佳路径、邻近设施、起始点目标点矩阵等分析。

5）数据互操作（ArcGIS Data Interoperability）扩展模块

使用 ArcGIS Data Interoperability 扩展可以直接访问几十种空间数据格式，包括 GML、DWG/DXF、Micro Station Design、MapInfo MID/MIF 和 TAB 文件类型等。用户可以通过拖放的方式让这些数据和其他数据源在 ArcGIS 中直接用于制图、空间处理、元数据管理和3D globe 制作。例如，所有制图功能都可使用这些数据源，包括查看要素和属性、识别要素和进行选择。ArcGIS Data Interoperability 技术来自 Safe 软件公司（世界领先的 GIS 互操作提供商）的 FME（Feature Manipulation Engine）产品。该扩展由 Esri 和 Safe 软件公司共同维护。ArcGIS Data Interoperability 还包含 FME Workbench。

使用 ArcGIS Data Interoperability 扩展，用户可以：

- 增加 ArcGIS 对多种 GIS 数据格式的支持；
- 连接并读取多种常规 GIS 格式，如 TAB、MIF、E00 和 GML 以及多种 GIS 格式；
- 操作和关联大量格式的属性数据和 DBMS 用到要素的数据；
- 将任意要素类导出成 50 多种格式，并可以创建高级转换器用于自定义的输出格式；
- 使用 FME Workbench 来定义额外的格式和转换流程。

6）追踪分析（ArcGIS Tracking Analyst）扩展模块

ArcGIS Tracking Analyst 模块提供时间序列的回放和分析功能，可以帮助显示复杂的时间序列和空间模型，并且有助于在 ArcGIS 系统中与其他类型的 GIS 数据集成的时候相互作用。ArcGIS Tracking Analyst 扩展了 ArcGIS 桌面功能，它提供了多种分析工具和功能，能够和其他的扩展模块结合起来为交通、应急反应、军事以及其他领域的用户实现功能强大的应用。

ArcGIS 追踪分析模块主要功能：

- 通过颜色符号化时间数据；
- 交互式的演播管理器；
- 基于属性和空间查询的行为，例如高亮、抑制或定制行为；
- 演播管理器中的时间直方图；
- 其他的时间符号渲染（大小和形状）；
- 基于图层的时间窗口管理多个时间图层；
- 为比较时间数据进行时间的偏移；
- 动画文件的生成；
- 用 Tracking Analyst 制作时间数据专题图，创建并显示数据时钟；
- 定制轨迹分析功能。

7）地图和数据发布（ArcGIS Publisher）扩展模块

ArcGIS Publisher 是一款用于公开发布 ArcGIS 桌面系统制作的数据和地图的扩展模块。Publisher 能够为任何一个 ArcMap 的地图文档产生一个可供发布的地图文件，同样对于任何一个 ArcGIS 3D 分析扩展生成的 Globe 文件也是可以的。

在 ArcGIS 桌面系统中添加 ArcGIS Publisher 扩展，可以为使用者提供访问空间信息的能力。

ArcGIS Publisher 包括可编程的 ArcReader 控件，可通过 Visual Basic、C++、.NET 或者 Java 进行开发。这样可将 ArcReader 嵌入一个已有的应用程序中或对 ArcReader 进行客户化，从而可以使用户更方便地浏览 PMF 文件。

8）逻辑示意图生成（ArcGIS Schematics）扩展模块

ArcGIS Schematics 可以根据线性网络数据自动生成、动态展现和灵活操作逻辑示意图，允许用户高效地检查网络的连通性并创建多种层次的逻辑表现。无论是电力、燃气、通信或者是其他各种平面设施网络都可以通过 ArcGIS Schematics 模块来创建基于数据库的逻辑示意图及空间位置地图。通过该模块，用户可以提取网络结构的逻辑视图，并可以把结果放到文档或地图中。

ArcGIS Schematics 可根据复杂网络自动生成逻辑示意图，并能实现以下功能：

- 检查网络连通性；
- 执行网络数据的质量控制；
- 优化网络设计和分析；
- 预测和规划（例如：执行建模、模拟和比较分析）；

- 通过逻辑示意图与地理信息系统（GIS）软件进行动态交互；
- 执行商业分析和市场分析；
- 对社会网络进行建模；
- 生成流程图；
- 管理相关性。

9）扫描矢量化（ArcGIS ArcScan Analyst）扩展模块

ArcScan 为 ArcEditor 和 ArcInfo 增加了栅格编辑和扫描数字化等能力。它通常用于从扫描地图和手画地图中获得数据。它简化了 ArcGIS Workstation 的数据获取工作流程。

使用 ArcScan 模块，能够实现从栅格到矢量的转换任务，包括栅格编辑、栅格捕捉、手动的栅格跟踪和批量矢量化。ArcScan 使用交互式矢量化的一部分。

10）高级智能标注（Maples for ArcGIS）扩展模块

ArcGIS 的 Maple 扩展模块在 ArcMap 中增加了高级的标注布局和冲突检测的方法。它可以生成能保存在地图文档中的文字，也能产生可以保存在 Geodatabase 复杂的注记层中的注记。

11）工作流管理（ArcGIS Workflow Manager）扩展模块

利用 ArcGIS Workflow Manager 可以实现：

- 提高生产力——通过空间处理分析、版本管理以及减少生产过程的重复性工作；
- 确保操作规范化和一致性——使用简化的可视化工具和集中工作流管理；
- 自动化、简单化工作流管理——用户可使用自己配置的工具；
- 利用报表跟踪工作流状态；
- 无缝地将非 GIS 的商业应用程序和 GIS 集成。

12）商业分析（ArcGIS Business Analyst）扩展模块

ArcGIS 商业分析可以进行：

- 选址；
- 确认并找到潜在消费者；
- 发现新的市场；
- 执行消费者或商店预测；
- 定义基于消费者或商店的交易区域；
- 识别出与最佳商店类似的位置；
- 引导市场渗透力分析；
- 为新商店预测潜在销售状况创建重力模型；
- 执行基于街道网络的驾驶时间分划。

13）Esri Production Mapping

ArcGIS Esri Production Mapping 是由在 ArcGIS 基础上开发的一系列现成的应用组成的，这些应用包括：海量数据生产、质量控制、地图产品生成、工作流管理。Esri Production Mapping 能有效地提高数据生产效率，使数据生产流程化，大大提高数据生产的质量。

4.7　SuperMap 软件

4.7.1　SuperMap 简介

SuperMap GIS 9D 是超图软件研发的全面拥抱大数据的新一代 GIS 平台软件，提供功能强大的云 GIS 应用服务器（SuperMap iServer）、云 GIS 门户服务器（SuperMap iPortal）、云 GIS 分发服务器（SuperMap iExpress）、云 GIS 管理服务器（SuperMap iManager），以及支持 PC 端、移动端、浏览器端的多种 GIS 开发平台，协助客户打造强云端、互联互享、安全稳定、灵活可靠的 GIS 系统。

4.7.2　SuperMap 产品组成

1. 搭建 GIS 云或 GIS 服务器系统需要 SuperMap GIS 9D 的四驾马车

（1）云 GIS 应用服务器：SuperMap iServer 9D，基于高性能跨平台 GIS 内核的云 GIS 应用服务器，具有二三维一体化的服务发布、管理与聚合功能，并提供多层次的扩展开发能力。提供全新的空间大数据存储、空间大数据分析、实时流数据处理等 Web 服务，并内置了 Spark 运行库，降低了大数据环境部署门槛，通过提供移动端、Web 端、PC 端等多种开发 SDK，可快速构建基于云端一体化的空间大数据应用系统。

（2）云 GIS 门户服务器：SuperMap iPortal 9D，集 GIS 资源的整合、查找、共享和管理于一身的 GIS 门户平台，具备零代码可视化定制、多源异构服务注册、系统监控仪表盘等先进技术和能力。内置在线制图、数据洞察、场景浏览、应用创建等多个 Web App，为平台用户提供直接可用的在线专题图制作、数据可视化分析、"零"插件三维场景浏览、模板式应用创建等实用功能，主要作为平台 GIS 资源和应用的访问入口以及内容管理中心，用于构建各类 GIS 服务平台的门户网站。

（3）云 GIS 分发服务器：SuperMap iExpress 9D，可作为 GIS 云和端的中介，通过服务代理与缓存加速技术，有效提升云 GIS 的终端访问体验，并提供全类型瓦片本地发布与多节点更新推送能力，可用于快速构建跨平台、低成本、高效的 WebGIS 应用系统。

（4）云 GIS 管理服务器：SuperMap iManager 9D，全面的 GIS 运维管理中心，可应用于服务管理、基础设施管理、大数据管理。提供基于容器技术的 Docker 解决方案，可一键创建 SuperMap GIS 大数据站点，快速部署、体验空间大数据服务。可监控多个 GIS 数据节点、GIS 服务节点或任意 Web 站点等类型，监控硬件资源占用、地图访问热点、节点健康状态等指标，实现 GIS 系统的一体化运维监控管理。

2. SuperMap GIS 9D 的端 GIS 平台软件

包括如下几类，涵盖了 PC 端、移动端、浏览器端各种产品，可连接到云 GIS 平台以及超图公有云平台，提供地图制作、业务定制、终端展示、数据更新等能力。①组件 GIS 开发平台——SuperMap iObjects 9D，面向大数据应用、基于二三维一体化技术构建的高性能组件式 GIS 开发平台，适用于 Java、.NET、C++开发环境，提供快速构建大型 GIS 应用；②桌面 GIS 软件——SuperMap iDesktop 9D，插件式桌面 GIS 应用与开发平台，具备二三维一体化的数据管理与处理、制图、分析、海图、二三维标绘等功能，支持对在线地图服务的无缝访问及云端资源协同共享，可用于空间数据的生产、加工、分析和行业应用系统快速定制开发；③跨平台桌面 GIS 软件——SuperMap iDesktop Cross 9D，业界首款开源的跨平台全功能桌面 GIS 软件，突破了专业桌面 GIS 软件只能运行于 Windows 环境的困境，新增空间大数据管理分析、任务调度、可视化等功能，可用于数据生产、加工、处理、分析及制图；④浏览器端 GIS 数据洞察软件——SuperMap iDataInsights 9D，一款简单高效、丰富灵活的地理数据洞察 Web 端应用，提供了本地和在线等多源空间数据接入、动态可视化、交互式图表分析与空间分析等能力，借助简单的操作方式和数据联动效果，助力用户挖掘空间数据中的潜在价值，为业务决策提供辅助；⑤浏览器端 GIS 开发平台——SuperMap iClient 9D，空间信息和服务的可视化交互平台，是 SuperMap 服务器系列产品的统一客户端，提供了基于开源产品 Leaflet、OpenLayers、MapboxGL 等二维 Web 端的开发工具包，以及基于 3D 的三维应用工具包；⑥移动 GIS 开发平台——SuperMap iMobile 9D for iOS/Android，专业移动 GIS 开发平台，提供二三维一体化的采集、编辑、分析和导航等专业 GIS 功能，支持 iOS、Android 平台；⑦轻量移动端 SDK——SuperMap iClient 9D for iOS/Android，轻量级、开发快捷、免费的 GIS 移动端开发包，支持在线连接 SuperMap 云 GIS 平台以及超图云服务，支持离线瓦片缓存，支持 iOS、Android 平台。

4.7.3 SuperMap 功能介绍

SuperMap iDesktop 是一款企业级插件式桌面 GIS 软件，可以高效地进行各种 GIS 数据处理、分析、二三维制图及发布等操作，基于它可以快速搭建自己的桌面 GIS 应用平台。SuperMap iDesktop 是通过 SuperMap iObjects .NET、桌面核心库和 .NET Framework 4.0 构建的插件式 GIS 应用，能够满足用户的不同需求。利用 SuperMap iDesktop，各行业的空间数据生产、加工、分析人员，可以实现从简单到复杂的 GIS 任务；三维应用展示人员，可以实现三维场景的轻松操作；行业应用系统定制开发人员，可以实现行业应用系统的快速定制。

1. 标准版

1）数据管理

支持 50 多种常用的矢量、栅格、模型文件格式导入，25 种以上文件格式导出，20 余种不同类型数据的相互转换，用户可以轻松集成数据进行可视化和分析。提供多种地理格式的数据集的打开、新建、复制、删除等管理操作。

- 浏览和查找地理数据；

- 提供多种起始页、功能搜索等工具，数据管理更轻松；
- 打开不同的引擎数据以及国产数据库、开源数据库、商用数据库等；
- 直接打开 OGC 服务、REST 服务、谷歌地图、超图云服务、"大地图"服务、OpenStreetMap 等 Web 地图；
- 直接打开中科遥感实时中国在线影像地图；
- 采用镶嵌数据集的方式，对海量影像数据进行管理与显示；
- 支持生成矢量瓦片，并在 iServer 中发布。

2）数据处理

诸多投影和地理坐标系统的选择，可以将来源不同的数据集集成到共同的框架中。提供全面的数据编辑功能；提供 30 种以上矢量、栅格数据处理方法，综合解决数据缺失、数据冗余等问题，修改问题数据，帮助用户生产出具有专业品质的地图；也提供了多种方法对栅格、影像数据进行处理，处理后的数据可以用来作为地图底图，或者参与分析。

- 对数据进行配准校正；
- 使用拓扑检查，对有拓扑错误的数据进行检查；使用拓扑处理，对有拓扑错误的地方直接进行处理；
- 支持二三维缓存存储到 MongoDB、GeoPackage，提高海量数据的浏览效率；
- 对同一像素格式、同一分辨率的栅格影像数据进行镶嵌拼接；
- 对栅格数据重分级；
- 重新指定栅格数据颜色表以便得到不同的展示效果；
- 对栅格数据指定栅格函数，快速制作三维晕渲图或者正射三维影像。

3）符号制作

提供制作新符号或者编辑已有符号的功能，通过界面交互的方式完成符号制作编辑。

- 对符号资源以逻辑分组的方式进行管理；
- 提供二三维一体化的点、线、填充符号管理器和编辑器；
- 支持新建三维自适应管点符号、三维带状跟踪线型以及三维填充水面效果；
- 支持导入栅格符号，也支持将符号导出为图片；
- 将点、线型、填充符号库导出为对应的符号库文件，方便共享。

4）地图制图

提供综合的地图显示、渲染、编辑以及出图等功能。丰富的可视化效果，简单易用的制图工具，无需复杂设计就可以生产出高质量的地图。

- 颜色方案按照制图用途分类管理，实现地图快速渲染；
- 优化、改善标注的清晰度以及显示效果；
- 自定义扩展符号资源，满足要素表达所需；
- 制作专题地图，着重表示某一主题内容；
- 关联业务属性表制作专题图。

5）三维场景

SuperMap iDesktop 提供了多源地理空间数据的管理、场景展示、信息查询、空间分析等诸多功能，以满足智慧城市建设、测绘、应急等多个领域的三维应用需求。

- 室外、室内、地下、海洋等多种三维场景；
- 实时水面倒影、雨雪、火焰等多种三维特效；
- 自定义飞行路线，方便用户浏览场景；
- 多种三维空间分析与网络分析功能，并且支持保存分析结果；
- 支持倾斜摄影模型、BIM、激光点云等数据的管理和展示；
- 新增三维地理设计模块（3D Designer）；
- 支持 VR 头盔，身临其境般体验虚拟地理空间。

6）布局打印

布局页面中组织了多种类型的布局元素，方便用户制图，并输出和打印地图。这些元素一般包括地图对象、比例尺、指北针、图名、描述性的文本信息以及符号化的图例等。

- 设置页面，包括纸张背景、纸张大小、纸张方向等的设置；
- 绘制地图元素，包括地图、图例、比例尺、指北针等地图元素以及图片；
- 布局排版，包括图名、地图边框等图形要素的设置以及布局背景色的设置等；
- 打印输出，包括将当前布局输出为布局模板、输出为图片、打印等。

7）属性操作

本模块主要是针对空间数据的属性表的全面操作和处理，包括创建、编辑、浏览、输出功能以及统计分析等功能。支持属性查询、关联业务表查询，满足用户对地理数据的查询需求。

- 对选中的属性列进行升序、降序、隐藏列、筛选、定位等操作；
- 更新列；
- 属性表的复制、粘贴操作；
- 以拖拽方式对属性表进行复制、等差赋值、等比赋值；
- 对属性表进行总和、平均值、最大值、最小值、方差、标准差等的统计分析；
- 设置属性表的列宽、颜色等；
- 将空间数据的属性表输出为纯属性表数据集或保存为 Excel。

8）专题制作

SuperMap iDesktop 提供了丰富的地图专题表达功能，能够制作多种类型的专题图，包括：单值、分段、标签（统一风格、分段风格、复合风格、标签矩阵）、统计、等级符号、点密度、聚合图。针对栅格数据，提供了栅格单值和栅格分段专题图，方便对栅格数据进行专题表达。

支持对添加到场景中的矢量数据集（包括点、线、面数据集，网络数据集，路由数据集，CAD 模型数据集）的三维图层，即矢量数据集类型的三维图层制作三维专题图。

SuperMap iDesktop 中提供了便捷的数据可视化功能，对点数据实现一键制作热力图或网格聚合图。

热力图是通过色带渲染数据的各种程度信息，例如表达温度的高低程度、表达密度的疏密程度或者访问频度等，帮助人们从海量数据中快速提取有价值的信息，通过可视化的手段直观展现。因此，热力图是大数据可视化手段之一。

网格聚合图是使用空间聚合方法，表现空间数据的分布特征和统计特征。SuperMap iDesktop 提供了两种形状的网格进行聚合显示，一种是矩形网格，另一种是六边形网格。

标准版中支持拓扑处理、空间分析、交通分析等所有扩展模块的加载，前提是已经购买了相应模块的许可。

2. 专业版

SuperMap iDesktop 专业版涵盖了标准版提供的所有功能。在标准版基础上，提供了更专业的地图制作工具、更丰富的系统定制以及类型丰富的统计图表制作模块。使用专业版，可以实现在线分享，将制作的地图以及各种资源分享到云端。

专业版软件主要包含以下功能：

1）系统定制

SuperMap iDesktop 提供可视化的桌面系统功能，专业版支持界面定制，可快速定制满足行业应用需求的桌面 GIS 系统。界面定制操作是通过工作环境设计器来完成的，具体可进行如下操作：

- 定制启动界面，包括是否显示启动界面、设置启动界面背景等；
- 定制快捷访问工具栏；
- 更改已有功能的标签、图片、提示内容等；
- 对界面功能进行重组；
- 新建选项卡、组、按钮、下拉按钮、复选框、标签、文本框等 Ribbon 控件；
- 支持另存工作环境。

2）高级制图

高级制图模块主要提供专业化的制图功能。具体内容包括：

- DLG 数据自动制图：根据国家公共地理框架数据电子地图数据规范，对原始数据要素符号化，自动匹配检查，进行要素标记，自动生成符合规范的电子地图；
- 分级配图：用户可对当前地图批量设置特定比例尺下需要显示的图层，满足用户按照分级比例尺配图的需求；
- 符号化制图：根据指定的符号化模板，在地图中绘制要素对象后，自动将绘制对象存储到要素关联的数据集中，并自动赋予对象的默认属性值，有效提高矢量化的工作效率。结合地图的图层风格，新绘制的对象以该图层风格进行显示，帮助用户在矢量过程中有效区分地理要素。

3）统计图表

图表是表格数据的一种图形表达形式。通过图表对数据进行可视化，能够直观地展示和挖掘数据的关系、分布、类别趋势和模式。

SuperMap iDesktop 支持将数据集属性信息图形化，创建不同形式的统计图表。支持的图表类型包括：柱状图、条形图、饼状图、圆环图、线形图、气泡图、面积图、组合图、散点图、时序图、直方图等 11 种类型。

SuperMap iDesktop 支持图表、地图、属性表间的联动显示以及多种可视化的交互操作，使得在同一时间能够看到不同图表的展示效果，根据不同的数据情况调整图表形式，以获得满意的统计图表，并且支持图表与专题图之间的直接转换，可快速地通过不同的方式展示数据信息。

4）在线分享

利用 SuperMap iDesktop 可以将本地数据一键发布为本地或者远程 SuperMap iServer 服务，包括发布为 REST 服务、OGC 服务等不同类型的服务，实现地图或者数据分享。

SuperMap iDesktop 支持对接公有云 SuperMap Online 和私有云 SuperMap iPortal，在线检索地图，分享本地地图、数据等。具体内容包括：

- 直接打开、浏览 SuperMap Online 中的在线地图，并显示地图的基本信息；
- 支持将在线地图以 REST 服务的方式打开在本地；
- 扫描二维码方式分享地图服务；
- 将在线的数据、颜色方案、符号等下载到本地使用；
- 本地数据上传至 SuperMap Online 或者 SuperMap iPortal 上分享；
- 登录后，直接在 SuperMap iDesktop 中管理已分享或已下载的数据；
- 基于 SuperMap Online 的 POI 服务地图，在地图上进行位置检索，搜索和定位到用户的兴趣点；
- 提供在线云许可。

3. 高级版

SuperMap iDesktop 高级版是 SuperMap 桌面产品系列中的旗舰式产品，是功能最齐全的桌面产品客户端。它涵盖了标准版和专业版中的所有功能，更重要的是，它支持扩展开发，基于 iDesktop 的开发框架和开放的 UI 控件，可以开发出满足各行业需求的应用系统。

SuperMap iDesktop 是基于 SuperMap iObjects . NET 开发的桌面产品，所以使用 iDesktop 进行扩展开发除了能够调用 iDesktop 自己的 API 外，也能调用 iObjects . NET 的 API 进行扩展开发。除此之外，SuperMap iDesktop 内置了 DevExpress 界面库的运行许可，可免费分发使用 DevExpress UI 的桌面扩展插件或系统。

4. 扩展模块介绍

SuperMap iDesktop 为三个级别的产品都提供了一系列的扩展模块，可以实现高级分析功能，例如插值分析、水文分析和三维网络分析、空间分析等。

1）拓扑处理扩展模块

SuperMap iDesktop 所提供的拓扑处理方式主要有两种：

- 拓扑处理：拓扑处理只针对线数据集（或者网络数据集）进行检查，随后系统会自行更改数据集中错误的拓扑关系；
- 拓扑检查：拓扑检查提供了详细的规则，可以对点、线、面数据集进行更加细致的检查，系统会将拓扑错误保存至新的结果数据集上，用户可对照结果数据集自行修改。

SuperMap iDesktop 提供了用于拓扑处理的 7 种规则，包括去除假节点、去除冗余点、去除重复线、去除短悬线、长悬线延伸、邻近端点合并和进行弧段求交。在拓扑处理时，需要对不同规则设置相应的容限，以达到最佳处理效果。

2）空间分析扩展模块

SuperMap iDesktop 提供了众多专业的基于矢量、栅格数据的空间分析功能。利用这些功能，可从现有的数据中得到新的数据及其衍生信息，分析空间关系和空间特征，帮助用户解决各种实际问题。

- 单重、多重缓冲区分析；
- 进行裁剪、合并、擦除、求交、同一、对称差、更新等叠加分析；
- 动态分段；
- 具有特征信息的点插值生成代表某种意义的栅格数据，例如温度图、湿度图等；
- 提取等值线、等值面；
- 坡度、坡向分析；
- 计算表面距离、面积、体积；
- 剖面分析；
- 水文分析；
- 矢量数据和栅格数据之间的相互转换、栅格细化等。

3）交通分析扩展模块

SuperMap iDesktop 的交通分析模块可协助模拟现实世界中的网络条件与情景，参与路径规划和商业选址等分析。

SuperMap iDesktop 交通分析模块中的最佳路径分析、旅行商分析、最近设施查找、物流配送都可以实现行驶导引与动画行驶播放。实际道路情况中的单行或者禁止通行、禁止左转、不可掉头以及临时的道路障碍点，都可以依据 SuperMap 中的模型创建，参与网络分析的过程。

如果网络模型已构建好，但遇到突发情况，在某一路段、某一节点的权值需要临时更新，此时无需重构整个网络数据集，只需对变化了的路段、节点权值做更新，这就显著减少了重新构建大型网络所花费的时间。

4）设施网络分析扩展模块

真实世界中的常见基础设施，如市政水网、输电线、天然气管道、电信网络和水流水系等，这些网络其本质都是资源有向流动的网络结构，都可以通过设施网络进行建模和分析。

SuperMap iDesktop 设施网络分析模块主要是进行各类连通性分析和追踪分析，例如支流水系的源头追溯、上下游追踪、查找共同上游和共同下游、管网间的连通性等。

5）二维标绘扩展模块

二维标绘可用于结合电子地图实现军事作战方案、应急处置方案、公安围捕方案等指挥调度方案的二维图形标绘。通过使用二维图形标绘面板提供的各类具有特殊意义的图形、标号，可以在二维地图上直观、准确地展现事件的处置方案，提高应急事件处置过程中会商和沟通的效率。

SuperMap iDesktop 提供了遵照相关行业标准制作的标号库，能够完整地支持军事、公安和武警、应急等行业图形应用需求。

- 常用标号的绘制，支持 11 种箭头的绘制，例如：平行平耳箭头、多箭头、钳击箭头、贝塞尔箭头等；
- 各类公共场所、基础设施、门牌号、人员、警用装备、战术动作等 100+警用标号；
- 图形标号能够在地图中被选中，进行移动、缩放等操作，实现图形交互式编辑。

6）二维动态推演扩展模块

SuperMap iDesktop 中的二维态势推演管理器，支持路径、闪烁、属性、显隐、旋转、比例、生长 7 种动画。通过态势推演管理器，可以对设定的动画进行播放、打开、复位、保存等操作。

7）三维特效扩展模块

粒子系统（Particle System）作为目前公认的模拟不规则模糊物体最为成功的图形生成技术，被广泛地应用于火焰、云、雨、雪、烟等不规则物体的模拟。SuperMap Realspace 利用粒子系统技术，根据粒子类型的不同模拟出了各种不同的粒子效果，包括爆炸、尾焰、火焰、烟雾、雨、雪、喷泉等，实现了抽象视觉现象在三维场景中富于真实感的表达。

对粒子特效、模型动画、三维效果的支持，都需要用到三维特效扩展模块。三维特效模块功能包括：

- 在填充符号库中新建三维水面，水波频率、大小、速度均可以设置，以实现波光粼粼的三维水面效果；
- 在场景中添加烟花、雨、雪等粒子效果，各项参数均可自定义调节；
- 添加动态模型，以丰富场景内容；
- 场景卷帘，用以对比不同时期或者地上地下的场景；Box 裁剪，用以立体显示 Box 区域内或者区域外的场景。

SuperMap 三维特效借助于新兴的 VR/AR 先进智能技术，支持 HTC Vive、Oculus Rift 等 VR 外部设备，为用户提供了更加丰富真实的三维沉浸式体验。

8）三维空间分析扩展模块

SuperMap iDesktop 中增强了三维空间分析的功能，这些空间分析的结果都是实时动态展示的，可以为城市规划提供支撑。三维空间分析功能包括坡度坡向分析、等值线分析、淹没分析、通视分析、可视域、动态可视域、日照分析、剖面分析、天际线分析、视频投放、碰撞分析。

SuperMap 在 GIS 行业内率先支持原生倾斜摄影模型即 OSGB 数据格式。在桌面产品中，支持直接加载 OSGB 模型文件，高效渲染、高效浏览，并且支持对 OSGB 模型的单体化查询，支持局部区域压平，在压平区域重新规划。

9）三维网络分析扩展模块

三维网络分析扩展模块基于三维网络数据模型，可以进行最佳路径分析、单要素追踪分析、关键设施分析、爆管分析等多种网络分析。创建三维网络数据是整个网络分析的基础，所有的网络分析功能均能在网络图层上进行。

10）三维地理设计扩展模块

SuperMap iDesktop 中新增三维地理设计扩展模块（3D Designer），提供对倾斜摄影模型、TIN 地形、地质体、BIM 等数据的构建、运算和处理方法，进一步提升三维空间数据处理和空间分析能力，帮助用户构建精准的大规模三维场景，解决了 GIS 应用底层数据处理环节的各种疑难问题，可有效缩短项目的建设周期。

11）三维标绘扩展模块

三维动态标绘主要用于结合电子地图实现军事作战方案、应急处置方案、公安围捕方案等指挥调度方案的三维图形标绘。通过使用三维图形标绘面板提供的各类具有特殊意义的图形、模型标号，可以在三维场景上非常直观、准确地展现事件的处置方案，提高应急事件处置过程中会商和沟通的效率。

12）三维动态推演扩展模块

SuperMap iDesktop 中的三维态势推演管理器，支持路径、闪烁、属性、显隐、旋转、比例、生长 7 种动画。通过态势推演管理器，可以对设定的动画进行播放、打开、复位、保存等操作。

13）海图扩展模块

SuperMap 海图模块支持海图数据打开、数据转换及海图显示。海图数据转换包括数据的导入和导出功能。海图模块支持基于 S-57 数字海道测量数据传输标准的海图数据（*.000）的导入，支持 SuperMap 格式数据的导出，每一个数据集组被导出为一个 *.000 文件或者 *.shp 文件。在海图显示功能上，SuperMap 桌面产品支持基于 S-52 显示标准的电子海图的显示，即通过在地图中添加海图图层，并对地图的海图属性进行个性化设置，来实现海图的标准显示。

此外，SuperMap 海图模块突破了传统海图"重水轻陆"的局限性，支持海图数据和陆地数据的整合，使用户可以在同一平台对海图、陆图进行统一的操作和处理，真正实现海陆一体化的存储、显示、查询、编辑和发布，为海上交通运输、海陆综合应急救援、海上资源与内河航道资源开发等应用提供解决方案。

5. iDesktop Cross 特有功能

1）工具箱

工具箱是 SuperMap iDesktop Cross 中独有的功能模块。具有三个特征：提供了 170+模型工具，包含数据导入、空间统计分析等多种工具，覆盖了大部分 GIS 功能；提供了多种大数据处理模型工具，基于 Spark 分布式计算引擎，更高效；支持搜索，直接输入工具名称，即可定位到工具。

2）可视化建模

可视化建模是利用围绕现实想法组织模型的一种思考问题的方法。建模具有更清晰的设计，促进了对需求更好的理解。可视化建模就是以图形的方式描述所开发的系统的过程。可视化建模可以有效提升作业人员的工作效率。例如，对同一数据根据不同的属性条件分别提取并保存为数据集，一般的做法是：打开 SQL 查询功能，逐一设置查询字段、查询条件等参数并保存结果数据集，如果有 10 个不同的属性条件，就需要重复上述操作步骤 10 次。而使用可视化建模，可以同时创建 10 个并行的 SQL 查询模型，分别对每个模型设置查询参数，一次执行得到全部查询结果，工作效率明显提高。

SuperMap 可视化建模的特点：①交互界面跨平台，Linux 操作系统中也能操作；②支持本地和在线模型工具，可以执行远程服务；③工作模型输出为模板，可通过加载模板便捷地创建工作流程；④支持检查创建的工作模型是否存在游离节点、死循环、功能无数据输入等异常情况；⑤支持运行单个节点，也支持执行整个工作流，并可对执行过程进行控制和管理。

◎ 思考题

（1）ENVI 的优势是什么？
（2）ENVI 的数据变换工具包括哪些？
（3）ENVI 基础包括什么？
（4）简述 ENVI 的功能。
（5）简述 eCognition 的应用领域。
（6）简述 Pix4Dmapper 软件的主要优势。
（7）利用 LiDAR360 进行回归分析大致需要几步？分别是什么？
（8）LiDAR360 提供了哪三种回归方法？
（9）利用 LiDAR360 进行 CHM 分割大致要经过几个步骤？分别是什么？
（10）利用 LiDAR360 进行点云分割大致要经过几个步骤？分别是什么？
（11）一个完整的 GIS 平台主要由哪几个部分组成？
（12）简述 GIS 软件的分类。
（13）Arc Catalog 功能模块包括哪几种工具？
（14）ArcGIS 的主要作用有哪些？
（15）ArcGIS 中的地图与普通地图有何异同？ArcGIS 地图具有哪些重要特性？
（16）ArcGIS 系统包含众多组成部分，简述其中最重要的几部分的定位和功能。
（17）ArcGIS 有哪几个主要的功能模块？
（18）ArcGIS 由哪几个部分组成？其桌面软件包括哪些？由哪几个应用程序组成？

（19）在 ArcGIS10.2 中，制图表达增加了很多新的特性，可以体现在哪几个方面？

（20）在 ArcGIS 中，利用空间分析模块能够起到哪些作用？

（21）SuperMap iDesktop 有哪些拓展模块？

（22）SuperMap iDesktop Cross 的特有模块是什么？具体功能有哪些？

（23）SuperMap iDesktop 支持哪几种查询方式？

（24）SuperMap Desktop 支持哪几种矢量数据格式和栅格数据格式的转换？

第5章　遥感制图的多源数据获取

5.1 可见光遥感数据获取

5.1.1 可见光遥感技术系统

1. 常规可见光照相机

可见光照相机通常可以分为常规照相机和多波段照相机两大类。前者包括测图照相机、侦察照相机、全景照相机和条带照相机等类型，后者分为多镜头多波段照相机和单镜头多波段照相机等类型。

1) 常规照相机

常规照相机主要是指以胶片-滤光片组合为特点的各种光学机械照相机。其包括测图照相机、侦察照相机、全景照相机和条带照相机四种类型。测图照相机（Mapping Cameras）：也称为测绘（metric）或制图（cartographic）照相机，是航空照相机里最简单的一种，而且具有基本相同的结构和很强的畸变改正能力。航空相片由 150mm、视场为90°的测图照相机拍摄，参照已校准的镜头焦距测得的径向畸变典型值小于±10μm。另外，测图照相机还有另外一些特点：其沿对角线的总视场为 90°或 120°；像幅尺寸为 23×23cm；f 数在 4 和 6.3 之间。侦察照相机（Reconnaissance Cameras）：画幅式侦察照相机按照高分辨能力和低 f 数的要求设计。与测图照相机相比，侦察照相机经常采用窄视场，对畸变也不要求进行严格的改正。它们的一般特性为：视场通常为 10°~40°；胶片宽度为70~240mm；焦距从 cm 到 1m，多为 150mm、300mm 和 450mm。全景照相机（Panoramic Cameras）：全景照相机的瞬时视场小，其实际分辨率的典型值大于 100 周/mm，这种特点对于大视场角（>100°）的情况也不变，因此也是全景照相机在摄影侦察方面获得广泛应用的原因。条带照相机（Strip Cameras）：条带照相机于 1932 年首次获得应用，在 20 世纪30 年代后期得到了进一步的发展。除了具有焦距 152mm、f/2.8 镜头的改进型 KA-15A 照相机外，还没有生产出更新型的条带照相机。这种照相机基于胶片在焦平面狭缝后面以与影像通过狭缝完全相同的速度移动的原理工作。这种照相机与同等的画幅照相机相比较，具有如下优点：系统的分辨率较高而畸变较小；焦平面上的狭缝可以有适当的轮廓，以补偿胶片宽度方向上照度均匀性的不足，因而在没有防渐晕滤光片的情况下，整个影像幅面上的照度也会更均匀；假如干涉滤光片与镜头配合使用，通常滤光片的角漂移就更小。

2) 多波段照相机

多波段照相机在遥感仪器中有着重要的作用。它们通过不同的滤光片拍摄同一地点的一组波谱段影像。在使用时它们需要经过不同的处理。一种处理是先把拍摄的影像转换为透明正片，然后透过第二组光谱滤光片照明黑白透明正片，在合成仪上形成假彩色影像；另一种处理是先扫描已拍摄的不同波谱段黑白影像，然后同步地或相继地将扫描结果输出到模拟或数字数据处理系统，在那里完成必要的分析应用任务。借助于影像配准技术来控制和确保合成影像有足够的空间分辨率，是在上述合成及其影像分析应用过程中最为关键的核心问题。这种合成影像的空间分辨率也称多波段空间分辨率。在理想情况下，多波段照相机应该是经过精确标定的几何畸变很小而空间分辨率很高的分波段辐射记录仪器。因此，对它们的几何要求包括：各波段的空间分辨率高；各波段影像上的所有同名像元配准精确；畸变小；供测图应用时须小于 5μm。对它们的辐射要求包括：在整个像面上波段照度均匀；每个波段的光谱灵敏度有严格规定；快门的可重复性良好。尽管目前问世的多波段照相机结构各异、型号众多，但它们可以归纳为多镜头多波段照相机、单镜头多波段照相机和多相机多波段照相机三大类，分别可以在航空或航天平台上使用。

　　3）多镜头多波段照相机

　　多镜头多波段照相机主要包括 Itek 9 镜头多波段照相机、Yost 4 镜头多波段照相机和改装型 KA-62 多波段照相机。其中，Itek 9 镜头多波段照相机，是 20 世纪最著名的多波段照相机之一。美国空军在紧急情况下，用它进行天然简易机场地质研究；NASA 将它用于地球资源调查航空实施计划。这种多波段照相机由照相机主体、快门和像面装置三部分组成。它装有像移补偿装置，是其独特且与其他多波段照相机的显著区别之处。

　　4）单镜头多波段照相机

　　Perkin-Elmer 公司根据与美国陆军工程地形实验室签署的合同，对使用多年的商业彩色电视摄像技术进行了有关改进，进而研制出一台单镜头、4 通道的多波段照相机。该照相机有两方面的创新：一是其 4 波段影像由单镜头利用其后的棱镜装置，通过其内部的全反射和二向光束分离器的组合，使入射光束分离为不同波段；二是采用了专门设计的镜头，光线到达 4 个影像平面之前，都经历过与众不同、长距离的光学玻璃路径。这种设计提供了在 0.4~0.9μm 波段范围高分辨率、精配准的彩像。

2. 数字可见光照相机

　　贝尔实验室的科学家们在 20 世纪 60 年代发明了 CCD（Charge Collpled Device）电荷耦合元件。起初，它们主要供新型计算机存储电路之用，后来很快就在其他领域得到了应用。

　　1）常规数字照相机系统

　　诸如 Positive 系统、Litton 应急遥感系统之类的公司，利用数字像幅相机技术收集数字遥感数据。Positive 系统设计机载数据获取与配准（Airborne Data Acquisition and Registration，ADAR）系统。在集成的数字像幅相机遥感系统里，配置了在飞机照相机窗口上安装的照相机架、控制影像和 GPS 数据采集的操作面板以及存储、电源分配装置等部件。在 CCD 面阵中，每个像元的瞬时视场为 0.44 mrad。ADAR 5000 系统的配置可以获取 4 个波段 8 bit 的可见光、近红外光的数字影像，其波谱范围在 400~900nm 之间（蓝：450~515nm；绿：525~605nm；红：640~690nm；近红外：750~900nm），空间分辨率的范围从 50cm~3m。Litton 应急遥感系统最初由美国林业调查局设计，需要使用高空间分辨率的彩色红外影像进行森林和公园调查。调查时采用了 DCS 460/560 的适当配置，后者具有 3072×2048 个像元，面阵中的每个像元尺寸为 9μm×9μm。用户可以要求产生 0.4~

0.86μm 的彩色（蓝、绿、红波段）和彩色红外（绿、红和近红外波段）影像。在红外模式，该系统的光谱响应特性类似于 Kodak SO-134 或 2443 彩色红外胶片，具有相当宽大的动态范围。原始数据按每个像元 12 bit 的精度记录，其值在 0~4096 的范围。系统收集每幅数字影像的实时差分改正的 GPS 数据。通过摄影测量技术，这些数据用来生成镶嵌影像和规整到美国 NAD83 基准面上的正射影像。像元的位置精度可以满足国家地图精度标准的要求。通常可以使用不同的飞行高度和 Nikon 镜头焦距，来获取分辨率从 0.3~1m 的遥感影像。

2）空间数字照相机系统

俄罗斯空间局授权 SOVINFORMSPUTNIK 独家商业化经营其军事卫星的遥感数据，生产具有市场价值的有关产品。该组织市场化的大多数数据，为 KOSMOS 系列卫星的星载 KOMETA 空间制图系统所采集。这种系统设计能够从宇宙空间获取高空间分辨率的立体模拟影像，生产比例尺为 1:50 000 的地形图以及数字地形模型、分辨率为 2m×2m 的正射影像。自 1981 年以来，已经获取了覆盖全球的高分辨率影像。KOMETA 系统由 TK-350 照相机和 KVR-1000 全景照相机组成。KOMETA 卫星在一条高度为 22km 的近圆形轨道上运动，重复覆盖的周期为 45 天；可以从轨道上返回预定的地点。星载的两台照相机携带的胶片量大约可以覆盖 1 050 万 km² 的陆地面积，其胶片在卫星返回地面后被数字化处理。

NASA 利用模拟和数字照相机拍摄和记录各种地球过程，形成了一个拥有 300 000 张地球影像的数据库。载人飞行照片记录的各种地球过程，与早期的水星（Mercury）、双子座（Gemini）、阿波罗（Apollo）和天空实验室（Skylab）等地球观测计划密切相关，成为航天飞机计划的奠基石。在航天飞机时代，选择了 200 多个有价值的地方供科学家研究，定期收集它们的数据，根据任务或专题分门别类地纳入公众可以访问的数据库。在航天飞机计划里，常用的照相机主要有航天飞机模拟照相机（Space Shuttle Analog Cameras）和航天飞机电子定格照相机（Space Shuttle Electronic Still Cameras）。

5.1.2 光学遥感影像的应用

1）国土调查

光学遥感数据在全国土地调查中始终扮演着十分重要的角色，是掌握基本地理国情的重要途径。目前，基于 NOAA/AVHRR、MODIS、Landsat 等不同空间分辨率的全球土地覆盖产品已达 10 余种。然而，高分辨率的大尺度土地覆盖制图依然面临诸多挑战，多源数据融合、分类方法自动化以及产品精度的提高与验证，仍亟待深入研究。近年来，深度学习在光学图像分类中的应用，为大尺度高分辨率土地覆盖自动分类提供了新的思路。

2）农业与林业

农业与林业是光学遥感技术较早投入应用，并且取得显著成效的领域。随着高分系列卫星的发射，国产高空间、高光谱、高时间分辨率的遥感数据将长期服务于作物长势监测、产量估计、自然灾害监测、林业资源调查、树种识别等农林应用领域，加快精准农业与精准林业的实现。近年来，微小型无人机光学遥感平台的快速发展，为精准农林、智慧农林的研究提供了一种灵活快捷的遥感数据获取手段。

3）地质矿产

20 世纪 80 年代的黄金找矿热潮促进了我国高光谱遥感技术的发展。通过对矿物元素的诊断性光谱特征进行分析，能够实现矿物类型精确识别以及成分丰度填图，尤其是短波红外遥感数据可用于提取蚀变带、线性构造、环形构造等地质信息，为矿床的发现提供靶区。此外，光学遥感也在矿山开发工程监管、矿区环境保护等方面有着广泛应用前景。

4）军事

光学遥感在发展之初就被作为一种重要的军事侦察手段，在国防领域发挥了重要作用。基于高空间分辨率图像的自动/半自动目标识别算法，能够有效识别具备明显几何结构特征的军事目标，如作战车辆、机场跑道、船舶等。随着深度学习算法的发展，目标识别速度和精度得到了进一步提高。此外，高光谱遥感技术的诊断性光谱特征，特别适用于军事伪装侦察和小目标自动识别，有效提高了军事打击的精确性和时效性。近年来，地球同步轨道遥感卫星、高分辨率遥感卫星星座、视频卫星等技术的发展，促进了基于高时相遥感图像的移动目标自动识别技术的研究，基于我国高分四号（GF-4）静止轨道光学图像的移动船只识别，取得了良好的效果。

5.2　热红外遥感数据获取

所有物质，只要其温度超过绝对零度，就会不断发射红外能量。常温的地表物体发射的红外能量主要在大于 $3\mu m$ 的中远红外区，是热辐射。它不仅与物质的表面状态有关，而且是物质内部组成和温度的函数。在大气传输过程中，它能通过 $3\sim 5\mu m$ 和 $8\sim 14\mu m$ 两个窗口。热红外遥感就是利用星载或机载传感器收集、记录地物的这种热红外信息，并利用这种热红外信息来识别地物和反演地表参数，如温度、湿度和热惯量等。

5.2.1　热红外遥感技术系统

热红外遥感（Thermal Infrared Remote Sensing）是指传感器工作波段限于红外波段范围之内的遥感。探测波段一般在 $0.76\sim 1\,000\mu m$，是应用红外传感器（如红外摄影机、红外扫描仪）探测远距离外的植被等地物所反射或辐射红外特性差异的信息，以确定地面物体性质、状态和变化规律的遥感技术。

目前，热红外遥感技术系统主要包括：热红外多波段扫描仪、热红外高光谱成像仪、夜视红外高光谱遥感系统、前视红外高光谱遥感系统和红外遥感制导系统等。这里仅介绍热红外多波段扫描仪和热红外高光谱成像仪。

1. 热红外多波段扫描仪

常见的热红外多波段扫描仪主要有 Deadalus 公司的机载多波段扫描仪（Airborne Multispectral Scanner，AMS）、NASA 的热红外多波段扫描仪（Thermal Infrared Multispecral Scanner，TIMS）、机载陆地应用传感器（Airborne Terrestrial Applications

Sensor，ATLAS）等。

在获取机载多波段扫描仪热红外数据时，应该考虑的因素主要包括：

（1）在收集热红外数据时，在高空间分辨率与高辐射分辨率之间，存在一种反向变化的关系。辐射计的瞬时视场越大，单个探测器在扫描镜每次扫描的过程中，对瞬时视场里地面观测的驻留时间就越长。大的瞬时视场提供良好的辐射分辨率，能够区分地面不同物体在发射辐射能量上微小的差异。这时测量出来的辐射能量信号远比遥感系统引入的噪声强得多，可以得到很高的信噪比。然而，瞬时视场越大，识别细小地物的能力就越差。选择较小的瞬时视场，将会提高其空间分辨率，却缩短了传感器在每个地面物体上驻留的时间，致使其辐射分辨率和信噪比有所降低。

（2）如果从点源到传感探测器的距离缩小一半，那么探测器接收到的红外能量就会增加为原来的 4 倍。这个倒数平方定律说明点源辐射出来的辐射强度，随点源与接收器之间距离的平方呈反比变化。

（3）对于大多数的热红外遥感，通过选择较大的瞬时视场和比较低的飞行高度，可以同时取得良好的辐射和空间分辨率。

2. 热红外高光谱成像仪

目前，热红外高光谱成像仪主要包括星载、机载两种传感器。

（1）在星载热红外高光谱传感器领域，除了 MODIS、SEVIRI 和 VIIRS 之外，在热红外波长范围里波段数目在 3~5 个；探测器主要是用各种被动和主动方式的 MCT；专为矿物成分、火山喷发、大气里气体分子探测使用的星载传感器，都包括在行星探索任务的框架内。

（2）在机载热红外高光谱传感器领域，大多数传感器都包括可见光、近红外和短波红外探测器在内。只有工作在中红外波长的传感器专为军事应用服务，大多数民用传感器的瞬时视场为 1.2~3.5mrad。军用传感器的瞬时视场小于 1 mrad，除军用传感器之外，一般传感器的视场都比较宽，在 65°~95°之间。波谱的选择主要采用光栅与滤光片配合加以实现。民用传感器采用摆扫或推扫获取数据模式工作，而军用传感器采用推扫方式工作；民用传感器的辐射分辨率从 0.05K 变到 0.3K，而军用传感器辐射分辨率都小于 0.05K。

5.2.2 热红外扫描图像的信息特征

1. 图像的空间信息特征

1）投影性质——中心轴线投影

热红外摆动完成一行行的扫描线，扫描属于点扫描式成像，仪器在飞行过程中依靠扫描镜左右一系列扫描点构成。而每一条扫描线都有一个透视中心，这样在一条航带的飞行轨迹上就有一条由许多透视中心的连线构成的投影轴线。因此，热红外扫描图像属于中心轴线投影。同时，在航向上成像时间是连续的，构成一条不分幅的条带状图像。另外，一条扫描线上一系列扫描点是在飞行平台飞行过程中经过若干个成像瞬间完成的，即是不同步的。所以，热红外扫描图像又称为动态多中心投影。既然在每一条扫描线上都遵循中心投影的成像规律，那么扫描方向上必有地形引起的像点位移。

2）比例尺切向畸变

航向比例尺：（在红外扫描图像上，有两种比例尺：一种是沿飞行方向的比例尺，另一种是沿扫描方向的比例尺。）由于地面扫描重叠率与成像扫描重叠率一致，因此航向比例尺就是胶片移动速度与飞行速度之比，是一个常数。在同一张图像上，航向比例尺是一致的，它与目标所处的位置无关。切线比例尺：沿扫描方向的比例尺叫切线比例尺，是随着扫描角的变化而变化的。在数值上，切线比例尺等于像元（扫描图像上最基本的成像单元）直径与扫描方向瞬时视场线度之比。对同一扫描仪而言，像元直径是常数。因此，切线比例尺的大小就决定于扫描方向的视场线度。切线比例尺从机下点向两侧方向，随视场线度的增加而减小。即随视场扫描角的增大，图像边缘的比例尺逐渐变小，造成图像被压缩，引起扫描图像发生畸变。对于光学机械扫描仪来讲，图像边缘部分的比例尺，具有与倾斜摄影像片相类似的特性。

3）地面分辨力

热红外扫描图像地面空间分辨力，取决于扫描系统的瞬时视场角和扫描成像时的飞行高度。所谓瞬时视场角，是指扫描镜固定的某一瞬间，投射到探测器上那一束红外光的立体角。瞬时视场角决定于探测元件的大小和焦距 f 的比值，用弧度（rad）表示。瞬时视场对应于图像上的面积就是像元，它是构成扫描图像的基本单元。瞬时视场角愈小，相对应的地面瞬时视场也愈小，扫描仪分辨力就愈高。反之，分辨力就愈低。但对于某一具体扫描仪而言，它有一个最大的扫描角或称总扫描角，这是个常数，其所对应的地面宽度范围即为整个扫描条带的宽度。另外，瞬时视场的大小和扫描条带的宽度，还与航高有关。航高增加，地面分辨力减小，整个地面覆盖宽度加大。此外，航高一定时，每条扫描线上随扫描角的增大，飞机到目标间的距离（斜距）也在增加，因而瞬时视场沿飞行方向和扫描方向的线度也在扩大。瞬时视场的投影形状由圆形逐渐变成椭圆形。

当然，热红外扫描图像的分辨力除了取决于瞬时视场线度外，还与探测器的温度灵敏度（温度分辨力）的高低以及目标和背景的温差大小等有关。如果温度分辨力比较高，则有时即使地面目标小于瞬时视场线度，也可以被探测出来。

4）非系统畸变及其影响因素

①速高比变化引起的成像比例形变：扫描成像时，往往由于航速的变化而引起速高比的失谐，从而造成图像在航向比例上的形变。飞行速度增加，速高比变大。由于速高比已经设定，就引起拉片速度相对变慢，造成图像被压缩，成像比例尺变小。反之，则会造成图像被拉长，成像比例尺变大，并使扫描重叠率降低，甚至可能出现漏带现象。②飞行平台侧滚引起的图像形变：平台侧滚会使扫描条带发生左右偏移，地面目标偏离中心线，地物发生弯曲形变。这种形变的一般规律是与航线垂直的线性目标不发生方向性变化，其余线性目标均发生弯曲，尤其是与航线近于平行的线性目标，将发生波纹状变形，变形方向与侧滚方向一致。③飞行平台仰俯引起的图像畸变：仰俯动作会造成对地面扫描线间隔疏

密不同的变化，从而使目标在图像上被压缩或拉长。

2. 热红外图像的光谱信息特征

1）光谱分辨力

光谱分辨力是指能区分地物热辐射波谱特征差异大小的能力。主要取决于扫描仪分光系统所划分的谱带宽度，谱带越窄区分不同波谱特征地物的能力愈强。目前大多数热红外图像都是宽谱带（8~14μm）单波段图像，因此波谱分辨力不如可见光图像。

2）温度分辨力

温度分辨力是指能区分地面上温度差异的能力，主要取决于扫描仪探测元件的性能。现代技术已经能研制出温度分辨力达 0.01℃ 的传感器。在资源遥感中使用的热红外扫描仪温度分辨力大多在 0.1~0.5℃ 之间，基本上能满足目前应用要求。

5.2.3 热红外遥感影像的应用

热红外遥感对研究全球能量变换和可持续发展具有重要的意义，在地表温度反演、城市热岛效应、林火监测、旱灾监测、探矿、探地热和岩溶区探水等领域都有很广泛的应用。

1）林火监测

目前遥感监测火灾主要利用 NOAA/AVHRR 和 MODIS 影像，原理是高温点在中红外波段的辐射能量比远红外波段大，中红外比远红外对高温点的反应更敏感。方法主要有三种：固定阈值法、临近像元分析法和温度结合植被指数的方法。林火监测的难点是混合像元的判断和明火区与闷烧区的区别。另外，火点信息、烟尘光学厚度、烧痕面积等火灾相关参数的提取及火灾的预警也是研究的热点。

2）地表温度反演

地表温度与土壤温度、近地气温、光合作用、蒸散发、风形成和火灾危险等都有直接的关系，是地表能量平衡的重要参数，也是资源环境动态变化的主要影响因素，地表温度遥感已经成为遥感地学分析的一个重要研究领域。目前用于地表温度反演的方法主要有单窗算法、劈窗算法、多通道和多角度算法。单窗算法是只利用一个热红外通道反演地表温度的方法，最初是根据 Landsat TM6 波段来设计的，后来又有了普适性的单通道算法，适用于几乎所有的热红外波段。劈窗算法是利用相邻的两个热红外通道来进行地表温度反演的方法，是目前为止发展最为成熟的地表温度反演算法，在国际上已经公开发表了十几种劈窗算法。多通道算法是随着多通道传感器的发展而发展起来的，比较有代表性的是 Wan and Li 的算法，利用 MODIS 的多波段特点，研究设计了可以同时反演地表温度和比辐射率的方法，用于 NASA 标准地表温度产品的生产。

3）遥感监测环境污染

核电站从河里抽取冷水，以降低核反应堆的热量。加热后的冷水经过溪流再回到河流的沼泽地。有时电站排出的热废水进入河流，在黎明前的热红外影像上形成一道明亮的热流。美国许多州和联邦的法律约束河上热流的特征。例如：美国南卡罗来纳州卫生和环境控制部（DHEC）要求其热流的宽度不能超过河宽的 1/3，温度不能超过河流环境温度的 2.8℃。在大雨之后，河水、流速快、垃圾众多，很难派人坐船用温度计读取准确的温度测量值。因此，遥感方法就被用来获取所需要的空间温度信息。

　　4）高光谱热红外地面制图

　　根据当地的大气实况而不是预测模型，利用经验方法对传感器数据进行大气影响改正。通过发射率归一化方法消除温度的影响，使表观的地面亮度数据还原为地面发射数据。在遥感提取和实验室测量的发射率波谱进行匹配的基础上，可以通过像元分类方法编制矿物地图。这种方法与其他高光谱数据（如 AVIRIS）的分析方法类似。利用高光谱红外遥感数据可以绘制出硅酸盐和硫酸盐矿物的地图，其结果与野外样品实验室 X 射线粉末衍射和光谱分析所鉴定的主要矿物相互吻合。虽然传感器定标、大气改正、信息提取等方面得到改善，且可以提高鉴别更多类型像元的能力，但是在绘制波谱差异微小的地表矿物和岩石单元时，高光谱热红外数据仍然显示出对多波段热红外数据的明显优势。

5.3　微波遥感数据获取

　　微波与目标的相互作用，可以测量目标的后向散射特性、多普勒效应、偏振特性等，还可以反演目标的物理特性（介电常数、湿度等）及几何特性（目标大小、形状、结构、粗糙度等）多种有用信息。微波遥感是传感器工作波段选择在微波波段范围（1～1 000mm）的遥感，常用的波段是 8～300mm。微波遥感对云层、地表植被、松散沙层和冰雪具有一定穿透能力，可全天候、全天时工作。

　　微波遥感的工作方式分主动式（有源）微波遥感和被动式（无源）微波遥感。前者由传感器发射微波波束再接收由地面物体反射或散射回来的回波，如侧视雷达；后者接收地面物体自身辐射的微波，如微波辐射计、微波散射计等。

　　目前，使用比较广泛的主动遥感系统包括：雷达（RADAR）、光雷达（LiDAR）和声呐（SONAR）。

5.3.1　微波遥感技术系统

1. 主动微波遥感系统

　　1）美国的星载 SAR

　　美国的星载 SAR 主要是由 NASA 及其所属机构研制的海洋卫星 Seasat SAR 和航天飞机成像雷达系列（SIR-A、SIR-B 和 SIR-C）。①Seasat SAR：NASA 在 1978 年 6 月 26 日发射了海洋卫星（Seasat），轨道高度 800km，轨道重复周期 17 天，遗憾的是只工作了 105 天。它在星上携带了一台 L 波段（23.5 cm）的主动微波 SAR，天线尺寸为 10.7m×2.16m，在 23°入射角条件下收集 HH 极化的数据，具有 25 m 的距离分辨率和 25m 的方位分辨率及 100km 的刈幅宽度。Seasat 数据按 "4 视（4 looks）" 处理，先是光学处理，然后是数字处理。②SIR 系列：在 NASA 的航天飞机（Space Shuttle）上，携带着几个极为重要的科学雷达仪器，在轨道上运转若干天之后返回地面。

2）加拿大的星载 SAR

1995 年 11 月 4 日，加拿大政府发射 RADARSAT 卫星，进入一条高度为 798km 的近极地、太阳同步轨道，每天大约在清晨和黄昏（上、下午 6：00）时分通过赤道，很少被遮挡或在黑暗之中。轨道倾斜为 98.6°，周期为 100.7min，每天绕地球 14 圈。它携带一台 C 波段（5.6cm）的主动微波传感器，发射频率为 5.3GHz，脉冲长度为 42.0μs。天线尺寸为 15 m×1.5 m，极化为水平发和水平收，即 HH。RADARSAT 与其他许多系统不同，它提供 7 种不同的影像尺寸，或者用专门术语表达，提供了 7 种不同的波束模式。它们从覆盖 50km×50km 区域、10m×10m 空间分辨率的精细模式到覆盖 500km×500km 区域、100m×100m 空间分辨率的 ScanSAR 宽模式。RADARSAT 在入射角从小于 20°（陡角）到 60°（缓角）的变化范围获取数据。在每个波束模式里，都有若干个入射角可供选择和使用。RADARSAT 具有 24 天重复覆盖地球上同一地区的能力。但是它可以调整波束指向，获得更频繁的重访周期。基于它具有两个观测方向，用户可以选择收集自己需要的影像。卫星从北极向下过赤道，西向观测地球；从南极向上过赤道，东向观测地球。对探测起伏大的工作区、特定方向的地物和收集清晨或黄昏影像时，这种规律很有用。

3）欧空局的星载 SAR

欧空局（European Space Agency，ESA）在 1991 年 7 月 16 日发射了 ERS-1，轨道高度为 785km，刈幅宽度为 100km。星载 C 波段（5.6cm）SAR，其天线尺寸为 10m×1m，具 VV 极化，入射角为 23°。在 6 视组成的距离分辨率为 26 m，方位分辨率为 30 m。完全相同的 ERS-2 在 1995 年发射。有时，这两颗卫星串联工作，可提供 SAR 相干研究需要的影像对。

4）日本的星载 SAR

1992 年 2 月 11 日，日本国家太空开发署（National Space Development Agency，NSDA）发射了日本地球资源卫星（Japanese Earth Resource Satellite，JERS-1），轨道高度为 568km，刈幅宽度为 75km。它与以往的 Seasat 很相似，搭载了一台 L 波段（23.5 cm）SAR，天线尺寸为 11.9m×2.4m，具 HH 极化，入射角为 39°。在 3 视组成的距离和方位分辨率均为 18 m。数据采用数字方法处理。该卫星在 1998 年 10 月 12 日终止工作。

5）苏联的星载 SAR

1991 年 3 月 31 日，苏联的 Almaz-1 入轨，轨道高度为 300 km，刈幅宽度为 20~45km，运行了 18 个月。星载 S 波段（9.6cm），天线尺寸为 1.5m×15m，具 HH 极化，入射角为 30°~60°。在 4 视组成的距离分辨率为 15~30m，方位分辨率为 15m。数据采用数字方法处理。

2. 被动微波遥感系统

通过测量被动微波能量可以监测许多重要的全球水文变量，如土壤湿度、降水、冰的

115

水分含量、海面温度等。事实上,在地球观测系统 PM-1 上的几种传感器里,就有专用的被动微波辐射计。它们可以记录来自地面和大气的微弱、被动的微波能量,以亮度温度(Brightness Temperature)表征。被动微波遥感装置可以分为:剖面辐射计和扫描辐射计。前者对准机下点的地面,记录传感器瞬时视场里的辐射能量,随着飞机或飞船向前运动,输出相应的一个微波亮度温度剖面。后者随着飞机或飞船的向前运动,收集横过轨迹的数据,其结果生成一个亮度温度值的矩阵,可以用来构建相应的被动微波影像。一般而言,被动微波辐射计记录在 0.15~30cm 范围的能量。最通用的微波频率中心在 1GHz、4GHz、6GHz、10GHz、18GHz、21GHz、37GHz、50GHz、85GHz、157GHz 和 183GHz。这意味着获取多波段被动微波影像,从理论上看是可能的。实际的波段宽度通常比较宽,以便有足够的被动微波能量为天线所接收。与此类似,被动微波辐射计的空间分辨率通常较大,以便在瞬时视场里有足够的能量为天线接收。靠近地面飞行的机载传感器,可以有以 m 度量的空间分辨率;而星载被动扫描微波辐射计的空间分辨率只能以 km 为单位度量。

1)微波专用传感器/成像器

微波专用传感器/成像器(Special Sensor Microwave/Imager, SSM/I)是 1987 年以来在国防气象卫星计划里的第一个星载被动微波传感器,其数据解密可提供科学界使用。SSM/I 是一个 4 频率、线性极化被动微波辐射系统,用 19.35GHz、22.23GHz、37.0GHz 和 85.5GHz 测量大气、海洋和地面微波亮度温度。它持续地围绕着一个与飞船地方垂线平行的轴旋转,测量向上传递的影像亮度温度,利用冷天空辐射和热参考吸收体校准。SSM/I 的刈幅宽度约为 1 400km,可以测量范围极为广大区域的亮度温度。其数据转换为传感器计数,发送到国家环境卫星、数据和信息服务处(National Environmental Satellite, Data and Information Service, NESDIS)。NOAA 开发了 SSM/I 的降水算法,用 85.5 GHz 通道探测在雨云层里降水尺寸的冰粒向上的散射。这种方法可以在陆地和海洋上应用。根据雨云层里冰含量与地面的实际降水量之间的关系,可以间接地导出降水率(Rain Rates)。利用基于散射的全球陆地降水算法,每个月可以产出全球的 100km×100km 和 250km× 250km 网格的降水图。

2)热带降雨测量任务微波成像器

热带降雨测量任务微波成像器(TRMM Microwave Imager, TMI)由美国 NASA 和日本国家太空开发署(NASDA)合作研发,旨在研究热带降水与加强全球大气循环相关的能量释放问题。TMI 用 10.7GHz(空间分辨率为 45km)、21.3 GHz、37 GHz 和 85.5GHz(空间分辨率为 5km)4 个频率测量辐射强度。4 个频率的双极化提供了 9 个通道。新的 10.7 GHz 对热带降水中常见的高降水率有更强的线性响应。根据 SSM/I 和 TMI 两种遥感器的数据计算降水率,需要经过很复杂的计算。诸如海洋、湖泊之类的水体,在微波频率大约只发射普朗克辐射定律规定数量的一半。因此,它们似乎只有地面实际温度的一半,对被动微波辐射计似乎太"冷"。所幸的是雨滴具有它的真实温度,对微波辐射计似乎"暖和"。雨滴越多,影像看起来越暖和。过去 30 多年的研究表明,根据影像的被动微波温度,可以获得比较准确的降水率。陆地和海洋差别极大,它在微波频率发射其真实温度的 90%。这就减少了雨滴与陆地之间的反差。然而,雨云层里出现的冰粒使高频微波发生强烈散射，削弱了星上雨的微波信号，形成了它们与暖陆地背景的反差，使陆地上的降水率也能准确地计算出来。

5.3.2 微波遥感影像的特征

这里以雷达影像为例，介绍微波遥感影像的特点。

1）高空间分辨率

雷达遥感可以获得高分辨率的雷达图像。雷达图像的分辨率，一般表示为距离分辨率乘以方位分辨率，可称为面分辨率。它代表地面分辨单元的大小。距离分辨率是指沿距离向可分辨的两点间的最小距离。脉冲的带宽（即持续时间）是决定脉冲分辨相邻目标能力（即传感器距离分辨率）的关键；方位分辨率是指沿一条航向线（方位线）可以分辨的两点间的最小距离。

2）穿透能力

微波除了能穿云破雾以外，对一些地物（介质），如岩石、土壤、松散沉积物、植被、冰层等，有穿透一定深度的能力。因此，它不仅反映地球表面的信息，还可以在一定程度上反映地表以下物质的信息。

穿透能力的估算是依赖"趋肤深度"，其提供了一种指示雷达信号随不同物质穿透能力变化的方法。但是对积雪、土壤这种连续体而言，评价散射引起的雷达信号功率损耗很难。因此，常用由电场强度的衰减引起的损耗来评价。

3）立体效应

雷达散射及雷达波束对地面倾斜照射，产生雷达阴影，即图像暗区。此明暗效应能增强图像的立体感。这种明显的地形起伏感，对地形、地貌及地质构造等信息有较强的表现力和较好的探测效果。雷达视向对目标的表达色调与形状影响很大，尤其是雷达图像上的线性形迹（山川、断层、沟渠、道路等）。若两者垂直，则明暗效应最明显，信息被突出；若两者平行则相反，信息被减弱。

4）几何特性

①斜距图像的比例失真：雷达系统的图像记录有两种类型：斜距图像（Slant-range Image）和地距图像（Ground-range Image）。雷达侧视带状成像，发射脉冲与接收回波之间有个时间"滞后"，雷达回波信号的间隔直接与相邻地面特征的斜距成正比。因而，在斜距图像上各目标点间的相对距离与目标间的地面实际距离并不保持恒定的比例关系，图像产生不均匀畸变。②透视收缩：由于雷达按时间序列记录回波信号，因而入射角与地面坡角的不同组合，使其出现程度不同的透视收缩现象。例如雷达图像上的地面斜坡被明显缩短的现象。③叠掩现象：雷达是一个测距系统。发射雷达脉冲的曲率使近目标（即高目标的顶部）回波先到达，远目标（即高目标的底部）回波后到达。因而顶部先成像，并向近射程方向位移。这种雷达回波的超前现象，形成顶底位移的"叠掩倒像"。雷达图像上因回波超前的位移方向与航空摄影图像正相反，如旗杆的顶在前、底在后。并不是所有高出地面的目标都会产生叠掩，只有当雷达波束俯角与坡度角之和大于90°时才有此现象。④雷达视差与立体观察：当雷达沿两条不同轨道观察高于地面的同一目标时，不同的

起伏位移造成图像视差。雷达视差就是两张重叠图像上两个像点分别所产生的位移量之差。利用雷达视差，可以在立体镜下进行立体观察，并可测出目标的相对高度。这里雷达飞行方位对雷达视差大小影响很大。需要说明的是，雷达图像上像差的测量难度较大，并且受像元大小的限制，像差测量精度一般在 10m 以上。

5.3.3　微波遥感影像的应用

1) 海洋应用

随着资源与环境问题日益尖锐，我国对海洋资源探测、海洋环境监测和海洋要素调查等需求日益迫切。2011 年 8 月 16 日，随着海洋二号卫星（HY-2A）成功发射，与之前发射的 HY-1A/B 两颗卫星共同初步建立了海洋水色和海洋动力环境卫星检测系统。海洋微波传感器是海上目标的重要监测手段，为克服现有传感器中的不足，必须发展海浪波谱仪、成像高度计、盐度计三种新型海洋微波传感器。截至目前，只有盐度计已经发射升空，但并没有实现科学目标，另两种仍处于计划发射状态。①海浪波谱仪：中法卫星合作项目在 2007 年已经启动，计划在 2018 年发射的中法卫星上搭载探测海浪专用波谱仪。②成像高度计：雷达高度计系统已经将传统雷达高度计技术、孔径综合处理技术和干涉处理技术成功地结合起来。2012 年开展的陆地水体成像高度计实验表明：若飞行器飞行姿态非常稳定，则可以得到好的干涉相位图。③盐度计：中科院国家空间科学中心已经研制了机载 L/C 双频段微波辐射计，并开展了盐度池和机载试验，现在正在研制"主被动联合探测盐度计"。

2) 冰雪研究

探测和研究冰雪的分布、生成、消融及演变的过程十分必要。因为它关系到水源水害分析、海洋洋流分析、气候演变分析和大气环流分析，对人类的生存环境、生态环境和经济发展关系极大。冰雪探测主要分为冻土微波遥感和海冰微波遥感研究。南极海冰是影响全球气候的关键，实验研究表明，微波由于其穿云透雾的能力，再加上南极气候的变化无规律，具有很多可见光、近红外波段无法比拟的优点。

3) 大气研究

大气遥感是大气科学发展的关键技术支柱之一，也是 20 世纪 60 年代以来发展最为迅速的学科分支之一。2000 年，中国科学院大气物理研究所研制了流层晴空探测的香河 VHF/ST 雷达，获得了风波动等多个大气动力参数的垂直结构。之后，大气物理研究所发展了具有自主知识产权，能很大程度上替代气象站观测员部分工作，获得更客观、可靠性更好、可回放的观测数据的地基全天空成像仪，并在全国许多气象部门获得了推广。2004 年，中国科学院大气物理研究所与美国马里兰大学合作，依托中科院香河大气综合观测实验站，建立了一个气溶胶和辐射观测系统。该站自建立以来，一直连续稳定运行，积累了十几年高质量的气溶胶、云和辐射观测数据。

4) 灾害监测

由于微波遥感具有全天时、全天候的特点，因此可以在对突发性灾害的实时监测方面发挥重要的作用。在全球面临的自然界各种自然灾害中，洪水灾害是具有重大突发性特点的自然灾害之一。丁志雄、李纪人等提出了基于实时水文信息、基础背景数据库以及多时相遥感影像对比等对洪水汛情遥感监测分析的方法，并在 2003 年淮河大洪水中得以应用，对整个流域洪水的汛情状况及其发展变化趋势有了比较准确、全面的掌握，起到了防洪减灾的作用。

5）农业应用

微波遥感在农业方面的应用主要涉及对农作物的识别、农作物生长状况的估计及土壤湿度的分析等。

◎ 思考题

（1）可见光照相机有哪些类型？

（2）简述可见光遥感的应用。

（3）在获取机载多波段扫描仪热红外数据时，应该考虑哪些因素？

（4）简述热红外扫描图像的空间信息特征。

（5）简述热红外扫描图像的光谱信息特征。

（6）简述热红外遥感的应用领域。

（7）简述雷达影像的特点。

（8）简述微波遥感的应用。

第6章 遥感制图的数据处理

在应用遥感技术获得数字图像的过程中，必然受到太阳辐射、大气传输、光电转换等一系列环节的影响。同时，还受到卫星的姿态与轨道、地球的自转与地表起伏、传感器的结构与光学特性的影响从而引起数字遥感图像的辐射畸变与几何畸变。所以，遥感数据在接收与应用之前，必须进行辐射校正与几何校正，包括系统校正和随机校正，特别是遥感图像的几何校正是遥感技术应用过程中必须完成的预处理工作。几何校正处理之后需要开展的工作，就是根据研究区域空间范围进行图像的裁剪或者镶嵌处理，并根据需要进行图像的变化处理，为后续的图像分类处理与空间分析做准备。

遥感影像数字图像处理的内容主要有：

（1）图像恢复：即校正在成像、记录、传输或回放过程中引入的数据错误、噪声与畸变，包括辐射校正、几何校正等。

（2）数据压缩：以改进传输、存储和处理数据效率。

（3）影像增强：突出数据的某些特征，以提高影像目视质量，包括彩色增强、反差增强、边缘增强、密度分割、比值运算等。

（4）信息提取：从经过增强处理的影像中提取有用的遥感信息，包括采用各种统计分析、集群分析、频谱分析等自动识别与分类，通常利用专用数字图像处理系统来实现，且依据目的不同采用不同的算法和技术。

对于数据类似的空间不连续现象而言，信息受损区域在不同时相有所差别，可以利用不同时间的多次观测所获得信息对其进行恢复。

但是由于获取时间的不同，多时相数据间往往存在明显的空间差异和光谱差异。这种差异正是多时相数据融合的最大难点。如何克服这种差异，建立稳健的多时相数据间关系，如何利用这种关系对多时相数据进行融合重建是这项工作的重点。

6.1 遥感图像预处理

原始观测数据往往并不能满足研究需求，例如影像存在畸变、影像跨越不同图幅等。为了更充分地利用好原始遥感数据，获取更多有益的信息，需要对图像做预处理。经过图像校正、拼接、投影变换、分幅裁剪以及融合等预处理操作，针对遥感影像的变化、增强、分类工作将会变得更加得心应手。

图像预处理又被称作图像纠正和重建，其主要目的是纠正原始图像中的几何与辐射变形，即通过对图像获取过程中产生的变形、扭曲、模糊（递降）和噪音的纠正，以得到一个尽可能在几何和辐射上真实的图像。

6.1.1 降噪处理

由于传感器的因素，一些获取的遥感图像中，会出现周期性的噪声，必须对其进行消除或减弱方可使用。

（1）消除周期性噪声和尖锐噪声：周期性噪声一般重叠在原图像上，成为周期性的干涉图形，具有不同的幅度、频率和相位。它形成一系列的尖峰或者亮斑，代表在某些空间频率位置最为突出。一般可以用带通或槽形滤波的方法来消除。消除尖锐噪声，特别是与扫描方向不平行的噪声，一般用傅里叶变换进行滤波处理。

（2）去除坏线和条带：遥感图像中通常会出现与扫描方向平行的条带，还有一些与辐射信号无关的条带噪声，这被称为坏线。一般采用傅里叶变换和低通滤波进行消除或减弱。

6.1.2　薄云处理

在遥感卫星获得的遥感数据中，大部分是光学影像，如 SPOT、TM 影像等。虽然光学影像一般具有信息量大、分辨率高和几何形状稳定等特点，但同时它又极易受到气候因素的影响，而云层遮挡就是其中影响之一。由于云层的遮挡，使得在所产生的遥感影像上形成阴影区域。同时，地球大气层的天气现象十分丰富，有云的天气现象十分常见，例如黄山全年云雾天气达 250 多天。当云层很厚时，由于受到云层遮挡的影响，传感器无法接收到来自地表的信息，卫星就无法获得有效的云层覆盖地区信息，这些地区将成为图像上的"盲区"，而且大面积的云层遮挡将严重影响图像制图的质量。当云层较薄时，有部分反映地表的信息透过云层被传感器接收，因此要采取特殊的处理方法。

一幅遥感影像图的成本一般是相当高的，这使得充分利用这些遥感数据为国家国防建设和经济建设以及人们的生产生活服务的意义更为重大。大量的遥感图像由于云覆盖的干扰，降低了感兴趣信息的清晰度，从而降低了利用率。例如，我国南方的亚热带地区，地形复杂，植被多样，云覆盖率极高。因此，客观上要求对有些局部有云或大范围存在薄云的图像进行去云处理，才能满足实际需要。

目前，常用去云的方法主要包括：

（1）基于多光谱图像的去云。目前大多数去除云的方法都是基于多光谱的。方法一是在遥感平台上采用一种仅对云较敏感的传感器，专门用来探测云的信息，然后从普通传感器获得的原始图像上减去云图，得到去除云后的图像；另一种方法是，不在遥感平台上添加专门的传感器，而是利用多光谱图像中的某些波段对云较强的敏感性来提取云信息，实际上这种方法与前者在机理上是一致的。这种方法的去云效果非常好，可以高效地消除数字图像的云覆盖噪声而不增加任何其他副作用。

（2）基于多幅图像叠加的去云。这种方法又称为"时间平均法"，利用同一地区不同季节、不同时间的影像进行叠加，然后各个点的像素值取最小值，得到新的影像，往往能获得非常好的效果。

（3）基于数据融合的多传感器图像去云。多传感器数据融合去云的策略，是随着数据融合技术的发展而兴起的一种新的方法，其原理是在现有条件下，利用不同传感器在不同时间获取的数据，来对有云层覆盖地区的影像进行替换，以去除云覆盖的影响。但利用多传感器影像来消除云覆盖的影响，需要解决如下问题：首先是要解决云覆盖区域多传感器的配准问题，为了能使替补图像准确地替补到有云的原始图像上去，首先必须对两幅图像进行几何精纠正；其次是再进行影像替换，解决可能存在的辐射差异问题。原始和校正图像的云雾污染区运用以上方法可进行相互替补。但是需要注意的是，两图像在相同区域内不可同时有云或雾，否则替补没有实际意义。

（4）多分辨率小波分解的图像融合法。该方法是将图像分解成几个更低分辨率水平的子图像，分解后的子图像由低频的轮廓信息和原信号在水平、垂直和对角线方向高频部分的细节信息组成，每次分解均使得图像的分辨率变为原信号的二分之一。依据这个原理，去云的方法是将图像分解到不同分辨率的子图像上，将云信息和无云信息分离出来，去除有云信息的子图像，再进行图像融合，达到去除云的目的。

（5）二维直方图阈值调整法。用两个同一地区不同时段、不同云分布的图像形成二维直方图的两个轴，第一个轴由去除云的图像组成，第二个轴由待去云的图像构成，通过调节阈值，找出有云图像的像素值，然后用同一地区的无云图像的像素值去取代有云地区的像素值，达到去除云的效果。该方法操作简便，但是去云效果不是很理想。

（6）数字高程校正去云法。这是针对海拔较高地区由于地形的抬升作用在山体上空形成的云体而提出的一种去除云的方法，该方法用具有相同地理参考的地形图去校正有云的遥感图像，以达到去除云的目的。

（7）基于单幅图像的去云法。对于广大科研工作者来说这也是实际工作当中难度最高的、目前还没有完全完成的一个任务，因为在实际工作中往往会碰到只有一幅图像，而且没有任何辅助信息，这是一个图像的盲复原问题。这个时候就只能从数字图像处理的角度来对图像进行频域和时域上的变化。由于图像盲复原中先验条件的相对缺乏，复原结果的唯一性难以得到保证。同时由于随机噪声的影响，使得这样的复原问题往往是病态的，不利于求解。在实际的研究应用中，有待进一步的改善和提高。

6.1.3 阴影处理

遥感影像阴影处理主要包括两方面内容：阴影检测和阴影去除。

由于太阳高度角的原因，有些图像会出现山体阴影，可以采用比值法对其进行消除。遥感影像上每个像元的亮度或色彩都是太阳光照函数和地物反射函数的复合函数，由于这一复合函数非常复杂，从理论上讲，要完全消除影像上的阴影、恢复阴影区域中地物的本来面目几乎是不可能的。

传统的图像增强方法，如直方图均衡、同态滤波、归一化处理等，对改善影像的阴影都有一定的作用，但处理后的影像阴影仍然明显。同时，问题的关键在于这些方法在对阴影信息进行补偿的同时，不能做到完全不改变原阴影区域的信息。

阴影去除一般包括阴影区域的检测和阴影区域的去除两个方面的内容。

1. 阴影检测

阴影检测技术可分为基于模型和基于阴影属性两类方法。基于模型的方法需要有关于场景、目标和光照情况的先验知识，通常用来处理特定的场景，具有较大的局限性。基于属性的方法则是利用阴影区域的光谱和几何特性来检测阴影，最早是利用影像上阴影区域的亮度要比周围像素亮度值低的性质，如果灰度直方图呈双峰或多峰分布，则采用阈值来进行阴影检测。这样处理的结果是水体、低亮度地物等被当作阴影，而阴影区高亮度地物却被当作非阴影，显然误差较大，对大范围复杂地形、地物影像不适用。Tsai 通过分析彩色航空图像上阴影区域的亮度和色调属性，基于 HSI、HSV 和 YCbCr 等不变色彩空间提出了一种阴影检测方法，但这种方法也易将深蓝色和深绿色地物误分为阴影。遥感影像上每个像元的亮度或色彩都是太阳光照函数和地物反射函数的复合函数，由于这一复合函数非常复杂，从理论上讲，要完全消除影像上的阴影、恢复阴影区域中地物的本来面目几乎是不可能实现的。

要假设影像阴影区域为接收单一光照，且为非纹理的平坦表面；而基于直方图阈值分割的检测方法，当阴影区域存在异物同谱时，其区域内强反射、水体等地物会存在较为严重的漏检和误检现象；基于同态滤波的检测方法，由于影像上大部分信息集中在低频部分，则有可能将有用信息也误检测为阴影，而且低通滤波器的参数也需要人工不断实验来设置；同样，其他许多检测方法也存在需要人工反复实验来选取最佳阈值的缺点。

2. 阴影去除

目前阴影去除一般采用图像处理和阴影区域信息补偿的方法。其中，图像处理的方法主要是直方图变换、同态滤波、比值法等，但这些方法在进行阴影去除时也会改变影像中非阴影区域的信息。阴影区域信息补偿的方法则是只对阴影区域进行处理，此方法有利于保持和提高处理后影像的整体质量。

阴影去除技术大多是采用图像处理的方法，其本质是对阴影区域内像素值进行灰度补偿。2000 年 Akira Suzuki 等人提出基于颜色和空间概率信息的动态阴影去除算法，其是根据大量样本统计计算得到的空间概率进行的；同年，Kobus Baniard 等人通过对光照模型的分析提出基于颜色比率的去除算法。2006 年，Finlayson 等人通过求解二维泊松方程提出基于二维积分的去除算法。国内许多学者在上述算法的基础上进行了改进和创新，2005 年高龙华通过对大气和照射强度两个主要模型参数进行求解，提出基于阴影校正的去除算法；而唐亮等人根据 Retinex 理论选取合适的尺度对影像进行增强处理，也达到了恢复阴影区域内地物特征的效果。2006 年，虢建宏等人基于遥感影像阴影的成像机理，完善遥感影像阴影去除理论模型，通过补偿影像阴影区域能量信息的手段达到去除阴影的目的。2007 年，杨俊等人在假设图像局部平稳的基础上，提出基于区域补偿的去除算法。2008 年，王卫国通过计算影像局部灰度方差值和均值，根据 Wallis 滤波器在影像增强时不仅增强有用信息，同时也抑制噪声的特点，以达到阴影去除的效果。2010 年，王玥等人根据阴影区域的同质性特征，对其进行线性拉伸和主成分变换，得到阴影去除的影像。2012 年，郭杜杜对大量高空间分辨率遥感影像的阴影样本数据进行试验处理，通过灰度线性映射的去除算法恢复了影像的阴影区域。

综合分析可以看出，现有国内外阴影去除方法主要存在以下不足：①有些阴影去除算法对阴影检测结果的边缘定位非常敏感，即提取的阴影检测边缘精度要求过高，并且运算实施较为复杂；②有些基于图像处理的去除算法需对原始影像进行变换，虽实现阴影去除，但同时会改变其非阴影区域的信息；③有些去除算法能恢复阴影区域的一些信息，且不会改变非阴影区域的信息，但其去除效果并不是很理想，有时阴影区域还会产生颜色失真。

6.2 遥感图像辐射校正

由于电磁波在大气中的传输和传感器的测量过程中，受到遥感传感器本身灵敏特性、地物光照条件（如太阳高度角及地形变化等）以及大气作用等影响，遥感传感器的测量值与地物实际的光谱反射率是不一致的，测量值存在着辐射失真。为了准确评价地物的电磁波辐射特征，需要消除这些失真的影响，即进行辐射校正处理。根据辐射失真的原因对遥感图像进行辐射校正处理可采取三种方法，即传感器校正、太阳高度角和地形引起的畸变校正以及大气散射校正。

6.2.1 辐射失真的原因

进入传感器的辐射强度反映在图像上就是亮度值（灰度值），辐射强度越大，亮度值（灰度值）越大。该值主要受两个物理量影响：①太阳辐射照射到地面的辐射强度；②地物的光谱反射率。当太阳辐射相同时，图像上像元亮度值的差异直接反映了地物目标光谱反射率的差异。但在实际测量时，辐射强度值还受到其他因素的影响而发生改变。这一改变的部分就是需要校正的部分，称为辐射畸变。

引起辐射畸变有两个原因：①传感器仪器本身产生的误差；②大气对辐射的影响。仪器引起的误差是由于多个检测器之间存在差异以及仪器系统工作产生的误差，这导致了接收的图像不均匀产生条纹和噪声。一般来说，这种畸变应该在数据生产过程中由生产单位根据传感器参数进行校正，而不需要用户自行校正。用户主要需要考虑的是大气影响造成的畸变。

进入大气的太阳辐射会发生反射、折射、吸收、散射和透射，其中对传感器接收影响较大的是吸收和散射。在没有大气存在时，传感器接收的辐照度，只与太阳辐射到地面的辐照度和地物反射率有关。由于大气的存在，辐射经过大气吸收和散射，透过率小于1，从而减弱了原信号的强度。在入射方向上有与入射天顶角和波长有关的透过率，在反射方向上有与反射天顶角和波长有关的透过率。同时大气的散射光也有一部分直接或经过地物反射进入传感器，这两部分辐射虽然增强了信号，但它却不是有用的。传感器接收信号时，受仪器的影响还需要考虑一个系统增益系数因子。

6.2.2 遥感图像辐射校正

1. 传感器校正

传感器校正主要是校正由传感器灵敏特性变化所引起的辐射失真，包括光学系统的特性引起的失真和光电转换系统特性引起的失真。这一部分的辐射失真校正一般是在地面站由专门的处理系统来完成的。

由传感器的灵敏度特征引起的畸变主要是由其光学系统或光电变换系统的特征所形成的。例如，在使用透镜的光学系统中，其摄像面存在着边缘部分比中心部分发暗的现象（边缘减光）。

光电变换系统的灵敏性特征通常有重复性，其校正一般是通过定期地面测定，根据测量值进行校准。如陆地卫星 TM4 和 TM5 系列的传感器纠正是通过飞行前实地测量，预先测出了各波段的辐射值和记录值。通常假设校正增量系数和校正偏差值在传感器使用期内是固定不变的，但事实上它们均会随时间有很小的衰减。

2. 大气校正

大气校正的主要目的是消除大气散射对辐射失真的影响。大气对光学遥感的影响是很复杂的，学者们尝试着提出了不同的大气纠正模型来模拟大气的影响，但是对于任何一幅图像，由于对应的大气数据光学系统特征以及光电变换系统的灵敏度特征等，使得地面实况测量几乎永远是变化的，且难以得到，因而应用完整的模型纠正每个像元是不可能的。通常，可行的一个方法是从图像本身来估计大气参数，然后以一些实测数据，反复运用大气模拟模型来修正这些参数，实现对图像数据的校正。任何一种依赖大气物理模型的大气校正方法都需要先进行传感器的辐射校准。

从最早的陆地卫星图像起，最普遍使用的大气校正方法是假设大气向下的散射率为0，在最简单的可见光谱段大气校正中，往往假设大气层透过率为1，或至少是一个常数。事实上，大气层透过率为1的假设是不合理的。最普遍使用的估算方法要求在图像上识别一个"黑物体"，假设这个物体的反射率是0，然后在图像上检查其平均亮度值，这个值就是大气程辐射值。另一种比较复杂的估算的方法是根据测定地物在蓝波段或绿波段的散射值，结合大气模型以及"黑物体"的辐射值来计算的。这个方法的主要缺陷是黑物体的反射率为0的假设可能会导致重要的错误，因为有时黑物体的实际反射率是0.01或0.02。

利用地面实况数据进行大气校正是另一种常用的方法。利用预先设置的反射率已知的标志，或者测出适当的目标物的反射率，把地面实测数据和传感器输出的图像数据进行比较，来消除大气的影响。但这种方法仅适用于地面实况数据特定的地区及时间。

此外，还有一些其他大气校正的方法。例如在同一平台上，除了安装获取目标图像的传感器外，也安装上专门测量大气参数的传感器，利用这些数据进行大气校正。另外，还可以利用植被指数转换来进行 AVHRR 的大气校正等。

1）大气散射校正

地物反射太阳光与地物发射电磁波在到达传感器之前，需要经历一个在大气中的传输过程，地物辐射电磁波在大气中传输时将与大气发生作用，这种作用一方面将造成地物辐射电磁波被大气部分吸收，且散射使地物辐射电磁波能量衰减；另一方面大气散射光到达地物也将产生反射，因而传感器接收的电磁波辐射能量除了地物反射电磁波能量外还包括散射波的反射能量。在进行遥感图像的专题处理以前，常常需要消除大气散射对图像亮度的影响，即需要进行大气校正。

大气校正的方法有三种，即利用辐射传递方程式计算法、野外波谱测试资料回归分析法以及波段之间的数据分析法。①利用辐射传递方程式的方法是以辐射传递方程为基础的公式计算法，即对辐射传递方程给出适当的近似值求解，由于解辐射传递方程必须测定可见光与近红外区的气溶胶的密度及热红外区的水蒸气的浓度，但现实中要准确地测量这些数据又很困难，所以虽然这种计算方法的理论基础可靠，但实际中使用得较少。②野外波谱测试法的原理是在遥感传感器进行测量时，在地面同一地点用相同的仪器，同步测量各种地物的反射率，利用实测的反射率数据与图像亮度作回归分析，求出大气散射量，用图像亮度减去大气散射量，从而达到大气散射校正的目的。这种方法由于实际操作上的困难，一般也很少使用。③通过测定可见光近红外区的气溶胶的密度以及热红外区的水汽浓度，对辐射传输方程式作近似值求解。可是，现实中仅从图像数据中正确测定这些值是很困难的。

对大气散射进行校正处理用得最多而且也是最简单的方法是波段间的数据分析法。其理论依据在于大气散射的选择性，即大气散射对短波影响大，对长波影响小，在 TM 图像中，蓝光波段的 TM1 大气散射最大，红外波段的 TM7 散射最小，因此图像中的深大水体与地形阴影在 TM7 中是黑的，如果不存在散射，深大水体与阴影及其他波段也应该是黑的，据此可以进行大气散射的校正。具体做法有两种：①回归分析法：这种方法假定 7 波段无散射影响，然后以 7 波段为基准进行散射校正，例如，对 TM1 进行散射校正，首先在 TM1 和 TM7 上分别找出几个很黑的地区（例如地形阴影区），然后取出 TM7 和 TM1 在黑区的灰度值，并求 TM1 关于 TM7 的拟合直线方程。用上述同样的方法可以对 TM2、TM3、TM4 进行大气校正。用回归分析法进行散射校正的前提是图像中存在全黑区域，否则用回归分析法进行大气散射校正将受到限制。②直方图对比法：当图像中有深大水体或地形阴影时，7 波段的灰度值为 0，其他波段如果不受散射影响，也应存在灰度值为 0 的像元，因此，可以首先绘出每个波段的灰度直方图，如果 7 波段存在灰度值为 0 的像元，则其他波段用原始图像灰度值减去每一个波段中的最小灰度值，就达到了散射校正的目的。

2）大气影响的粗略校正

严格地说，去除大气影响需要求出地物反射率，从而恢复遥感影像中地面目标的真实面目。当大气透过率变化不大时，有时只要得到程辐射的数据项就可修正图像的亮度，使图像中像元之间的亮度变化真正反映不同像元地物反射率之间的变化关系。这种对大气影响的纠正是通过纠正辐射亮度的办法实现的，因此称作辐射校正。精确的校正公式需要找出每个波段像元亮度值与地物反射率的关系。为此，需得到卫星飞行时的大气参数，以求出透过率等因子。如果不通过特别的观测，一般很难得到这些数据，所以，我们常常采用一些简化的处理方法，只去掉主要的大气影响，使图像质量满足基本要求。

粗略校正指通过比较简便的方法去掉程辐射度，从而改善图像质量。公式中还有漫入射因子及其他如透过率等影响，这些因子都作为地物反射率的因子出现，直接相减不易去除，常用比值法或其他校正方法去除。严格地说，程辐射度的大小与像元位置有关，随大气条件、太阳照射方向和时间变化而变化，但因其变化量微小而忽略。可以认为，程辐射度在同一幅图像的有限面积内是一个常数，其值的大小只与波段有关。

直方图最小值去除法：直方图以统计图的形式表示图像亮度值与像元数之间的关系。在二维坐标系中，横坐标代表图像中像元的亮度值，纵坐标代表每一亮度或亮度间隔的像元数占总像元数的百分比。因此，从直方图统计中可以找到一幅图像中的最小亮度值。最小值去除法的基本思想在于一幅图像中总可以找到某种或某几种地物，其辐射亮度或反射率接近 0。例如，地形起伏地区山的阴影处、反射率极低的深海水体处等，这时在图像中对应位置的像元亮度值应为 0。实测表明，这些位置上的像元亮度不为零。这个值就应该是大气散射导致的程辐射度值。一般来说由于程辐射度主要来自米氏散射，其散射强度随波长的增大而减小，到红外波段也有可能接近于零。具体校正方法十分简单，首先确定条件满足，即该图像上确有辐射亮度或反射亮度应为零的地区，则亮度最小值必定是这一地区大气影响的程辐射度增值。校正时，将每一波段中每个像元的亮度值都减去本波段的最小值，使图像亮度动态范围得到改善，对比度增强，从而提高图像质量。

回归分析法：假定某红外波段存在程辐射为主的大气影响，且亮度增值最小，接近于零（图 6.1），L_a、L_b 分别为 a、b 波段亮度的平均值，图中 α 是波段 a 中的亮度为零处在波段 b 中所具有的亮度。可以认为 α 就是波段 b 的程辐射度。校正的方法是将波段 b 中每个像元的亮度值减去 α 来改善图像，去掉程辐射。同理，可依次完成其他较长波段的校正。

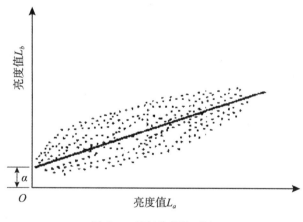

图 6.1　回归分析校正法

3. 太阳光照条件的校正

太阳光照条件引起的辐射失真校正主要包括：对卫星视场角和太阳角的关系引起的失真校正、对地形起伏引起地形阴影等辐射失真校正。地形阴影引起的辐射失真常常通过遥感图像波段之间的比值处理来抑制，太阳高度角的影响是通过太阳角的改正来校正的。

1）太阳高度角校正

太阳高度角校正就是校正由于太阳高度角的不同而造成的不同时间成像图像的地物辐射水平（图像亮度）的差异，对不同时相的图像镶嵌时太阳光照条件的一致性校正。在遥感专题研究中有时需要把两景或多景的遥感图像镶嵌成一幅图像，由于成像时间不同，光照条件存在差异，镶嵌图像的重叠区域内两景图像的灰度级水平相差较大，从而影响了镶嵌图像的效果，因而要对两景不同时相的图像进行太阳光照条件的一致性校正。校正的方法是以一幅图像为标准，把其他镶嵌图像的光照条件校正成标准图像的光照条件。

2）太阳高度和地形校正

为了获得每个像元真实的光谱反射，经过传感器和大气校正的图像还需要更多的外部信息进行太阳高度和地形校正。通常这些外部信息包括大气层透过率、太阳直射光辐照度和瞬时入射角（取决于太阳入射角和地形）。太阳直射光辐照度在进入大气层以前是一个已知的常量。在理想情况下，大气层透过率应当在获取图像的同时实地测量，但是对于可见光，在不同大气条件下，也可以合理地预测。当地形平坦时，瞬时入射角比较容易计算，但是对于倾斜的地形，经过地表散射、反射到传感器的太阳辐射量就会依倾斜度而变化，因此需要用 DEM（数字高程模型）计算每个像元的太阳瞬时入射角来校正其辐射亮度值。通常在太阳高度和地形校正中，都假设地球表面是一个朗伯反射面。但事实上，这个假设并不成立，最典型的如森林表面，其反射率就不是各向同性，因此需要更复杂的反射模型。

4. 高光谱图像的校准和归一化

由于高光谱图像光谱分辨率高，其狭窄波段一般对应于很窄的大气吸收段，或较宽的光谱吸收段的边缘，故每个波段受大气影响的程度和它相邻的波段是不一样的；不同的操作条件下（特别是航空传感器），整个图像光谱系统中光谱波段会有小的位移。因而，高光谱图像的传感器校准以及大气光谱传输和吸收特性有别于一般多波段图像，其辐射校正更为复杂，校正计算量更大，需加以特别考虑。一般较实用的方法有：

（1）残差图像法：按一定比例调节每个像元值，使其在每一个被选定波段上的值等于整个图幅的最大值，然后对每一个波段减去其归一化后的平均辐射值。

（2）连续值移除法：先产生一个穿过图像光谱峰值的分段线性或多项式的连续值，然后对每个像元的光谱值除以其对应的连续值。

（3）内部平均相对反射法：对每个像元的光谱值除以整个图像的平均值。

（4）实用线性方法：线性回归每个波段的记录值和实际测量值，得到一个线性增量系数和偏差值，从而进行校正。

（5）平均法：选一块光谱均一的高反射区取其平均值，然后对每一个像元的光谱除以这个平均值。

以上多数方法都没有使用大气数据和模型，因此确切地说仅对高光谱图像作了归一化处理。只有残差图像法是真正意义上的辐射校正，然后就是实用线性方法，但它们都需要大量的野外实地测量。

6.3　遥感图像几何校正

当遥感图像在几何位置上发生了变化，产生诸如行列不均匀、像元大小与地面大小对应不准确、地物形状不规则变化等畸变时，即说明遥感影像发生了几何畸变。遥感影像的总体变形（相对于地面真实形态而言）是平移、缩放、旋转、偏扭、弯曲及其他变形综合作用的结果。产生畸变的图像给定量分析及位置配准造成困难，因此遥感数据被接收后，首先由接收部门进行校正，这种校正往往根据遥感平台、地球、传感器的各种参数进行处理。而用户拿到这种产品后，由于使用目的不同或投影及比例尺的不同，仍旧需要做进一步的几何校正。

6.3.1　遥感影像几何变形的原因

遥感影像几何变形一般分为两大类：系统性变形和非系统性变形。系统性变形一般是由传感器本身引起的，有规律可循和可预测性，可以用传感器模型来校正；非系统性变形是不规律的，它可以是传感器平台本身的高度、姿态等不稳定造成的，也可以是地球曲率及空气折射的变化以及地形的变化等引起的。

1）遥感平台位置和运动状态变化的影响

无论是卫星还是飞机，运动过程中都会由于种种原因产生飞行姿势的变化，从而引起影像变形。①航高：当平台运动过程中受到力学因素影响，产生相对于原标准航高的偏离，或者卫星运行的轨道本身就是椭圆的，航高始终发生变化，而传感器的扫描视场角不变，从而导致图像扫描行对应的地面长度发生变化。航高越向高处偏离，图像对应的地面越宽。②航速：卫星的椭圆轨道本身就导致了卫星飞行速度的不均匀，其他因素也可导致遥感平台航速的变化。航速快时，扫描带超前，航速慢时，扫描带滞后，由此可导致图像在卫星前进方向（图像上下方向）上的位置错动。③俯仰：遥感平台的俯仰变化能引起图像上下方向的变化，即星下点俯时后移，仰时前移，发生行间位置错动。④翻滚：遥感平台姿态翻滚是指以前进方向为轴旋转了一个角度，导致星下点在扫描线方向偏移，使整个图像的行向翻滚角引起偏离的方向错动。⑤偏航：指遥感平台在前进过程中，相对于原前进航向偏转了一个小角度，从而引起扫描行方向的变化，导致图像的倾斜畸变。

以上各种变化均属于外部误差，即在成像过程中，传感器相对于地物的位置、姿态和运动速度变化而产生的误差。此外，因传感器而异的内部误差，如扫描仪扫描一个视场角时，卫星前进导致的位置偏离或扫描速度不均、检测器不一致等所导致的误差，这类误差一般较小。

2）地形起伏的影响

当地形存在起伏时，会产生局部像点的位移，使原来本应是地面点的信号被同一位置上某高点的信号代替。

3）地球表面曲率的影响

地球是球体，严格说是椭球体，因此地球表面是曲面。这一曲面的影响主要表现在两个方面,一是像点位置的移动,二是像元对应于地面宽度的不等。当传感器扫描角度较大时,影响更加突出,造成边缘景物在图像显示时被压缩。假定原地面真实景物是一条直线,成像时中心窄,边缘宽,但图像显示时像元大小相同,这时直线被显示成反 S 形弯曲,这种现象又叫全景畸变。

4)大气折射的影响

大气对辐射的传播产生折射。由于大气的密度从下到上越来越小,折射率不断变化,因此折射后的辐射传播不再是直线而是一条曲线,从而导致传感器接收的像点发生位移。

5)地球自转的影响

卫星前进过程中,传感器对地面扫描获得图像时地球自转影响较大,会产生影像偏离。因为多数卫星在轨道运行的阶段接收图像,即卫星自北向南运动,这时地球自西向东自转。相对运动的结果,使卫星的星下位置逐渐产生偏离。

6.3.2 几何畸变校正

1. 遥感图像几何畸变校正方法

几何畸变有多种校正方法,但常用的是一种通用的精校正方法,适合于地面平坦,不需考虑高程信息,或地面起伏较大而无高程信息,以及传感器的位置和姿态参数无法获取的情况应用。有时根据遥感平台的各种参数已做过一次校正,但仍不能满足要求,就可用该方法作遥感影像相对于地面坐标的配准校正、遥感影像相对于地图投影坐标系统的配准校正以及不同类型或不同时相的遥感影像之间的几何配准和复合分析,以得到比较精确的结果。

校正前的图像看起来是由行列整齐的等间距像元点组成的,但实际上,由于某种几何畸变,图像中像元点间所对应的地面距离并不相等,校正后的图像应是由等间距的网格点组成的,且以地面为标准,符合某种投影的均匀分布,图像中格网的交点可以看作是像元的中心。校正的最终目的是确定校正后图像的行列数值,然后找到新图像中每一像元的亮度值。

影像几何校正的一般步骤如下:

1)地面控制点的选取

这是几何校正中最重要的一步,可以将地形图作为参考进行控制选点,也可以通过野外测量获得,或者从校正好的影像中获取。控制点的选择要以配准对象为依据。以地面坐标为匹配标准的,叫作地面控制点(记作 GCP)。有时也用地图作地面控制点标准,或用遥感图像(如用航空像片)作为控制点标准。无论用哪一种坐标系,关键在于建立待匹配的两种坐标系的对应点关系。实际工作表明,选取控制点的最少数目来校正图像,效果往往不好。在图像边缘处,在地面特征变化大的地区,如河流拐弯处等,由于没有控制点,而靠计算推出对应点,会使图像变形。因此,在条件允许的情况下,控制点数的选取都要大于最低数很多(有时为 6 倍)。一般来说,控制点应选取图像上易分辨且较精细的

133

特征点，这很容易通过目视方法辨别，如道路交叉点、河流弯曲或分叉处、海岸线弯曲处、湖泊边缘、飞机场、建筑边界、农田界线等。特征变化大的地区应该多选一些。图像边缘部分一定要选取控制点，以避免外推。此外，尽可能满幅均匀选取，特征实在不明显的大面积区域（如沙漠），可用求延长线交点的办法来弥补，但应尽可能避免这样做，以避免造成人为误差。地面控制点上的地物不随时间而变化，以保证当时两幅不同时段的图像或地图做几何纠正时，可以同时识别出来。在没有作过地形纠正的图像上选取控制点时，应在同一地形高度上进行。

　　地面控制点应当均匀地分布在整幅图像内，且要有一定的数量保证。地面控制点的数量、分布和精度直接影响几何纠正的效果。控制点的精度和选取的难易程度与图像的质量、地物的特征及图像的空间分辨率密切相关。不同纠正模型对控制点个数的需求不相同。卫星提供的辅助数据可建立严密的物理模型，该模型只需 9 个控制点即可；对于有理多项式模型，一般每景要求不少于 30 个控制点，困难地区适当增加点位；几何多项式模型将根据地形情况确定，它要求控制点个数多于上述几种模型，通常每景要求在 30～50 个左右，尤其对于山区应适当增加控制点。

　　2）建立几何校正模型

　　地面点确定之后，要在图像与图像（或地图）上分别读出各个控制点在图像上的像元坐标，及其参考图像或地图上的坐标，即选择一个合理的坐标变换函数式（即数据校正模型），然后用公式计算每个地面控制点的均方根误差。

　　3）图像重采样

　　重新定位后的像元在原图像中分布是不均匀的，即输出图像像元点在输入图像中的行列号不是或不全是正数关系。因此，需要根据输出图像上的各像元在输入图像中的位置，对原始图像按一定规则重新采样，进行亮度值的插值计算，建立新的图像矩阵。

　　具体步骤：①找到一种数学关系，通过每一个变换后图像像元的中心位置计算出变换前对应的图像坐标点。计算校正后图像中的每一点所对应原图中的位置。计算时按行逐点计算，每行结束后进入下一行计算，直到全图结束。②计算每一点的亮度值。由于计算后的亮度值多数不在原图的像元中心处，因此必须重新计算新位置的亮度值。一般来说，新点的亮度值介于邻点亮度值之间，所以常用内插法计算。③建立两图像像元点之间的对应关系。④为了确定校正后图像上每点的亮度值，需要求出其原图所对应点的亮度。通常有三种方法：最邻近法、双线性内插法和三次卷积内插法。

　　最邻近法是将最邻近的像元值赋予新像元。该方法的优点是输出图像仍然保持原来的像元值，过程简单，计算量小，处理速度快。但这种方法最大可产生半个像元的位置偏移，可能造成输出图像中某些地物的不连贯，从而影响精确度。

　　双线性内插法是使用邻近 4 个点的像元值，按照其距内插点的距离赋予不同的权重，进行线性内插。该方法具有平均化的滤波效果，边缘受到平滑作用，而产生一个比较连贯的输出图像。双线性内插法比起最邻近法虽然计算量增加，但精度明显提高，特别是对亮度不连续现象或线状特征的块状化现象有明显改善。但这种内插法会对图像起到平滑作用，从而使对比度明显的分界线变得模糊。鉴于该方法的计算量和精度适中，只要不影响应用所需的精度，作为可取的方法而常被采用。

三次卷积内插法较为复杂，它使用内插点周围的 16 个像元值，用三次卷积函数进行内插。以上过程对全图每一点计算一遍，计算量很大。但也因此得到了更好的图像质量，细节表现更为清楚。注意：用三次卷积内插获得好的图像效果，就要求位置校正过程更准确，即对控制点选取的均匀性要求更高。如果前面的工作没做好，三次卷积也得不到好的结果。

一般认为最邻近法有利于保持原始图像中的灰级，但对图像中的几何结构损坏较大。后两种方法虽然对像元值有所近似，但也在很大程度上保留了图像原有的几何结构，如道路网、水系、地物边界等。

2. 利用 ERDAS IMAGINE 对遥感图像进行几何校正

几何校正就是将图像数据投影到平面上，使其符合（Conform）地图投影系统的过程；而将地图坐标系统赋予图像数据的过程，称为地理参考（Geo-referencing）。由于所有地图投影系统都遵从一定的地图坐标系统，所以几何校正过程包含了地理参考过程。

1）图像几何校正途径

在 ERDAS IMAGINE 系统中进行图像几何校正，通常有两种途径启动几何校正模块。①数据预处理途径；②窗口栅格操作途径。

2）几何校正计算模型

ERDAS 提供的图像几何校正计算模型有 10 种，对应的具体功能见表 6.1：

表 6.1   几何校正计算模型与功能

模型	功 能
Affine	图像仿射变换（不做投影变换）
Camera	航空影像正射校正
Landsat	卫星图像正射校正
Polynomial	多项式变换（同时做投影变换）
Rubber Sheeting	非线性、非均匀变换
Spot	Spot 卫星图像正射校正
DPPDB	运用合理的多项式系数描述在图像获取时刻，图像和地球表面的关系
IKONOS	运用合理的多项式系数描述在图像获取时刻，IKONOS 图像和地球表面的关系
NITFRPC	运用合理的多项式系数描述在图像获取时刻，NITF 格式的图像和地球表面的关系
QuickBird RPC	运用合理的多项式系数描述在图像获取时刻，QuickBird 图像和地球表面的关系

注：DPPDB—Digital Point Positioning Data Base。

6.4　遥感图像增强处理

在分析图像数据时，为了使分析者能容易确切地识别图像内容，必须按照分析目的对图像数据进行加强，这一处理过程叫作图像增强（Image Enhancement）。图像增强处理是遥感图像数字处理最基本方法之一，通过增强处理可以突出图像中的有用信息，使图像中感兴趣的特征得以强调，使图像变得清晰。图像增强处理的主要目的是提高图像的可解译性。图像校正是为了消除伴随观测而产生的误差及畸变，使观测数据更接近于真实值，而图像增强则把重点放在使分析者能从视觉上便于识别图像内容这一点上。图像增强处理使图像显得更清晰，目标地物更突出，易于判读。

图像增强的目的可以概括为：

（1）改善图像的视觉效果。在图像拍摄时经常会受到场景条件的影响，使拍摄的视觉效果不好。通过图像增强可以改善视觉效果，比如增加对比度，有利于识别、跟踪和理解图像中的目标。

（2）突出图像中感兴趣的信息，抑制不需要的信息，来提高图像的使用价值。应用图像时，通常只会对图像中的部分信息内容感兴趣，所以通过图像增强可以使有用的信息得到加强，得到更为实用的图像。例如，若只对图像中的水体感兴趣，则只需对图像中的水体信息进行加强处理。

（3）通过图像增强，使原始图像转换成更适合计算机或者判读者分析处理的图像。

（4）增强后的图像不一定接近原始图像。在图像增强处理过程中，不分析图像质量下降的原因，也不一定要保证原始图像的真实性。

遥感图像增强处理，按照增强的信息内容，可分为波谱特征增强空间特征增强以及时间信息增强三大类。波谱特征增强主要突出灰度信息；空间特征增强主要是对图像中的线、边缘、纹理结构特征进行增强处理；而时间信息增强主要是针对多时相图像而言的，其目的是提取多时相图像中波谱与空间特征随时间变化的信息。图像增强处理方法就是按照这三种信息的提取而设计的，一些方法只用于特定信息的增强，而抑制或损失了其他信息。例如，定向滤波用来增强图像中的线与边缘特征，在增强专题信息的同时，是以牺牲图像中的波谱信息为代价的；一些方法可以用于几种信息的同时增强，例如对比度扩展，对比度扩展能够突出特定的灰度变化信息，同时由于图像对比度加大，图像中的线与边缘特征也得到了加强。

图像增强处理可以在空间域进行，也可以在频率域进行。从这个意义上来说，图像的增强处理又可以分为空间域增强和频率域增强两大类。一般说来，频率域方法与空间域方法从实质上没有太大差别，只是频率域的算法一般无边缘像元点损失，而以窗口方法为主的空间域方法，常常会造成图像边缘像元点的损失。空间域增强是直接对图像各像素进行处理，主要集中于图像的空间特征，则考虑每个像元及其周围像元亮度之间的关系，从而使图像的空间几何特征如边缘，目标物的形状、大小、线性特征等突出或者降低，其中包括各种空间滤波以及比例空间的各种变换如小波变换等。频率域增强是对图像经傅里叶变换后的频谱成分进行处理，然后逆傅里叶变换获得所需的图像。因为这种增强对应每个像元，与像元结构和空间排列无关，因此又叫点操作。

从图像处理的数学形式看，遥感图像的增强处理技术可以划分为点处理与邻域处理两大类。点处理是一种较简单的图像处理形式，点处理把原图像中的每一个像元值，按照特定的数学变换模式转换成输出图像中一个新的灰度值。例如，多波段图像处理中的线性扩展、比值、直方图变换等；邻域处理中，输出图像的灰度值不只与原图像中所对应像元点的灰度值有关，邻域处理是针对一个像元点周围的一个小邻域的所有像元进行的，输出值的大小除与像元点在原图像中的灰度值大小有关外，还决定于它邻近像元点的灰度值大小，例如卷积运算、中值滤波、滑动平均等都属于邻域处理。如果邻域不断扩大直至整个图像，就成了全图处理。

图像特征增强是一个相对概念，特定的图像增强处理方法往往只强调对某些方面信息的突出，而另一部分信息（主要是对解译无益的信息，有时也含有其他的有用信息）受到压抑。同时，一种图像增强方法的效果好坏，除与算法本身的优劣有一定的关系外，还与图像的数据特征有直接关系。增强的方法有多种，但一些方法对某些问题效果较好，而一些方法对另外一些问题效果较好，没有一种对所有问题效果都好的增强方法。也就是说，很难找到一种算法在任何情况下都是最好的。实际工作中应当根据图像数据特点和工作要求来选择合理的图像增强处理方法。图像增强处理方法虽然很多，但是从信息提取的角度看，有些方法彼此之间的差异很小。

6.4.1 遥感图像光学增强

用光学方法处理遥感影像，使其有用信息更加突出，更适合目视判读，是遥感数据处理的重要方法之一。近年来，随着计算机对遥感数据处理能力的迅速发展，尤其是计算机硬件价格的降低和处理速度的提高，计算机处理越来越普及，而光学处理由于对仪器设备和处理环境的要求较高，还需要胶片、相纸、药品等各种消耗品，如果做更复杂的相干光学处理，还需要透镜系统的支撑，因此，有以计算机处理代替光学处理的趋势，光学处理的使用已越来越少。但光学处理具有精度高、反映目标地物更真实、图像目视效果好等优点，因此还是十分必要的处理手段。

1. 光学处理相关理论基础

人对光的感应靠眼睛，在一定的光亮条件下，人眼能分辨各种颜色，但当光谱亮度降低到一定程度，人眼的感觉便是无彩色的，光谱变成不同明暗的灰带。

1）亮度对比和颜色对比

①亮度对比：观察图片或屏幕时，常对观察对象的亮暗程度有一个评价。这一评价实际是相对于背景而言的，就是亮度对比。亮度对比是视场中对象与背景的亮度差同背景亮度之比，选择适宜的对象及背景的亮度，可以提高对比，从而提高视觉效果。在遥感图像中，亮度对比主要用于单色黑白影像。②颜色对比：在视场中，相邻区域不同颜色的相互

影响。颜色的对比受视觉影响很大，例如，在一块品红的背景上放一小块白纸或灰纸，用眼睛注视白纸中心几分钟，白纸会表现出绿色；如果背景是黄色，则白纸会表现出蓝色。这便是颜色对比的效果。两种颜色互相影响的结果，使每种颜色会向其影响色的补色变化（绿是品红的补色，蓝是黄的补色）。在两种颜色的边界，对比现象更为明显。

在可见光谱段中颜色从紫到红是过渡变化的。一般来说，只要波长改变了 $0.001 \sim 0.002\mu m$，人眼就能观察出差别。对不同波长，人眼的区别能力也不同。就整个光谱而言，正常人眼能分辨出一百多种不同颜色。可见，人眼对颜色的分辨力比对黑白灰度的分辨力强得多。正因为如此，彩色图像能表现出更为丰富的信息量。

2）颜色的性质

当白光光源亮度很高时，人眼看到的是白色；当白光光源亮度很低时，人眼看到的是发暗发灰，无亮度则看到黑色。而对不发光的物体而言，人眼所看到的物体颜色是物体反射的光线所致，当物体对可见光无选择地反射，反射率在 80% ~ 90% 以上时，物体为白色，显得明亮；当反射率在 4% 以下时，物体为黑色，显得很暗；中间反射率则为灰色。如果物体对可见光有选择地反射，反射 $0.6\mu m$ 以上的波长看起来是红色，反射从 $0.55\mu m$ 起，反射率偏低便成棕红色。所有颜色都是对某段波长有选择地反射而对其他波长吸收的结果。

颜色的性质由明度、色调、饱和度来描述。明度，是人眼对光源或物体明亮程度的感觉。与电磁波辐射亮度的概念不同，明度受视觉感受性和经验影响。一般来说，物体反射率越高，明度就越高。所以，白色一定比灰色明度高；黄色比红色明度高，因为黄色反射率高。对光源而言，亮度越大，明度越高。色调，是色彩彼此相互区分的特性。可见光谱段的不同波长刺激人眼产生了红橙黄绿青蓝紫等颜色的感觉。多数情况下，刺激人眼的光波不是单一波长，而常常是一些波长的组合。对于光源，则是不同波长的亮度组合；对于反射物体，是不同反射率的不同波长组合，共同刺激人眼产生组合后的颜色感觉。饱和度，是彩色纯洁的程度，也就是光谱中波段长度是否窄、频率是否单一的表示。对于光源，发出的若是单色光就是最饱和的彩色。例如激光，其各种光谱色都是饱和色。对于物体颜色，如果物体对光谱反射有很高的选择性，只反射很窄的波段，则颜色饱和度高。如果光源或物体反射光在某种波长中混有许多其他波长的光或混有白光，则饱和度变低。白光成分过大时，彩色消失成为白光。黑白色只用明度描述，不用色调、饱和度描述。

3）颜色相加原理

若两种颜色混合产生白色或灰色，则这两种颜色就称为互补色。例如，黄和蓝、红和青、绿和品红均为互补色。假如做一个圆盘，左边是黄色，右边是蓝色，让圆盘快速旋转，使两种颜色混合，人眼就只能看出白色或灰色。

若三种颜色，其中的任一种都不能由其余二种颜色混合相加产生，但这三种颜色按一定比例混合可以形成各种色调的颜色，则称它们为三原色，实验证明，红、绿、蓝三种颜色是最优的三原色，用三种颜色可以最方便地产生其他颜色。当然，混合后的颜色只是一种视觉效果上的颜色，已完全失去了颜色的光谱意义。

4) 颜色相减原理

实际生活中，除了利用颜色相加原理形成颜色的混合外，还常常利用颜色的减法混合。例如遥感中常用的彩色摄影、彩色印刷等，都是利用减色法的原理。白色光线先后通过两块滤光片的过程就是颜色的减法过程。一般来说，物体透光时，在主要透过某种颜色光的同时，也将该波段附近的光部分透过，这是一个渐变过程。正因为如此，透过蓝光时附近的绿光、紫光也会透过一些；透过黄光时，附近的绿光、红光也会透过一些。它们共同透过的部分便是绿光。当两块滤光片组合产生颜色混合时，入射光通过每一片滤光片时都减掉一部分辐射，最后透过的光是经多次减法的结果，这种颜色混合原理就是颜色相减原理。减法三原色指加法三原色的补色，即黄、品红和青色。用白光由红、绿、蓝三色组成这种理想模型来理解，可以认为当使用黄色滤光片时，是将黄色波长附近的红、绿光透过而将远端的蓝色光吸收，从而形成减蓝色即黄色。

要重现或复原物体或景观的色彩，首先要将物体或景观反射的光线，分别划归到红、绿、蓝三基色的系统中，然后采用三基色的加色法或减色法合成还原出原来的色彩。

彩色分解就是对同一目标（或图像）分别采用不同的滤光系统（通常为红、绿、蓝），获得不同分光（红、绿、蓝）黑白影像的过程。彩色还原是彩色分解的逆过程，亦即将同一地区或同一彩色图像的不同分光图像，分别通过不同的滤光系统（通常采用红、绿、蓝），并使图像的相应影像准确套合，合成产生彩色图像的处理过程。在进行彩色还原合成时，要保持分解和还原过程中所采用的滤光系统波段的一一对应关系，此时还原得到的彩色与原物体或景观的色彩一样，称为（真）彩色合成。如果还原合成时破坏了滤光系统的这种对应关系，则合成生成的彩色与原物体或景观的色彩不一致，称为假彩色合成。

2. 常见光学处理方法

光学影像处理多数是对多波段的影像进行彩色合成处理。多波段彩色合成处理是依照彩色合成原理，将同一地区或同一幅彩色图像不同波段的分光黑白图像，分别通过不同的滤光系统，并使各图像相应影像准确套合，生成彩色图像的技术处理。要获得一个地区的彩色合成图像，必须首先取得该地区不同波段的分光黑白图像，然后根据彩色合成原理或程序产生彩色图像。

（1）光学法。

光学法是利用彩色加色法原理进行的合成。一般光学法彩色合成处理都是使用合成仪进行的。彩色合成一般多为三色合成，也可二色或多色合成。彩色合成的效果和质量取决于分光黑白透明正片的质量、滤光系统的光学性能以及影像套合的准确程度。在判读时为了突出显示图像中的某种地物，可进行不同波段（分光）组合的合成，选择最佳的合成组合方案。例如，陆地卫星多波段彩色合成图像，一般是由 TM_2（或 $MSS1$）、TM_3（或 MSS_2）、TM_4（或 MSS_4）波段的黑白透明正片分别通过蓝、绿、红滤光系统合成的"标准假彩色图像"。在标准假彩色图像上植被显示红色；城镇一般为灰蓝色；水体与河流呈蓝色；雪和云则为白色等。也可以采用其他的组合进行合成，用不同的颜色突出图像中所需要的地物和目标。光学法彩色合成方法简单易行，图像色彩鲜艳，影像清晰，层次丰富，是遥感图像光学增强处理中一种常用的方法。合成的彩色图像如需保存或复制，可用相机翻拍成彩色负片，然后根据需要放大制成所需比例尺的彩色图像。

（2）彩色像纸分层曝光法。

彩色像纸的片基上涂有三层各不相同的感光乳剂，最上面一层为感蓝层，含有黄色染料成色剂，感蓝光后呈现黄色；中间一层是感绿层，含有品红成色剂，感绿光后呈现品红色；第三层为感红层，含有青染料成色剂，感红光后呈现青色。在上层与中间层之间设有一层黄色滤光膜，以防止蓝光透过干扰感绿层和感红层的感光。此外，在最下层还设一层防光晕层，防止片基平面的反光干扰。这样，把不同波段的分光黑白负片依次放在放大机的片夹上，并分别经过红、绿、蓝色滤光片的滤光，对同一张彩色像纸进行三次曝光。在每次曝光时应保持影像准确套合，然后经显影、漂白、定影处理后即可得到一张合成的彩色图像。

（3）彩色印刷法。

彩色印刷法是利用彩色制版和印刷工艺，根据减色法原理进行的彩色合成。它首先是将彩色原图进行分光制成多张分光负片，然后再制成一定规格的分光正像透明片，晒制成锌版供印刷。印刷时，不同的光版分别用黄、品红、青三色油墨依次准确套印制成彩色图像。在利用陆地卫星多波段图像合成彩色图像时，由于专题制图仪 TM 图像或是多光谱扫描仪 MSS 图像的底片已是不同波段的分光片，故分色工序可省略，直接将各波段的黑白负片放大成所需比例尺并加上一定格网制成正片光版，依次套印即可生产出陆地卫星彩色图像。彩色印刷法的成本低，复制速度快，适合用来生产大批量彩色图像。但由于在制版印刷过程中需经多次翻版以及印刷工艺中诸多因素影响，影像信息损失较大。

多波段彩色合成方法还有很多，工艺虽不同，但它们都是在彩色加色法或减色法的基础上进行的。染印法是一种使用特别浮雕片、接收纸和冲显染印药剂制作彩色合成影像的方法。浮雕片是一种特制的感光胶片，经曝光和暗室处理后能吸附酸性颜料。接收纸是一种不感光的特殊纸张，能吸收浮雕片上的酸性颜料。染印法合成是把三种浮雕片上的染料先后转印到不透明的接收纸上，或分别转印在三张透明胶片上重叠起来阅读。印刷法是利用普通胶印设备，直接使用不同波段的遥感底片和黄、品红、青三种油墨，经分色、加网、制版，套印成彩色合成图像。该方法工序简单，可大量生产。重氮法是利用重氮盐的化学反应处理彩色单波段影像透明片的方法，各波段图像可重叠阅读。

3. 其他光学增强处理

（1）相关掩膜处理方法：相关掩膜处理方法指对于几何位置完全配准的原片，利用感光条件和摄影处理的差别，制成不同密度、不同反差的正片或负片（称为模片），人们通过它们的各种不同叠加方案改变原有影像的显示效果，达到信息增强目的的方法。它是在照相修版的暗房技术基础上演变发展起来的，这种处理不可能增加原片所记录的信息，但可以将原先分辨不清或不够突出的目标突出出来，把不必要的信息变得不太清楚，以达到增强主题的目的。

（2）改变对比度：改变对比度是使用两张同波段同地区的负片（或正片）进行合成，一张反差适中，另一张反差较小，合成后提高了对比度。同理，用一张反差很大的负片与一张反差较小的正片叠加合成，可以减少对比度并消除黑色云影。

（3）显示动态变化：显示动态变化是将不同时相同地区的正负片影像叠合掩膜，当被叠合影像反差相同时，凡密度发生变化的部分就是动态变化的位置，如滑坡、河道和海岸变迁、湖泊萎缩等。这种方法又称比值影像法，如将同一时相不同波段的影像作比值可以识别出一些特别的信息，比如海岸高低潮界线、潮间带地貌等。

（4）边缘突出：边缘突出的目的在于突出线性特征。先将两张反差相同的正片和负片叠合，叠合配准后，再沿突出的线性特征的垂直方向错位。这样得到的底片或相片上会在线性位置产生黑白条的假阴影，产生立体感，如地质构造线、轮廓线、铁路等。这种影像犹如被雕刻出来的，故又称浮雕法。

6.4.2　数字图像增强处理

1. 几种常见的数字图像增强处理方法

1）灰度变换

为了增强图像使分析者便于识别，要对图像的灰度信息进行变换处理，这一过程叫灰度变换。典型的灰度变换方法有：线性变换、分段线性变换、三角波变换、连续函数变换、局部性灰度变换等。分段线性变换指用多个线性函数接成折线函数进行的灰度变换。例如：在扩大低灰度区，压缩高灰度区时可发挥出效果。三角波变换指通过锯齿型的函数进行的灰度变换，在不拘泥图像灰度（色调）的连续性而必须增强对比度时使用。需要注意的是这会产生图像灰度的不连续。连续函数变换的方法是使用二次、三次多项式及对数函数、指数函数等连续函数作为变换函数的方法。局部性灰度变换不是用同一个变换系数对整个图像进行变换，而是在每个以各像元为中心的局部区域里算出适当的变换系数，进行更有效的图像增强的方法。统计性地确定灰度变换的线性函数的方法（统计量变换）有两种：①平均值和标准偏差的变换；②回归直线法，在作为基准图像的色调上复合其他图像的色调时使用，从变换的图像灰度值和作为基准的图像灰度值中，利用最小二乘法求出回归直线，作为灰度变换函数。

2）直方图变换

直方图变换是使输入图像灰度值的频率分布（直方图）与所希望的直方图形状一致而变换灰度值的方法，可以说是灰度变换的一种。典型的直方图变换有两种：①直方图均衡化：直方图均衡化是把图像的直方图变换为各灰度值频率固定的直方图。首先，作出原图像的累积直方图，找出把累积直方图的累积频率值等分为适当灰度值的分割区段。对该灰度分割区段分别进行线性变换，从而得到对具有较高频率的灰度值区间进行增强、对较低频率的灰度区间进行压缩的图像。②直方图正态化：如果灰度的频率分布具有接近正态分布的形状，就可以认为适合于人眼观察。可是，如果具有与正态分布形状相距较大的原图像的频率分布勉强变换为正态分布，往往会产生以下问题：即当原图像的某一灰度的频率很高时，由于正态分布所对应的灰度值的频率低，就会造成对该部分的压缩而丢失重要的信息。所以直方图正态化对于行星图像原图像的动态范围窄，而且不够鲜明的图像是非常有效的。

3）主成分分析

主成分分析主要着眼于变量之间的相互关系，是尽可能不丢失信息地使用几个综合性指标汇集多个变量的测量值而进行描述的方法。图像各波段之间的相关可能是以下几个因素结合起来引起的：一是物质的波谱反射相关性。比如说这种相关成分可以是由于在所有可见光波段植被的相对低反射，造成了所有的可见光波段上相似的特性值。二是地形。地形阴影在所有太阳光反射波段上都是一样的，在山区和低太阳角时，地形阴影甚至是图像的主导成分。因此导致了在太阳反射光谱区内波段和波段之间的相关性。这种效果在热红外区是不一样。三是传感器波段之间的重叠。在理想情况下，这种因素在传感器设计阶段就被尽可能地减小了，但很少能完全避免。在把 P 个变量（P 维）的测量值汇集于 m 个（m 维）主成分的过程中，也可以说是使维数减少的方法。在多光谱图像中，由于各波段的数据间存在相关的情况很多，通过采用主成分分析就可以把现图像中所含的大部分信息用假想的少数波段表示出来。这意味着数据量可以减少并且信息几乎不丢失。在主成分分析中，这种新轴（变量）用已知轴（变量）的线性变换来表示，按照使新轴方向的方差最大的原则确定线性变换的系数。

通过彩色合成，同时能够被视觉感知的仅限于 3 个波段（R、G、B），因此在多波段数据中，只有一部分信息能同时被视觉感知。可是利用主成分分析法，把数据压缩到 3 个波段上，就可以用彩色显示出更多的信息。

4）空间滤波

空间滤波是指在图像空间（x，y）或者空间频率域对输入图像应用若干滤波函数而获得改进的输出图像的技术。该技术有利于消除噪声，增强边缘及线，清晰化图像等。①图像空间域的滤波：对数字图像来说，空间域滤波是通过局部性的卷积运算而进行的，通常采用 $n×n$ 的矩阵算子（也叫算子）作为卷积函数。一般来说，因为图像数据量很大，所以经常采用 3×3 的算子，但有时也采用 5×5 及 11×11 的算子。②空间频率域的滤波：空间频率域的滤波是用傅里叶变换之积的形式表示的。滤波函数有低通滤波、高通滤波、带通滤波等。低通滤波用于仅让低频的空间频率成分通过而消除高频成分的场合，由于图像的噪声成分多数包含在高频成分中，所以可用于噪声的消除。高通滤波仅让高频成分通过，可应用于目标物轮廓等的增强。带通滤波由于仅保留一定的频率成分，所以可用于提取、消除每隔一定间隔出现干涉条纹的噪声。

5）对比度增强

传感器记录来自地表各种物质反射和散射的辐射能量。由于有些区域（如海洋）的辐射强度很低，有些区域（如积雪和沙地）具有很高的辐射强度，因此传感器的整个动态记录范围必须设计成能记录各种物质的辐射能量（或亮度值）的较大范围。目前多数显示系统利用 8 字节（即 0~255）。然而多数单幅图像上的亮度范围通常都小于传感器的整个记录范围。由于其有效亮度值区域未达到其全部亮度值范围，导致图像显示时的低对比度。另外，由于一些地物在可见光、近红外或中红外波段具有相似的辐射强度，当一幅图像中具有相似辐射强度的地物比较集中时，也会导致图像中的低对比度。对比度增强是将图像中的亮度值范围拉伸或压缩成显示系统指定的亮度显示范围，从而提高图像全部或局部的对比度。①灰度阈值：将图像中的所有亮度值，根据指定的亮度值（即阈值）分成高于阈值和低于阈值的两类。用这种方法产生的黑白掩膜图像可以分开对比度差异较大的地物如陆地或水体，从而对陆地或水体分别做进一步处理。②灰度级分割：将图像的亮度值划分成一系列用户指定的间隔（或段），并将每一个间隔范围内的不同的亮度值显示为相同的值。如果将一幅图像的亮度值分成八段，则输出（或显示）图像上有八个灰度级。其输出图像有些类似等值线图。灰度级分割被广泛地用于显示热红外图像中不同的温度范围。③线性拉伸：如果用 MIN 和 MAX 代表一幅图像中最小和最大的亮度值，最简单的线性拉伸算法将其亮度值范围扩展到整个输出显示范围，这种拉伸算法通常被称作最大-最小对比度拉伸。由于同样的函数应用于所有的亮度值，其输入和输出亮度值之间的线性关系受输入图像中最大和最小值的影响。如果图像中最大或最小值偏离太远，这种线性拉伸方法的效果就不会很好。因此，有时也根据原图像中亮度值的直方图分布指定位于某个累积百分比上的值，或者根据图像亮度值的标准方差和均值来确定最大值及最小值（百分比线性拉伸）。以上的线性拉伸适合于正态分布或接近正态分布、图像亮度值比较集中、只有一个峰值的图像。当图像亮度值不是正态分布时，可以用分段线性拉伸。将原图像亮度值划分为几段，将每段亮度拉伸到指定的亮度显示范围。这种拉伸方法只有在熟悉图像直方图的峰值范围所代表的地物，且经过这种分段线性拉伸后的图像不能用于进一步图像分类。④非线性拉伸：直方图均衡化是广泛应用的非线性拉伸方法。这种算法根据原图像各亮度值出现的频率，使输出图像中亮度都有相同的频率。这种算法和其他对比度增强方法很大的不同在于图像中亮度根据其累积频率而重新分配。经过直方图均衡化后，原图像一些原来具有不同亮度值的像元则具有了相同的亮度值，而同时原来一些相似的亮度值则被拉开，从而增加了它们之间的对比度。对于具有正态分布直方图的图像，直方图均衡可以增强亮度值集中的范围的对比度，而减弱图像中亮度值很低或很高部分的对比度。因此，直方图均衡可以提高图像中细节部分的分辨率，改变亮度值和图像纹理结构之间的关系。正因为这个原因，经过直方图均衡化的图像一般不能用来提取纹理结构或者生态物理（如 NDVI）方面的信息。另一类非线性拉伸算法则是利用原图像亮度值的对数或指数值，这种算法对于图像中亮度很低部分（对数-log）或很高部分（指数-1/log）有很大改变，从而可用来增强图像暗的部分或很亮部分的细节。

选择怎样的对比度增强算法，主要取决于原始图像的直方图特征和图像中哪一部分信息是用户最感兴趣和需要的。一个有经验的图像分析者选择合适的算法通常要先检查图像的直方图，然后试着用不同的算法和不同的参数对图像进行增强处理，直到得到满意的结果。多数算法都会引起部分信息丢失，因此对比度增强主要用于提高图像的视觉显示，而不适合对增强后的图像作图像分类、变化检测以及其他分类。

6）穗帽变换

　　通常可以按照实际图像上的物理特征对主成分图像进行解译，但这种解译对每幅图像都是不同的。如果有一种基于图像物理特征上的固定转换，对于数据分析是非常有用的。这种固定转换最早是由 Kauth 和 Thomas（1976）提出的。他们在利用 MSS 图像研究农作物生长时注意到图像亮度值的散点图表现出一定连续性，比如一个三角形的分布存在于第二和第四波段之间。随着作物生长，这个分布显示出一个似"穗帽"的形状和一个后来被称作"土壤面"的底部。随着作物生长，农作物像元值移到穗帽区，当作物成熟及凋落时，像元值回到土壤面。他们用一种线性变换将四个波段的 MSS 图像转换产生 4 个新轴，分别定义为一个由非植被特性决定的"土壤亮度指数"；一个与土壤亮度轴相垂直的、由植被特性决定的"绿度指数"；以及"黄度指数"和"噪声"，后者往往指示大气条件。这种转换就是"穗帽变换"。穗帽变换（又称 K-T 变换）是一种特殊的主成分分析，和主成分分析不同的是其转换系数是固定的，因此它独立于单个图像，不同图像产生的土壤亮度和绿度可以互相比较。随着植被生长，在绿度图像上的信息增强，土壤亮度上的信息减弱，当植被成熟和逐渐凋落时，其在绿色度图像特征减少，在黄色度上的信息增强。这种解释可以应用于不同区域上的不同植被和作物，但穗帽变换无法包含一些不是绿色的植被和不同的土壤类型的信息。

　　7）空间卷积

　　空间卷积只处理小范围的图像信息，即图像空间频率的增强（或减弱）是通过对每个像元周围的邻近像元的处理来实现的。对一幅图像进行空间卷积有两步。首先，建立一个包含一系列相关系数或权重因子的移动窗口。这些窗口的大小通常是一个奇数，例如，3×3，5×5，7×7 等。然后，将这个窗口在整幅图像上移动，用窗口所覆盖的每个像元的亮度值乘上其对应的相关系数或权重所得到的总和（或像元平均值）代替其窗口中心像元的亮度值，从而得到一幅新的图像。

　　空间卷积对一幅图像的影响直接取决于移动窗口大小和其对应的相关系数（或权重）。理论上可选择窗口的大小和权重组合是无限的。可以选择单一权重，或者根据某种统计模型（如高斯分布）来确定权重，或者根据想要强调的信息来选择。图像边缘增强和提取的滤波器：①边缘增强是从高频成分的图像突出了图像的空间细节，通过夸大局部的对比度，比原图像能更好地突出线性特征。但是高频成分图像并不保留原图像的低频成分。边缘增强图像则侧重于在保留低频成分的同时增强局部对比度，将部分或全部原图像的亮度值加到其高频成分图像上。②边缘检测是通过有方向性的差值技术增强图像中的边缘，它主要是通过系统性地比较每个像元和其指定方向上邻近像元的亮度值，产生一个亮度差值的新图像。这个方向可以是水平的、垂直的或对角的。一阶差值可以是正的或者负的，因此正常情况下，会在差值图像上加一个常数，以便于显示。另外，因为像元对像元的差值一般会比较小，因此其差值图像的亮度值范围会较小，显示时都必须做对比度拉伸。较为复杂的差值则是通过计算其左上角到右下角像元的差值，来增强图像中的边缘。③统计滤波器是测量图像的局部统计特征，然后用其统计值作为输出图像的像元值。统计滤波器主要是计算小的邻近区（窗口范围内）的统计值，例如其均值、中值、最大值、最小值等的改变，用来消除噪音或者提取纹理特征。

8）傅里叶变换

傅里叶变换作用的是整幅图像，一幅图像通过傅里叶变换分解成不同频谱上成分的线性组合。傅里叶变换有其严格的数学公式。从概念上，傅里叶变换是利用不同振幅、不同频率和周期的正弦和余弦曲线上的值，组合图像上每个可能的空间频率。当一幅图像被分解成其频谱空间成分后，就可以将其显示在一个二维的散度图上（傅里叶谱）。经过傅里叶变换后的谱图，其中低频成分集中于中心，越向外其频谱越高。原图像中的水平特征显示在傅里叶谱图的垂直方向，原图像的垂直特征则显示在傅里叶谱图的水平方向。根据一幅图像的傅里叶谱图，可以进行反傅里叶变换，从而产生其原来的图像，因而图像的傅里叶谱图可以用来进行一系列的处理操作。例如，空间滤波器可以直接用在傅里叶谱图上，然后进行反傅里叶变换。

9）小波变换

尺度金字塔和尺度空间过滤是小波转换的基础。小波变换理论提供了将图像分解成不同尺度组成的一种数学框架，它主要是用于决定卷积的特定窗口函数。成百种不同的小波函数被提出用来增强或模糊特定的特征。二维的离散傅里叶变换是将图像分解成不同全局正弦和余弦函数的和，而二维离散的小波变换是将一幅图像在每个尺度层上分解为四个组成部分之和。这四个组成部分可以认为是一个低通滤波后的低频成分，一个高频成分，以及一个水平高频成分和一个垂直高频成分，即一个低通滤波和三个高通滤波的图像。每个小波图像都可以通过反小波变换重建原图像。小波图像通常被用来描绘高频特征，如点、线和边缘，这对于两幅图像的自动配准等非常有用。

2. 其他图像增强处理方法

1）密度分割处理

密度是卫星图像分析的最主要参数之一，密度分割即对图像亮度范围进行分割，使一定亮度间隔对应某一类地物或几类地物，从而有利于图像的增强和分类。①密度分割原理：数字图像是一个二维数组，像元中心的值就是各像元的亮度值。找出图像中的最大亮度值和最小亮度值，在该亮度范围内定出要分的级数和每一级分割点的值，再根据各像元亮度大小确定其属于哪级，并以特定的颜色表示，即完成了密度分割。②分割方法：密度分割最主要的问题是确定分割级数和分割点，分割方法可归纳为线性密度分割和非线性密度分割。线性密度分割指的是对所研究的亮度范围进行均匀分割（即亮度间隔相等）；非线性密度分割指的是对所研究的亮度范围进行非均匀分割，对感兴趣的亮度方位进行扩展，对不感兴趣的亮度范围尽可能压缩。根据实际情况确定分割级数和分割点的方法：一是要依据图像直方图峰点和谷点的具体值来决定分割级数和分割点；二是根据各类地物亮度值，求出各类地物的均值、标准偏差、确定分割级数和分割点。

2）遥感图像的二值化处理

二值化处理是把一幅原始图像按照一定算法变为 0，1 二值。最常用的算法是阈值法，也就是说设定某一阈值，将图像的数据分成两部分：大于等于该阈值的像元集合群；小于该阈值的像元集合群。也可以采用多个阈值，把原图像的灰度动态变化范围分为几个区间，再把一部分区间像元输出值设定为 0，另一部分像元输出值设定为 1，同样可以完成一幅图像的二值化处理。在遥感图像数字处理中二值化处理的关键问题是如何选择变换阈值，最常用的方法是根据图像的直方图的峰点、谷点来选择变化阈值。然而，在很多情况下，图像的直方图并不具有明显的多峰特征，一般说来，选择阈值比较困难。遥感数字图像处理中，二值化处理一般并不是用于增强有用信息，主要是用于提取遥感图像线性体解译图，以便于专题解译。例如，已知方向滤波、方向卷积都能增强线性构造，使不同色调之间界线（这种界线可能是断层线，也可能代表了地层单元的分界线，还可能是有一定规模的蚀变带）更加明显，但这种差别是相对于背景的一种差异，没有一个截然的界线。不同色调之间的分界，线性体与非线性体的划分，还需要有经验的专业人员来判断和描绘，通常很难达到精确。二值化处理时，可以用 1 表示线条像元，0 表示背景像元，以此得出一幅由各种方向线条组成的直观明了的线性体解译图，从而大大地方便了研究人员对线性体的解译。需要指出的是，用方向滤波、方向卷积增强线性体的变化梯度时，既有正向梯度也有负向梯度。正向梯度对应于卷积图像的最高值部分，负向梯度对应于卷积图像的最低值部分。因此，对卷积图像进行二值化处理时，必须使用两个阈值，把最暗区和最亮区都输出为 1，其余的像元输出为 0，才能使二值化图像代表一个完整的线性体分布图。

3）Wallis 变换

Wallis 变换是遥感图像处理工作中经常用到的一种处理方法，这种方法甚至比线性扩展和非线性扩展还要用得多，而且有时会更有效。Wallis 变换实际上也是一种空间变化的对比度扩展。其功能是加大图像对比度，突出图像的细微特征，具有明显的图像增强功能。Wallis 变换对于提取大范围均匀色调区域中的细微变化信息尤其有效。由于算法具有滤波效应，因此对于反差已较大、噪声也较大的图像，一般不宜用 Wallis 变换方法来进行增强处理。Wallis 变换实现原理是：对一个给定的窗口，通过改变窗口内图像数据的统计特征（局部标准方差、局部均值）来达到扩展对比度增强图像信息的目的。Wallis 变换与一般的对比度扩展的不同之处在于 Wallis 变换是一个局部的对比度扩展算法，且有一定的自适应性。

4）波段图像间的算术与逻辑运算

在遥感图像处理中有时需要分析波段图像之间的数据关系，以同一区域为目标，在不同图像间进行运算的处理过程叫图像间运算。在包括多光谱图像的波段间运算及不同时期观测的图像间运算等，运算的执行结果也生成图像数据。

图像间运算大致分为算术运算和逻辑运算：

（1）波段图像之间的算术运算。波段图像之间的算术运算就是对多波段图像的每个像元进行一种加减乘除算术运算而得到一个输出值的过程。例如，通过对多光谱图像进行波段间的运算，可以增强图像间的共同内容，或抵消共同的噪声成分。根据运算式运算的结果，Y 有时为负值或实数值。这往往超出了通常图像处理中所要处理的图像灰度值 Y 的范围（$0 < Y < 255$ 的整数值），为了用图像显示运算结果，必须在 0~255 之间调整为适当分布的整数。可以用于遥感图像波段之间信息特征的算术运算还包括最大值运算、最小值运

算、均值运算、乘法等。算术运算的典型实例是植被指数。

（2）波段图像之间的逻辑运算。波段图像之间的逻辑运算是把图像之间的逻辑与、逻辑或以及逻辑非等运算结合起来提取出波段图像之间的逻辑特征的运算方法。

6.4.3　遥感图像增强 ENVI 操作

1. 对比度拉伸与直方图匹配

1）对比度拉伸

ENVI 中提供包括线性的与非线性的拉伸。Display Enhancements 菜单选项包括执行快速对比度拉伸、使用直方图执行交互式对比度拉伸以及应用快速滤波增强。该菜单下的所有选项只增强被显示的数据，并不应用到数据文件。默认（快速）拉伸选项提供了几种系统默认的拉伸选项使用来自主图像窗口的数据，或者来自二次抽样的滚动窗口数据，或来自从缩放窗口的数据。Linear 拉伸使用数据的最小值和最大值执行线性对比度拉伸（不裁剪）。这对于只有少数数据值的图像特别有用。Linear 选项提供线性拉伸时，在显示数据的两端进行了裁剪。Gaussian 使用 DN127 的均值和三个标准差，应用 Gaussian 拉伸。Equalization 拉伸应用被显示数据的直方图均衡化拉伸。Square Root 拉伸取输入的直方图的平方根，然后再应用线性拉伸。

2）直方图匹配

使用直方图匹配（Histogram Matching）自动地把一幅显示图像的直方图匹配到另一幅上，从而使两幅图像的亮度分布尽可能地接近。使用该功能时，在功能被启动的窗口中输入直方图发生变化，用来与选择的图像显示窗口中的当前输出直方图相匹配。在灰阶和彩色图像上都可以使用该功能，也可以为输入的直方图选择直方图源。注意：要执行Histogram Matching，必须显示至少两幅图像。

2. 快速显示滤波和滤波的操作

1）快速显示滤波

在主图像窗口中 Filter 菜单可以选择锐化、平滑、中值滤波。这些滤波只应用于显示的数据，对其进行快速增强。锐化（Sharpen）：锐化滤波对图像显示窗口内（image、scroll 和 zoom）的数据执行高通卷积。可利用三种锐化滤波器类型，每个后面添加一个不同的数据值。"Sharpen" 附近方括号内的数字是核的中心值。因此，括号中数值较高的滤波在滤波以后，有较多的原始数据保留并附加到滤波图像上。平滑（Smooth）：可使用两种平滑滤波器。"Smooth［3×3］" 滤波器使用一个大小为 3×3 的核，"Smooth［5×5］"滤波器使用一个大小为 5×5 的核。核越大，滤波后越平滑。中值（Median）：可使用两种中值滤波器，核大小分别为 3×3 和 5×5。中值滤波器用核的中值来代替中央的像元值。这些滤波器有助于减少盐点和胡椒粉类型的噪音或斑点。

2）滤波

滤波是消除特定的空间频率来使图像增强的。空间频率通常描述亮度或 DN 值与距离的方差，图像包括多种不同的空间频率。例如消除一幅图像的高频信息将会使图像平滑。

卷积滤波在空间域对图像进行滤波。它产生一幅输出图像（图像上，一个给定像元的亮度值是其周围像元亮度值加权平均的函数）。ENVI 中的卷积滤波包括以下类型：高通、低通、拉普拉斯、直通、高斯高通、高斯低通、中值、Sobel、Roberts 以及用户自定义滤波。

数学形态学是一种基于形状的非线性处理数字图像的方法，它的主要目的是几何结构的量化。ENVI 中的形态学滤波包括以下类型：填充、侵蚀、开放、封闭滤波。纹理滤波是基于概率统计和二阶概率统计的图像处理方法。纹理指图像色调作为等级函数在空间上的变化。

3. ENVI 中变换菜单功能

变换是将数据变为另外一种数据格式的图像处理方法，通常应用一个线性函数来实现。大多数变换的目的是提高信息的表达。变换后的图像通常比原始图像更易于解译。ENVI 允许从主菜单里选择变换（Transform）下拉菜单，对图像进行变换。

1）图像锐化

图像锐化（Image Sharpening）自动地将一幅低分辨率的彩色图像与一幅高分辨率的灰阶图像融合在一起（以高分辨率像元大小进行重采样）。ENVI 有两种图像锐化技术：HIS 变换和彩色标准化变换。图像必须经过地理坐标定位或包含同样的图像维数。图像锐化需要输入三个波段。这些波段应该是拉伸过的字节型数据，或从一个开放打开的彩色显示中选择。HSV 锐化（数据的融合）：该功能可以进行 RGB 图像到 HIS 色度空间的变换，用高分辨率的图像代替亮度值波段，自动用最近邻、双线性或三次卷积技术将色调和饱和度波段重采样到高分辨率像元尺寸，然后将图像变换回 RGB 彩色空间。输出的 RGB 图像的像元将与高分辨率数据的像元大小相同。彩色标准化锐化（Color Normalized Sharpening）：彩色标准化锐化方法对彩色图像和高分辨率数据进行数学合成，以使图像锐化。彩色图像中的每一个波段乘以高分辨率数据与彩色波段总和的比值。函数自动地用最近邻、双线性或立方体卷积技术三个彩色波段采样到高分辨率像元尺寸。

2）波段比计算

波段比（Band Ratios）计算工具用于增强波段之间的波谱差异，减少地形的影响。用一个波段除以另一个波段生成了一幅能提供相对波段强度的图像。这一图像增强了波段之间的波谱差异。ENVI 能用浮点型数据格式（系统默认）或字节型数据格式输出波段比值图像。可以将三个比值合成一幅彩色比值合成图像（CRC），用于判定每个像元波谱曲线的大致形状。要计算波段比，必须输入一个"分子"波段和一个"分母"波段，波段比是分子与分母的比值。ENVI 能够核查变换分母为 0 的错误，并将他们设置为 0。ENVI 也允许计算多项比值，并在一个文件中将它们输出为多个波段。

3）主成分分析

主成分分析（Principal Component Analysis，PCA）是用于多波段数据的一个线性变换，可以生成互不相关的输出波段，对增强信息含量、隔离噪声、减少数据维数非常有用。ENVI 能完成正向和逆向 PC 旋转。正向的 PC 旋转用一个线性变换使数据方差达到最大。当运用正向 PC 旋转时，ENVI 允许计算新的统计值，或将已经存在的统计项进行旋转。输出值可以存为字节型、浮点型、整型、长整型或双精度型。也可以基于特征值抽取 PC 旋转输出的部分内容，生成只有所需的 PC 波段的输出。一旦旋转完成，将会出现 PC 特征值图，显示出每一个输出的 PC 波段的差异量。PC 波段将显示在 Available Bands List 中。

4）颜色变换

颜色变换（Color Transforms）将 3-波段红、绿、蓝图像变换成一个特定的彩色空间，并且能从所选彩色空间转回到 RGB。两次变换之间，通过用对比度拉伸，可以生成一个色彩增强的彩色合成图像。此外，亮度波段值可以被另一个波段代替，生成一幅合成图像（将一幅图像的色彩特征与另一幅图像的空间特征相结合）。这可以由 HSV 锐化自动完成。由 ENVI 支持的彩色空间包括"色调、饱和度、数值（HSV）"变换、"（色调、亮度、饱和度（HLS）"变换和"USGS Munsell"变换（作为一个用户函数）。变换将 RGB 坐标变成了色彩坐标色调、饱和度和数值。色调变化范围为 0 ~ 360，这里 0 与 360 代表蓝，120 代表绿，240 代表红。饱和度变化范围是 0 ~ 208，值越高代表颜色越纯。值的变化范围大致是 0 ~ 512，较高的数代表较亮的颜色。注意：色彩变换需要输入三个波段。这些波段应被拉伸为字节数据，或从一个打开的彩色显示中选择。

4. 去相关拉伸

RGB 彩色合成时，波段被显示在一起，高度相关的多波谱数据集经常生成十分柔和的彩色图像。去相关拉伸（Decorrelation Stretch）提供了一种消除这些数据中高度相关部分的一种手段。当 ENVI 提供一种具体的去相关程序时，类似的结果还可以用一个正向 PCA、反差拉伸和反向 PCA 变换序列得到。去相关拉伸需要输入三个波段。这些波段应该为拉伸的字节型，或从一个打开的彩色显示中选择。

5. 饱和度拉伸

饱和度拉伸（Saturation Stretch）变换对输入的一个三波段图像进行彩色增强。输入的数据由红、绿、蓝变换成色调、饱和度和颜色值。对饱和度波段进行了高斯拉伸，因此数据填满了整个饱和度范围。然后，HSV 数据自动被变换回 RGB 空间，生成的输出波段包含有较饱和的色彩。饱和度拉伸需要输入三个波段。这些波段应被拉伸成字节型数据，或能从打开的彩色显示中选择。

6. 合成彩色图像

用合成彩色图像（Synthetic Color Image）变换选项，可以将一幅灰阶图像变换成一幅彩色合成图像。ENVI 通过对图像进行高通和低通滤波，将高频和低频信息分开，使灰阶图像变换成彩色图像。低频信息被赋予色调，高频信息被赋予强度或颜色值，也用到了一

149

个恒定的饱和度值。这些色调、饱和度和颜色值（HSV）数据被变换为红、绿、蓝（RGB）空间，生成一幅彩色图像。这一变换经常被用于雷达数据，在保留好的细节情况下，改善精确的大比例尺特征。它非常适于中低地貌。在雷达图像里，由于来自小比例尺地形的高频特征的存在，要看清低频的变化（差异）通常较困难。低频信息通常是由于来自岩石或植被的表面散射差异形成的。

7. 归一化植被指数

归一化植被指数（Normalized Difference Vegetation Index，NDVI）是一个普遍应用的植被指数，将多波谱数据变换成唯一的图像波段，以此显示植被分布。NDVI 值指示着像元中绿色植被的数量，较高的 NDVI 值预示着较多的绿色植被。NDVI 变换可以用于 AVHRR、Landsat MSS、Landsat TM、SPOT 或 AVIRIS 数据，也可以输入其他数据类型的波段来使用。

8. 缨帽变换

缨帽变换（Tasseled Cap）是一种通用的植被指数，可以被用于 Landsat MMS 或 Landsat TM 数据。对于 Landsat MMS 数据，缨帽变换将原始数据进行正交变换，变成四维空间（包括土壤亮度指数 SBI、绿色植被指数 GVI、黄色成分（stuff）指数 YVI，以及与大气影响密切相关的 non-such 指数 NSI）。

6.4.4　遥感图像增强 ERDAS 操作

在 ERDAS 软件中，图像增强模块包含了 5 个方面的功能，依次是遥感图像的空间增强（Spatial Enhancement）、辐射增强（Radiometric Enhancement）、光谱增强（Spectral Enhancement）、高光谱工具（Hyperspectral Tools）以及傅里叶变换（Fourier Analysis）。每一项功能菜单中又包含若干具体的遥感图像处理功能。

1. 空间增强

空间增强技术是利用像元自身及其周围像元的灰度值进行运算，达到增强整个图像的目的。ERDAS 提供的空间增强命令及功能见表 6.2。

表 6.2　　　　　　　　　遥感图像空间增强命令及其功能

命　令	功　能
Convolution：卷积增强	用一个系数矩阵对图像进行分块平均处理
Non-directional Edge：非定向边缘增强	首先应用两个正交卷积算子分别对图像进行边缘探测，然后将两个正交结果进行平均化处理

续表

命　　令	功　　能
Focal Analysis：聚焦分析	使用类似卷积滤波的方法，选择一定的窗口和函数，对输入图像文件的数值进行多种变换
Texture：纹理分析	通过二次变异等分析增强图像的文理特征
Adaptive Filter：自适应滤波	应用自适应滤波对 AOI 进行对比度拉伸处理
Resolution Merge：分辨率融合	不同空间分辨率遥感图像的融合处理
Crisp：锐化处理	增强整景图像亮度而不使其专题内容发生变化

2. 辐射增强

辐射增强处理是对单个像元的灰度值进行变换达到图像增强的目的。ERDAS 提供的辐射增强处理功能见表 6.3。

表 6.3　　　　　　　　　　　**遥感图像辐射增强命令及其功能**

辐射增强命令	辐射增强功能
LUT Stretch：查找表拉伸	通过修改图像查找表（Lookup Table）使输出图像值发生变化，是图像对比度拉伸的总和
Histogram Equalization：直方图均衡化	对图像进行非线性拉伸，重新分布图像像元值使一定灰度范围内像元的数量大致相等
Histogram Match：直方图匹配	对图像查找表进行数学变换，使一幅图像的直方图与另一幅图像类似，常用于图像拼接处理
Brightness Inverse：亮度反转	对图像亮度值范围进行线性及非线性取反值处理
Haze Reduction：去霾处理	降低多波段图像及全色图像模糊度的处理方法
Nosie Reduction：降噪处理	利用自适应滤波方法去除图像噪声
Restripe TM Data：去条带处理	对 Landsat TM 图像进行三次卷积处理去除条带

3. 光谱增强

光谱增强处理是基于多波段数据对每个像元的灰度值进行变换，达到图像增强的目的。ERDAS 提供的光谱增强处理功能见表 6.4。

表 6.4 　　　　　　　　　　　　　　**遥感图像光谱增强命令及其功能**

光谱增强命令	光谱增强功能
Principal Components：主成分变换	将具有相关性的多波段图像压缩到完全独立的较少的几个波段
Inverse Principal Components：主成分逆变换	与主成分变换操作正好相反，将主成分变换图像依据当时的变换特征矩阵重新恢复到 RGB 彩色空间
Decorrelation Stretch：去相关拉伸	首先对图像的主成分进行对比度拉伸处理，然后再进行主成分逆变换，将图像恢复到 RGB 彩色空间
Tasseled Cap：缨帽变换	在植被研究中旋转数据结构轴优化图像显示效果
RGB to IHS：色彩变换	将图像从红（R）、绿（G）、蓝（B）彩色空间转换到亮度（I）、色度（H）、饱和度（S）彩色空间
HIS to RGB：色彩逆变换	将图像从亮度（I）、色度（H）、饱和度（S）色彩色空间转换到红（R）、绿（G）、蓝（B）彩色空间
Indices：植被指数	用于计算反映矿物及植被的各种比率和指数
Natural Color：自然色彩变换	模拟自然色彩对多波段数据变换输出自然色彩图像

（1）主成分变换：是一种常用的数据压缩方法，它可以将具有相关性的多波段数据压缩到完全独立的较少的几个波段上，使图像数据更具有解译性。ERDAS 提供的主成分变换功能最多可以对含有 256 个波段的图像进行转换压缩。

（2）主成分逆变换：经主成分获得的图像重新恢复到 RGB 彩色空间，应用时，输入的图像必须是由主成分变换得到的图像，而且必须有当时的特征矩阵参与变换。

（3）去相关拉伸：对图像的主成分进行对比度拉伸处理，而不是对原始图像进行拉伸。用户在操作时，只需要输入原始图像就可以了，系统将首先对原始图像进行主成分变换，并对主成分图像进行对比度拉伸处理，然后再进行主成分逆变换，依据当时变换的特征矩阵，将图像恢复到 RGB 彩色空间，达到图像增强的目的。

（4）缨帽变换：是针对植物学家所关心的植被图像特征，在植被研究中将原始图像数据结构轴进行旋转，优化图像数据显示效果。该变换的基本思想是：多波段图像可以看作 N 维空间，每一个像元都是 N 维空间中的一个点，其位置取决于像元在各波段上的数值。相关研究表明，植被信息可以通过三个数据轴（亮度轴、绿度轴、湿度轴）来确定，而这三个轴的信息可以通过简单的线性计算和数据空间旋转获得，当然还需要定义相关的转换系数；同时，这种旋转与传感器有关，还要确定传感器类型。

（5）色彩变换：将遥感图像从 RGB 三种颜色组成的彩色变换转换到以亮度 I、色度 H、饱和度 S 作为定位参数的彩色空间，以便使图像的颜色与人眼看到的更为接近。其中，亮度表示整个图像的明亮程度，取值范围是 0~1；色度代表像元的颜色，取值范围是 0~360；饱和度代表颜色的纯度，取值范围是 0~1。

（6）色彩逆变换：将遥感图像从亮度 I、色度 H、饱和度 S 作为定位参数的彩色空间转换到 RGB 三种颜色组成的彩色空间。需要说明的是，在完成色彩逆变换的过程中，经常需要对亮度 I 与饱和度 S 进行最小最大拉伸，使其数值充满 0~1 的取值范围。

（7）指数计算：应用一定的数学方法，将遥感图像中不同波段的灰度值进行各种组合运算，计算反映矿物及植被的常用比率和指数。各种比率和指数与遥感图像类型即传感器有密切的关系，因而在进行指数计算时，首先必须根据输入图像类型选择传感器，ERDAS 系统集成的传感器类型有 SPOTXS、Landsat TM、Landsat MSS、NOAAAVHRR 四种，不同传感器对应的指数计算是有区别的，ERDAS 系统集成了与各种传感器对应的常用指数，如 Landsat TM 所对应的矿物指数有黏土指数（Clay Mineral）、铁矿指数（Ferrous Mineral）等几种；植被指数有 NDVI、TNDVI 等几种。

（8）自然色彩变换：模拟自然色彩对多波段数据进行变换，输出自然色彩图像。变换过程中关键是三个输入波段光谱范围的确定。这三个波段依次是近红外、红、绿，如果三个波段定义不够恰当，则转换以后的输出图像也不可能是真正的自然色彩。

4. 傅里叶变换

傅里叶变换是将遥感图像从空间域变换到频率域，把 RGB 彩色图像转换成一系列不同频率的二维正弦或余弦波傅里叶图像；然后，在频率域内对傅里叶图像进行编辑、掩模等各种编辑，减少或消除部分高频成分或低频成分；最后，再把频率域的图像变换到 RGB 彩色空间域，得到经过处理的彩色图像。傅里叶变换主要是用于消除周期性噪声，此外，还可用于消除由于传感器异常引起的规则性错误；同时，这种处理技术还以模式识别的形式用于多波段图像处理。ERDAS 提供的傅里叶变换处理命令及其功能见表 6.5。

表 6.5 　　　　　　　　　　　　**傅里叶变换命令及其功能**

傅里叶变换命令	傅里叶变换功能
Fourier Transform：傅里叶变换	将空间域图像转换成频率域傅里叶图像（FFT）
Fourier Trans form Editor：傅里叶变换编辑	集成了一系列交互式的编辑工具和过滤器，让用户对傅里叶图像进行多种编辑和变换
Inverse Transform：傅里叶逆变换	依据两维快速傅里叶变换图像计算其逆向值，将快速傅里叶图像转换成空间域图像
Fourier Magnitude：傅里叶显示变换	将傅里叶图像 FFT 转换为 IMG 文件，以便在 ERDAS 视窗显示操作
Periodic Noise Removal：周期噪声去除	通过对遥感图像进行分块傅里叶变换处理，自动去除图像中诸如扫描条带等周期性噪声
Homomorphic Filter：同态滤波	利用照度/反射模型对遥感图像进行滤波处理

6.5　遥感图像裁剪与镶嵌

遥感图像经过几何校正、辐射校正等处理后，在实际工作中多数情况下还要进行图像的拼接（镶嵌）或者裁剪。

如果工作区域较小，只要一景遥感图像中的局部就可以覆盖的话，就需要进行遥感图像裁剪处理。同时，如果用户只关心工作区域之内的数据，而不需要工作区域之外的图像，同样需要按照工作区域边界进行图像裁剪。此外，有时候可能需要对整个工作区域的遥感图像按照某种比例尺的标准分幅进行分块裁减。于是就出现规则裁剪、任意多边形裁剪以及分块裁剪等类型。

如果工作区域较大，需要用两景或者多景遥感图像才能覆盖的话，就需要进行遥感图像镶嵌处理。遥感图像镶嵌处理就是将经过几何校正的若干相邻图像拼接成一幅图像或一组图像，需要拼接的输入图像必须含有地图投影信息，且必须具有相同的波段数；但是可以具有不同的投影类型，像元大小也可以不同。当然，也可以在镶嵌之前通过投影变化，统一所有图像的地图投影。

6.5.1　遥感图像的裁剪

在实际工作中，经常需要根据研究工作范围对图像进行分幅裁剪。图像裁剪的目的是将研究之外的区域去除。常用的方法是按照行政区划边界或者自然区域边界进行图像裁剪；在基础数据生产中，经常还要进行标准分幅裁剪。ArcGIS、ENVI 以及 ERDAS IMAGINE 等软件都可以用来对校正后的遥感图像进行裁剪，这里分别以 ENVI 和 ERDAS IMAGINE 演示具体的操作过程。

1. ENVI 遥感影像裁剪处理

ENVI 的图像裁剪过程，可分为规则分幅裁剪和不规则分幅裁剪。规则分幅裁剪，是指裁剪图像的边界范围是一个矩形，这个矩形的范围获取途径包括行列号、左上角和右下角两点坐标、图像文件、ROI/矢量文件；不规则分幅裁剪，是指裁剪图像的边界范围是一个任意多边形，这个任意多边形可以是事先生成的一个完整的闭合多边形区域，也可以是一个手工绘制的 ROI（感兴趣区）多边形，还可以是 ENVI 支持的矢量文件。针对不同的情况采用不同的裁剪过程。

2. ERDAS IMAGINE 遥感图像裁剪处理

按照 ERDAS IMAGINE 实现图像分幅裁剪的过程，同样可以将图像分幅裁剪分为两种裁剪类型，即规则分幅裁剪和不规则分幅裁剪。

（1）规则分幅裁剪：指裁剪图像的范围是一个矩形，通过左上角和右下角两点的坐标可以确定图像的裁剪位置。

（2）不规则分幅裁剪：指裁剪图像的边界范围是一个任意多边形，无法通过左上角和右下角两点的坐标确定图像的裁剪位置，而必须先生成一个完整的闭合多边形区域，可以是一个 AOI 多边形，也可以是 Arc Info 的一个 Polygon Coverage，应针对不同的情况采用不同的裁剪过程。

6.5.2　遥感图像的镶嵌

在遥感图像的应用中，当研究区处于几幅图像的交界处或研究区较大时，需要多幅图像才能进行。

1. 遥感图像镶嵌原则

镶嵌时应对多景影像数据的重叠带进行严格配准，镶嵌误差不低于配准误差，镶嵌区应保证有 10~15 个像素的重叠带。影像镶嵌时除了要满足在镶嵌线上相邻影像几何特征一致性，还要求相邻影像的色调保持一致。镶嵌影像应保证色调均匀、反差适中，如果两幅或多幅相邻影像时相不同使得影像光谱特征反差较大，则应在保证影像上地物不失真的前提下进行匀色，尽量保证镶嵌区域相关影像色彩过渡自然平滑。

（1）原则上，镶嵌只针对采样间隔相同影像。需在相邻数据重叠区域进行如下处理：首先，在相邻数据重叠区勾绘镶嵌线，镶嵌线勾绘尽量靠近采样间隔较小影像的外边缘，以保证其数据使用率最大化。然后，对镶嵌线两侧影像进行裁切，裁掉重叠区域影像，为避免因坐标系转换导致接边处出现漏缝，对于采样间隔小的影像严格沿镶嵌线裁切，采样间隔大的影像应适当外扩一定范围，原则上不超过 10 个像素进行裁切。

（2）镶嵌前进行重叠检查。每景之间重叠限差应符合要求。若重叠误差超限，应立即查明原因，并进行必要的返工，使其符合规定的接边要求。采用"拉窗帘"方式目视检查相邻影像间重叠区域的精度，若同名地物出现"抖动"或"错位"现象，则量测该处同名点误差，两者接边精度不超过 1 个像素。

（3）镶嵌时应尽可能保留分辨率高、时相新、云雾量少、质量好的影像。

（4）选取镶嵌线对 DOM 进行镶嵌，镶嵌处无地物错位、模糊、重影和晕边现象。

（5）时相相同或相近的镶嵌影像纹理、色彩自然过渡，时相差距较大、地物特征差异明显的镶嵌影像，允许存在光谱差异，但同一地块内光谱特征应尽量一致。

2. 遥感图像拼接 ENVI 操作

镶嵌可以被用于叠置两个或多个有重叠区域（通常是经过地理坐标定位）的图像或将不同的无重叠区域的图像或图标镶嵌在一起再进行输出（通常是基于像元的）。单个波段、整个文件或经过地理坐标定位的多分辨率图像都可以进行镶嵌。在镶嵌时，可以使用鼠标基于像元或地理坐标，把图像放置在镶嵌窗口中，在镶嵌过程中还可以使用羽化（Feather）技术来融合图像边缘。镶嵌过的图像可以被存为一个虚拟的镶嵌图，以避免将数据再拷贝一份存储在磁盘中。镶嵌模版可以被存储。以及从其他输入的文件中恢复。

ENVI 中有两种镶嵌，分别为：

（1）基于像元的镶；

（2）基于地理坐标的镶嵌。

基于地理坐标的镶嵌被用于自动叠置多幅地理坐标图像。多分辨率地理坐标图像可以被镶嵌，羽化过去常常用于结合图像边缘，输入的地理坐标的图像与非地理坐标的图像可以进行同一次镶嵌。

◎ **思考题**

（1）遥感影像数字图像处理的内容有哪些？

（2）简述去云的方法。

（3）遥感影像阴影处理主要有哪些内容？

（4）引起辐射畸变的原因有哪些？

（5）比较实用的高光谱图像辐射校正有哪些？

（6）引起遥感影像几何变形的原因有哪些？

（7）简述遥感平台位置和运动状态变化如何引起遥感影像几何变形。

（8）简述地面控制点的选取。

（9）什么是配准？

（10）什么是遥感图像增强？

（11）简述遥感图像增强的目的。

（12）简述遥感图像增强的分类。

（13）简述常见的光学增强处理方法。

（14）数字图像增强处理的方法有哪些？

（15）什么是密度分割？

（16）简述遥感图像镶嵌的原则。

第 7 章　遥感制图的图像解译、分类和反演

7.1 遥感图像解译

7.1.1 遥感图像解译的原理

1. 基本概念

遥感图像解译，也称判读或判释，是从遥感图像上获取目标地物信息和空间图形信息的过程，即根据各专业（部门）的要求，运用解译标志和实践经验与知识，从遥感影像上识别目标，定性、定量地提取出目标的分布、结构、功能等有关信息，并把它们表示在地理底图上的过程。例如，土地利用现状解译，是在影像上先识别土地利用类型，然后在图上测算各类土地面积。

2. 目标地物的特征

遥感图像是一种形象化的空间信息。对于地表空间分布的各种物体与现象，遥感图像包含的信息量极为直观、丰富和完整，尤其是地球表层资源与环境的信息。地表物体的遥感图像识别要素归纳为"色调、形态、位态、时态"四大类，其可以解决地学解译中的四个基本问题，即时间、地点、目标和变化的时空基本问题。

遥感图像中目标地物特征是地物电磁辐射差异在遥感影像上的典型反映，常用遥感器影像上色调/彩色特征的物理含义见表7.1。

表7.1　　　　　常用遥感器影像上色调/彩色特征的物理含义

遥感器	波段范围	工作方式	物 理 含 义	主要相关参数
制图照相机	$0.4 \sim 0.7 \mu m$	被动	反射光能量，灰度	波谱发射率
多波段扫描仪	$0.32 \sim 14 \mu m$	被动	反射及热辐射能量，数字计数	波谱反射率/发射率
红外扫描仪	$3 \sim 14 \mu m$	被动	热辐射能量，辐射温度	比辐射（发射）率
合成孔径雷达	L：$15 \sim 30 cm$	主动	雷达波束的后向散射能量，亮度温度	反射率、粗糙度、介电常数
	S：$7.5 \sim 15 cm$			
	C：$3.75 \sim 7.58 cm$			
	X：$2.4 \sim 3.7 cm$			

3. 目标地物识别特征

根据国内外的实践经验，遥感图像解译的目标地物识别特征，可归纳为10个基本特征类型，即色彩/反差、大小、形状、纹理、图型、高度、阴影、位置、关系和变化，见图 7.1。

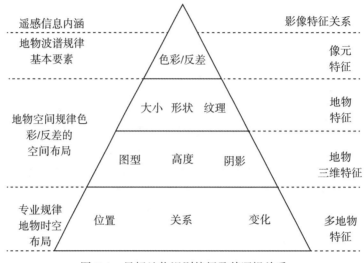

图 7.1　目标地物识别特征及其逻辑关系

7.1.2　遥感图像解译的方法

按遥感图像解译的方法和技术，可分为目视解译和计算机解译。

（1）目视解译：目视解译也称目视判读，是指专业人员通过肉眼直接观察或借助辅助解译仪器在遥感图像上获取特定地学目标属性信息的过程。

（2）计算机解译：计算机解译是以计算机系统为支撑，运用数字图像处理和地理信息系统平台或两者的集成平台，通过模式识别技术与人工智能技术、空间推理技术的综合，根据遥感图像中目标的各种图像特征（颜色、形状、纹理与空间位置），结合专家知识库中地学目标的解译经验和成像规律进行基于地学知识的分析和推理，实现对遥感图像的理解，完成对遥感图像的解译。

基于计算机图像处理及 GIS 平台的交互式图像解译是地学遥感解译的基础，其核心是基于专业知识的目视解译。地理遥感的目视解译是基于地理科学的理论知识系统及地理工作实践经验进行的；地质遥感的目视解译是基于地质学理论知识和野外地质调查实践经验进行的；资源与环境遥感的目视解译是基于资源学、环境学的理论知识系统及工作经验进行的；考古学遥感、海洋学遥感、军事遥感的目视解译也同样需要各自的专业理论和实践经验，离开专业理论和知识系统是不可能完成遥感图像相关的地学解译工作的，即使利用计算机图像处理和空间信息技术也不可能自动完成遥感图像专业地学信息的识别和数据采集工作。遥感图像处理和计算机解译的结果，需要运用目视解译的方法进行抽样检验，求证图像空间信息的地学含义或物理含义，目视解译是遥感图像计算机解译发展的基础和起始点。

7.1.3 遥感图像解译的标志

遥感图像解译标志是指能够反映和表现目标地物信息的遥感影像各种特征，这些特征能够帮助解译者识别遥感图像上目标地物或现象。遥感图像解译的标志分为直接解译标志和间接解译标志。

1. 直接解译标志

（1）形状：人造地物具有规则的几何外形和清晰的边界，自然地物具有不规则的外形和规则的边界。

（2）大小：未知比例尺时，可以比较两个物体的相对大小；已知比例尺时，可直接算出地物的实际大小和分布规模。

（3）阴影：包括本影和落影。本影是地物未被太阳照射到的部分在像片上的构像有助于获得地物的立体感；落影是阳光直接照射物体时，物体投在地面上的影子在像片上的构像。

（4）色调与颜色：地物波谱在像片上的表现。在黑白像片上，根据地物间色调的相对差异区分地物；在彩色像片上，根据地物不同颜色的差异或色彩深浅的差异来识别地物。

（5）纹理：通过色调或颜色变化表现的细纹或细小的图案，这种细纹或细小的图案在某一确定的图像区域中以一定的规律重复出现，可揭示地物的细部结构或内部细小的物体。

（6）图型：图型是目标地物以一定规律排列而成的图形结构，揭示了不同地物间的内在联系。其是一个综合性的解译标志，由形状、大小、色调、纹理等影像特征组合而成。人造地物往往具有某种特殊的图型，比如由多个建筑物有序排列构成的街区，由教室、操场和跑道构成的学校等。自然地物如水系等也具有特定图型。

（7）位置：目标地物在空间分布的地点。目标地物的位置与它的环境密切相关，据此可以识别一些目标地物或现象。

2. 间接解译标志

间接解译标志指能够间接反映和表现地物信息的遥感图像的各种特征，借助它可推断与某种地物属性相关的其他现象。

（1）目标地物与其相关指示特征：例如像片上河流边滩、沙嘴和心滩的形态特征是确定河流流向的间接解译标志；像片上呈线状延伸的陡立三角面地形，其是推断地质断层存在的间接标志。

（2）地物及与环境的关系：根据有代表性的植物类型推断当地的生态环境，例如寒温带针叶林的存在说明该地区属于寒温带气候。

（3）目标地物与成像时间的关系：了解成像时间，有助于对目标地物的识别。例如东部季风区夏季炎热多雨，冬季寒冷干燥，土壤含水量因此具有季节变化，河流与水库的水位也有季节变化。

间接解译标志具有地域和专业差异性。建立和运用各种间接解译标志，一般需要有一定的专业知识和解译经验。熟悉和掌握遥感摄影像片特点与解译标志，对遥感摄影像片的解译大有帮助。

7.1.4　地学解译标志

1. 水系解译标志

水系是由多级水道组合而成的地表水文网，常构成各种图形特征。在遥感图像上，一个地区的水系特征是由该地区的岩性、构造和地貌形态所决定的，因此，在地学解译中它是重要的图像标志之一，一般可从水系类型和水系密度等方面进行遥感图像解译。

1）水系类型

水系类型由地貌形态类型与区域地质构造环境所制约，且水系样式常与下垫面的岩性、构造、岩层产状有着密切的关系。遥感图像常见水系类型如图 7.2 所示，主要包括：树枝状水系、格状水系、放射状水系、环状水系、向心状水系、平行状水系、游荡型水系、羽毛状水系和星点状水系等。①树枝状水系：最常见的水系类型，各级水道水流方向自由发展，没有明显的固定方向。其主要特点是每一级水道均以锐角注入高一级水道。树枝状水系多出现在岩性均一、产状平缓、构造简单、地形坡度不大的地区。②格状水系：这是一种严格受构造控制的水系，呈方格状或菱形格状。方格状水系的 1~3 级水道以直角相交，它们多半是沿断层、节理发育的。格状水系主要出现在裂隙发育的岩层中，例如块状砂岩、花岗岩、大理岩岩层等。菱格状水系的冲沟顺着强烈破碎的节理面或软弱面发育，两个方向的冲沟呈锐角相交形成菱形水网。③放射状与向心状水系：水道呈放射状，自中心向四周延伸的水系称放射状水系，多发育在火山锥和穹隆构造区，沟谷一般切割较深，多呈"V"形谷，两侧常发育有短小的支流或冲沟；水流从四周向中心汇聚的水系称向心状水系。④环状水系：常与放射状水系同时出现，沿花岗岩体上的环状节理、穹窿构造上的岩层层理、片理均能形成环状水系。⑤其他水系类型：在特定的地形、环境或构造条件下，常形成一些特殊的水系类型，例如星点状水系、平行状水系和辫状水系等。

2）水系密度

水系密度是指在一定范围内各级水道（主要指 1、2 级或 3 级）发育的数量。但也有用相邻两条同级水道之间的间隔来表示水系的疏密。水系密度大小是由岩石和土壤的成分、结构、含水性及地形决定的。因此，通过对水系密度的分析，可了解该地区的岩性、地貌特征（图 7.3）。在遥感图像上对水系密度进行定量统计，可为地学解译提供更为可靠的依据。统计时，可以测量规定范围内各级水道出现的条数，也可测量单位面积内各级

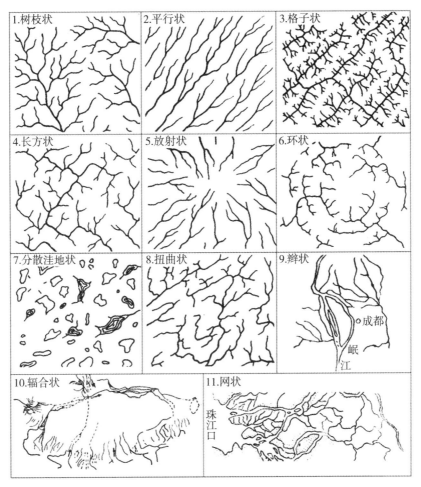

图 7.2 遥感图像常见水系类型

水道的总长度。

2. 地貌形态解译标志

地貌形态是内力地质作用、外力地质作用、构造、岩性和气候多种因素对地壳综合作用的结果。内力地质作用决定地貌格局，外力地质作用则是对地貌格局的形态刻画，岩石类型及其组合、断裂构造则进一步在地貌的空间结构、地貌形态走向及地形表现上对地貌形态类型进行控制或制约。例如，沉积岩区，地貌形态多受岩性、地层和构造作用类型共同影响；侵入岩区主要由侵入体规模和侵入体形态所控制；火山岩区则由岩性、岩相单位及火山构造所控制；而在古老变质岩区，则由变质岩石类型及断裂构造控制其地貌形态。外力作用不仅决定了地貌形态特征，而且还可以通过河谷形态、阶地测量、河流袭夺等地

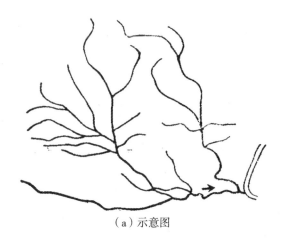

（a）示意图

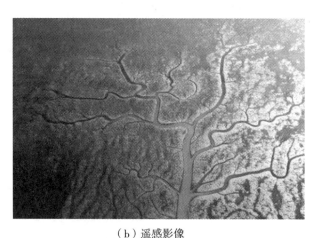

（b）遥感影像

图 7.3　水系-树枝状水系

貌专题来研究区域地貌演化过程，进而研究区域新构造运动特征及其构造演化史。因此，地貌形态标志对于区域地质-地理过程的遥感解译是重要的直接标志。由于地貌形态是由岩石类型和地质构造所控制，在外力地质作用下，尽管其原始地貌形态遭受到改造和破坏，但是其地貌格局总与岩石及构造类型具有内在的关联性。

1）大型构造地貌标志

构造地貌是由地壳运动直接形成的或受地质构造控制而形成的地貌类型。大型构造地貌解译是从地貌单元及地貌格局开始的。首先确定地貌对象在山地—丘陵—盆地—山前平原—平原高等级地貌单元中所处的地貌位置及其空间关系。一般的解译顺序是先区分出平原、丘陵、山地等高等级地貌类型，然后再分析待定目标在高等级地貌单元中的分布特点。

平原在卫星图像上表现为较均匀的色调，其基本地理要素有水系、耕地、城镇村庄、交通网络等；山地地貌在遥感图像上具有更为丰富和复杂的图像要素，主要地貌要素为山脊、沟谷、水系网络等，从形态特征上表现为坡地和悬崖绝壁、河谷与盆地等类型；丘陵是介于平原和山地的过渡地带，在遥感图像上丘陵地貌单元既具有山地地貌的某些图像特征，又具有盆地、平原的图像特征；盆地是山地地貌单元中地形相对平缓的地理单元，盆地中既包括平川或丘陵，也可包含局部的山地景观。由于盆地边界一般受区域断裂构造控制，所以盆地形态具有多样性，如平行四边形、菱形、半月形和不规则交错型等。

2）坡地地貌标志

坡地上的物质受到自身重力和坡面平行分力的作用影响具有顺坡向下位移运动的趋势。依据坡地物质的运动特点及其所塑造的地貌特征，坡地的地貌过程可以分为风化剥蚀、坡面冲蚀、崩塌、滑坡、蠕动及混合作用过程类型。坡地地貌可分为坡地侵蚀地貌和堆积地貌两种类型。坡地侵蚀地貌是以风化剥蚀作用为主、重力作用为辅而形成的；堆积地貌是以面状流水的堆积作用为主、股状水流作用为辅而形成的。①坡地侵蚀地貌的图像标志是依据岩石类型和坡面地形特征而建立的，主要有色调、形态、影纹图案和景观四种基本类型；侵蚀坡由基岩构成，其解译标志与岩石类型有关。②坡地堆积地貌属于松散沉积层类型，总体坡度小于侵蚀坡度，在图像上一般都可发现二者之间存在明显的坡度变化线，称为坡折线。坡积裙分布在坡地的坡麓地带，其上为基岩侵蚀（剥蚀）坡，其下多为河谷阶地或河漫滩，地貌区位特征也极为明显。坡地沟谷在图像上都具有较为明显的判别标志，其地貌形态特征则取决于下垫面岩石类型。坡地单元中的陡坎微地貌单元在图像上也具有明显的形态标志，尤其是在高分辨率图像上，陡坎地貌形态特征特别突出，并可构成岩石地层解译的标志层。③倒石堆以重力崩塌作用为主而形成，其成分以岩石大碎块为主，夹杂岩石碎屑。在遥感图像上，倒石堆坡面陡直，影像上呈深色调。岩屑堆则以差异风化作用及其撒落作用为主形成，其成分以岩石碎屑为主，夹杂岩石碎块。岩屑堆坡面下凹，影像上呈浅色调。④滑坡体斜坡上的岩层或土层在重力作用下沿着层内的一个或多个软弱层面产生整体向下滑移的现象称为滑坡。重力作用是滑坡发生的动力，岩土层是滑坡发生的物质基础，层内的软弱层面（带）是滑坡发育的导引层。滑坡是山区最为常见的山地地质灾害，且该类灾害的破坏力极大。在遥感图像上新滑坡体的图像标志明显，易于识别和圈绘。滑坡体在平面形态呈环状、椭圆状、条带状等多种面状图形。

3）河流地貌标志

河流是地表最为普遍的地貌营力，河流地貌是河流侵蚀地貌与堆积地貌的总称（图7.4），包括河谷、牛轭湖、侵蚀平原等河流侵蚀地貌以及河漫滩、江心洲、迂回扇、冲积平原、三角洲等河流堆积地貌。研究河流地貌，掌握河流的演变过程，预测河流的变化趋势，对水利交通、工农业生产和城镇建设都具有重要意义。①河流侵蚀、堆积的作用方式与强度受到地球表面多种因素的控制和干扰，例如地形条件、降水条件、岩性地层及其产状条件、地质构造条件、植被与土壤条件、地壳运动条件等。因此，河流地貌虽具有普

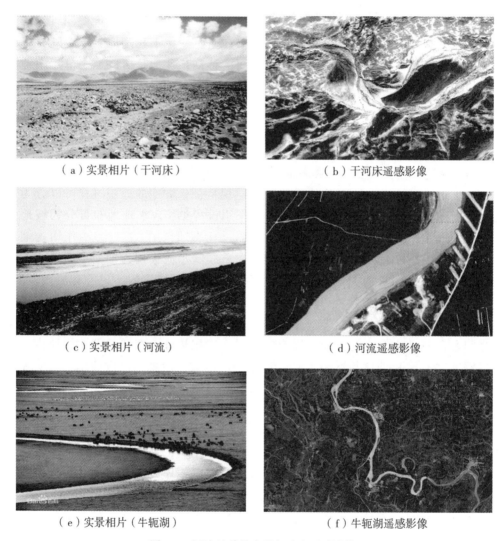

（a）实景相片（干河床）　　　　　　　　　（b）干河床遥感影像

（c）实景相片（河流）　　　　　　　　　　（d）河流遥感影像

（e）实景相片（牛轭湖）　　　　　　　　　（f）牛轭湖遥感影像

图 7.4　河流地貌的实景相片和遥感影像

遍的形成规律，但也存在其特征的个性差异。河流地貌遥感的目标和任务，就是确定其地貌类型、演变历史、受控条件以及河流地貌的发展趋势及其对城市、交通和社会发展的影响。②河谷是地表流水的谷道，与山地地貌相比属于负地形。河谷地貌是地壳内-外力地质作用的综合产物，也是地表形变的最敏感地貌单元。因此，河谷地貌标志对于地学解译而言具有特殊指向意义。河谷地貌标志与水系标志具有较多的相似性，但在地学解译中，河谷地貌强调对河谷的纵向剖面、横向剖面、谷底构成特征等微地貌标志的研究。③山区河床形态很复杂，其横剖面被深切成"V"形，纵剖面受地质构造和岩性条件控制。纵剖面出降很大，常呈阶梯状，多跌水或瀑布。④河流水体所携带的大量泥沙在山前出口处迅速堆积下来，形成洪积扇或冲出锥堆积体。在遥感图像解译时，主要依据这两点进行图像识别及相关的地貌形态判别。在遥感图像上，首先要依据扇形地的色调、水系形态及其聚敛端、发散端特征，判断洪积扇的扇顶、扇体前沿的结构特征。然后，对扇体的空间组合关系及形成机理进行分析。

冲积平原是由河流沉积作用形成的平原地貌。平原区河流地貌的基本特征是河床坡降比率小，河流动力学特征表现为侧向侵蚀作用为主，垂直侵蚀作用为辅。河流形态多表现为曲流形式，有时由于受构造作用的影响，某些河段呈直线和折线形式。河流的侵蚀作用集中在凹岸，堆积作用集中在凸岸。在凸岸形成由一条条沙坝组成的迂回扇，它在遥感影像上表现为一条条明暗相间的弧形条带，沙坝收敛的一方指向河流下游，撇开的一方指向河流上游。依据图中迂回扇的聚敛结构可以解译原曲流河道的形态结构及其水流方向。

河口三角洲是指河口段的扇状冲积平原河流入海时大量泥沙在河口段淤积延伸，填海造陆所形成的扇面状堆积体。依据三角洲形态，河口三角洲可分为：扇状三角洲、鸟足状三角洲、岛屿状三角洲、尖头状三角洲和过渡性三角洲等。从遥感图像上，可解译河口三角洲的主流河道、分汊河道、三角洲形态及其边界分布线，也可解译识别河口三角洲的土地类型、植被覆盖类型、村镇分布及社会其他要素。

河流作用过程是一个长时间尺度的演变过程，运用多时相遥感影像进行时空解译对比分析，可以进行河流的地质-地理-环境演变过程解译和流域分析，用来获取河流作用过程信息。例如，运用多时相卫星图像，可以研究河流上游侵蚀和下游堆积、凹岸侵蚀和凸岸堆积的变化过程，心滩或江心洲移动轨迹，以及河口三角洲形态的空间演变等信息。

4）冰川地貌标志

冰川地貌是由冰川作用塑造的地形类型。按其成因，冰川地貌可分为侵蚀地貌和堆积地貌两类；按冰体形态及规模，其可分为大陆冰盖（南极冰盖和格陵兰冰盖）、冰帽（规模巨大的山麓冰川和平顶冰川）和山地冰川（冰斗冰川、悬冰川、谷冰川、平顶冰川和山麓冰川等）三大类（图7.5）。

利用不同分辨率的遥感影像从事现代冰川的研究，特别是从事人迹罕至的高山冰川和冰川类型的研究，具有较好的效果。通过高分辨率遥感影像可以确定冰川地貌的形态，例如冰舌、冰裂隙、冰碛物等。常见的冰川侵蚀地貌有冰斗、刃脊、角峰、冰川槽谷和悬谷。冰川堆积地貌有底碛、终碛和侧碛。冰面湖和冰川湖等都有明显的形态特征，它们不仅定向展布，且在影像上呈现深黑色调，并与浅白色冰川形成鲜明的对照。利用不同时期遥感影像进行对比解译和动态分析，还可查明冰川的进退、雪线高度变化、冰川积累和消融等冰川地貌演变趋势及全球气候演变。前进的冰川和后退的冰川影像特征是不同的，前者具有均匀的浅白色调，后者具有较深的色调和斑点状花纹特征，依此可研究冰川的演化过程，并可进行定量研究。

5）冻土地貌标志

（a）实景相片

（b）遥感影像

图 7.5　冰川地貌的实景相片和遥感影像

　　冻土地貌定义为温度低于 0℃ 的含冰土层所形成的地貌类型（图 7.6）。长年处于冻结状态的土层称为多年冻土；而冬季土层冻结，夏季则全部融化，则称为季节冻土。冻土地貌具有独特的外貌，在高分辨率遥感影像上很容易辨认。多边形土是冰缘冻土区常见的典型地貌现象，巨细不一，呈蜂窝状图案；融冻泥流呈淡白色或深暗的飘带状；石海呈不均匀浅色调的斑点状图案；流路宽窄不定的串珠状河流也是冻土区常见的现象。微微高出地表的冻丘多成群出现，只有在高分辨率遥感影像上才能分辨出来；冻丘成群出现的地方，在遥感影像上呈现色调紊乱的图案，且影像结构较粗糙。

　　6）风成地貌标志

（a）实景相片

（b）遥感影像

图 7.6　冻土地貌的实景相片和遥感影像

　　风成地貌是风与风沙流对地表物质的吹蚀、搬运和堆积过程中形成的地貌类型（图7.7）。按其成因，可分为风蚀地貌和风积地貌两大类型。在遥感图像上，风成地貌类型具有独特的地理景观及图像色调-形态标志，当图像分辨率适当时，风成地貌的遥感解译就可成为研究各类沙漠及其环境的有效工具。风蚀作用的主要对象是干旱半干旱地区缺乏植被保护的地表，尤其是干燥而松散的沉积物表面。风蚀地形一般都很小，只有在高分辨率影像上才能辨识。风积地貌的形成，首先是与风的性质，特别是风向、风速有着密切关系；其次，与沙的供应情况、河地面起伏程度也有一定关系。

　　7）岩溶地貌标志

　　岩溶地貌也称喀斯特地貌，是由岩溶作用所形成的各种地貌形态的总称（图7.8）。

169

（a）实景相片

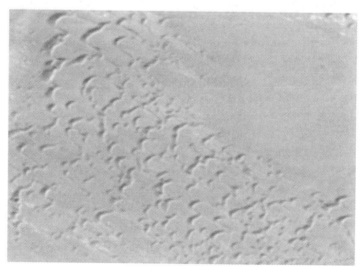

（b）遥感影像

图 7.7　风成地貌的实景相片和遥感影像

岩溶地貌在热带和亚热带地区尤为多见，在遥感图像上最清楚的岩溶地貌是峰林、峰丛、溶沟、岩溶漏斗和坡立谷等。根据岩溶地貌类型的组合特征，可以判别其发育阶段和规模等级。在遥感图像上，岩溶地貌基本类型及其图像标志：溶沟与石芽常组合在一起，形成溶沟石芽原野。在遥感图像上，溶沟呈线状或菱形网格状形态特征，多与区域节理构造的发育程度有关。峰林峰丛地貌形态受碳酸岩的岩层层厚、产状和岩溶发育阶段的影响和制约，在遥感图像上主要表现为锥状峰林和筒状峰林组合类型，锥状峰林多发育在倾斜岩层区，筒状峰林多发育在水平岩层区。在小比例尺图像上，呈深色调密集的斑点状图案，图像纹理构图特征似橘皮状或花生壳状的形态图案。溶蚀漏斗是岩溶地貌发育初期阶段的一种典型形态。岩溶漏斗的地貌特征在石灰岩地区表现为一种封闭的圆形或椭圆形洼地，其平面形态呈圆或椭圆状。

（a）实景相片

（b）遥感影像

图 7.8 岩溶地貌的实景相片和遥感影像

8）黄土地貌标志

黄土地貌主要分布在中纬度干燥或半干燥的大陆性气候地域内（图 7.9）。中国黄土集中分布在西北地区的黄土高原。黄土地貌的基本特征是沟谷密集、地表侵蚀方式

（a）实景相片

（b）遥感影像

图 7.9　黄土地貌的实景相片和遥感影像

独特，地貌类型主要有黄土塬、峁、梁和独特的黄土潜蚀地貌。由于黄土具有多孔性及柱状节理的构造特性，因此湿陷性地质灾害是黄土地貌的特殊成因机理。黄土地貌遥感是基于黄土地貌的基本要素进行地貌类型划分及特征识别。黄土地貌可以划分为黄土堆积地貌、黄土侵蚀地貌和黄土潜蚀地貌。大型黄土堆积地貌有黄土高原和黄土平原。黄土高原上发育有黄土塬、黄土梁和黄土峁。黄土侵蚀地貌由暂时性流水侵蚀而形成。冲沟的形状多种多样，宽度或长度大小不一，彼此相差较大。冲沟横剖面呈

"V"形或槽形，沟坡一般较陡峭，沟缘线十分明显。黄土潜蚀作用属于地下的侵蚀过程，潜蚀作用造成的黄土地貌的主要类型有陷穴、盲沟、天然桥、土柱、碟形洼地等，被称为黄土"假岩溶"地貌。

9）火山地貌标志

由火山作用所形成的地貌形态称为火山地貌（图7.10）。火山喷发形式主要有裂隙式与中心式两种。火山锥的图像标志与卫星图像空间分辨率关系密切，在小比例尺图像上常表现为小而圆的斑点状图形，而在大比例尺图像上可分辨出锥状山体及其火口湖、放射状水系、次生火山口及熔岩流微地貌地形特征，例如绳状熔岩流、柱状节理带等。年轻的火山地貌因保存完整而易于识别；古火山机构由于遭受长期破坏而难以识别，故主要依据放

（a）实景相片

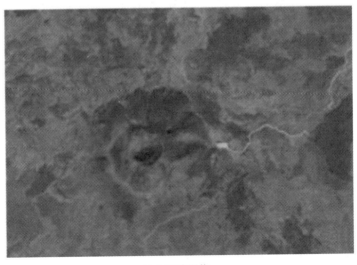

（b）遥感影像

图7.10 火山地貌的实景相片和遥感影像

射状、环状水系而识别。火山正在喷发时的卫星图像，在火口上方可见火山喷发的气体及固体物质形成的巨大喷发柱标志及柱体的飘逸方向。

10) 海岸地貌标志

海岸在构造运动、海水动力、生物作用和气候因素等共同作用下所形成的各种地貌的总称为海岸地貌（图7.11）。根据海岸地貌的基本特征，海岸地貌可分为海岸侵蚀地貌和海岸堆积地貌两大类。侵蚀地貌是岩石海岸在波浪、潮流等不断侵蚀下所形成的各种地貌。堆积地貌是近岸物质在波浪、潮流和风的搬运下沉积所形成的地貌。

（a）实景相片

（b）遥感影像

图 7.11　海岸地貌的实景相片和遥感影像

海岸带包括海岸线两侧的陆上和水下两部分。陆地与海水面的交界线称为海岸线。一般将现代海岸带沿着陆地向海岸的方向,划分出海岸、潮间带和水下岸坡三个地带。在航空像片上,由于潮间带比较湿润,因此具有比陆地的海滨地带更为深暗的色调,其上常有树枝状的潮沟。根据物质组成、形态和成因,海岸大体可分为基岩海岸、砂(砾)质海岸、淤泥质海岸和生物海岸。在航空像片上,红树林海岸构成特殊的图案。浅海区呈灰或浅灰色调,而红树林则呈黑色点状影像。红树林带的中央是连片的黑色调,而边缘是稀疏的散列的黑色点状影像,边缘轮廓不整齐。

3. 植被解译标志

植被是地表圈层中极为重要的生态层,任何植被类型都具有其特有的光谱组合图像标志(图7.12),因此在遥感图像上的植被标志都非常明显,很容易断定某一地理单元是否存在植被覆盖层以及其生长发育的程度。植被标志与地学内容具有高度的相关性,植被类型、植被覆盖程度、植被组合类型及其组合形态、植被在空间上的覆盖密度差异及其展布方向等都与其下垫面的岩石类型、断裂构造、土壤类型、土地类型和气候类型具有成因上的联系。

建立植被标志的基本要素有:植被类型、植被覆盖密度、植被长势、正常植被与病态植被、植被组合类型、植被地理特征和植被地带性特征等。①植被类型的图像特征主要有:多光谱色度学标志、图像纹理结构标志等;②植被区域分布的图像特征主要有:植物群落呈线状和带状分布、植物群落呈团块状分布、植物群落沿地形高度差异的圈层状分布等;③植被覆盖密度分布的图像特征主要有:定性描述的高密度、中等密度、低密度、稀疏植被覆盖、无植被覆盖等;定量描述则采用由植被覆盖指数的图像处理算法而获取的数值来定量表达。

4. 土壤解译标志

土壤是岩石风化后残留在原地的松散残积层。在自然界,地表土壤层与其上发育的植被层在时空上高度相关。因此,在遥感图像上,土壤标志与植被标志之间既具有独立性,也具有关联性。土壤类型与其上覆盖的植物类型及植物发育程度也存在一定的相关性,即岩石类型-风化壳类型-土壤类型-植被类型彼此之间有着密切的成生联系及依赖关系。

(1)土壤光谱标志:决定土壤光谱特征的因素主要是土壤中的矿物组成和土壤的颜色及结构。由于土壤的形成取决于母岩性状及土壤下垫面的风化层结构,其成土过程与气候因素也密切相关,因此,土壤类型的分布具有地带性特征。土壤光谱的特征谱带主要分布在 $0.51\sim0.56\mu m$、$0.65\sim0.70\mu m$、$0.80\sim0.85\mu m$ 和 $1.55\sim1.60\mu m$ 几个区间,称为土壤的诊断谱段。

(2)土壤结构标志:土壤是由固体、液体和气体三类物质组成的。固体物质包括土壤矿物质、有机质和微生物等;液体物质主要指土壤水分;气体是由土壤孔隙中的空气组成的。这三类物质的性状及其含量都可以影响土壤的光谱特性与图像特征。土壤颗粒很少

（a）实景相片

（b）遥感影像

图 7.12 植被的实景相片和遥感影像

独立存在，一般都相互连接在一起，形成复粒或团聚体，称为土壤结构体。常见的土壤结构体有块状结构体、片状结构体、柱状结构体、棱状结构体、团粒结构体等类型。不同的土壤结构体具有其相对独立的成土过程及成壤过程，与其所处的地理单元也具有一定的空间相关性，因此，利用土壤结构标志，也可以推断其下垫面岩石类型或风化类型。

　　（3）土壤含水性标志：土壤孔隙度是土壤含水性的结构性基础，它决定土壤的耐旱能力（图 7.13）。土壤中的含水性变化直接影响土壤光谱特征，一般情况下，土壤含水性在近红外、热红外波段的响应最为敏感，利用红外多光谱或红外超光谱可进行土壤湿度的定量检测与旱情监测。

（a）实景相片

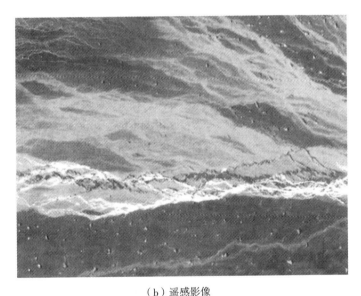

（b）遥感影像

图 7.13　土壤的实景相片和遥感影像

5. 人类工程活动解译标志

　　人类工程活动标志也是自然地理学、人文地理学、考古学、城市学与环境科学的图像解译标志，不同专业可以依据其专业理论和知识系统对图像中的人类社会活动遗迹及工程活动遗迹进行全面解译和分析，以获取所需的科学数据（图 7.14），例如古代采矿遗迹、冶炼遗迹等。人类活动中的探矿工程、灰窑、煤窑、采石场等均可作为地质解译的间接分析标志。上述各种解译标志，都是地质体某一个侧面或某一种性质的反映，不能反映地质体的全貌。在进行地质解译时，应该多种标志综合分析运用，相互补充印证。

（a）实景相片

（b）遥感影像

图 7.14　人类工程活动的实景相片和遥感影像

7.1.5 遥感图像的目视解译

遥感图像目视解译的目的是从遥感图像中获取需要的地专题信息，它需要解决的问题是解译出遥感图像中地物、分布，并对其数量特征给予粗略的估计。目视解译是信息社会中地学研究和遥感应用的一项基本技能。遥感技术可以实时地、准确地获取资源与环境信息，例如重大自然灾害信息，可以全方位、全天候地监测全球资源与环境的动态变化，为社会经济发展提供定性、定量与定位的信息服务。遥感图像处理和计算机解译的结果，需要运用目视解译的方法进行抽样核实或检验。通过目视解译，可以核查遥感图像处理的效果或计算机解译的精度，查看它们是否符合地域分异规律，这是遥感图像计算机解译的一项基础工作。

1. 目视解译的方法

遥感影像目视解译是指根据遥感影像目视解译标志和解译经验，识别目标地物的办法与技巧。目前，常用遥感影像目视解译主要包括五种方法：直接解译法、对比分析法、综合信息复合法、空间推理综合法和地学相关分析法。

（1）直接解译法：直接解译是根据遥感图像目视解译直接标志，直接确定目标地物属性和范围。对于边界特征清晰的目标，可以根据形状、图形等标志确定分布范围。图像中水体呈现灰黑到黑色，再根据水体的形状可直接分辨出水体是河流或者是湖泊。在假彩色红外图像上，植被颜色为红色，根据图像颜色及纹理特征就可识别植被覆盖类型及覆盖度。对于几何特征明显并在遥感图像上形成清晰形态和边界特征的地质体，也可运用直接解译方法进行解译制图，例如层状沉积岩、火山口、断层、褶皱和侵入岩体等地质体单元。

（2）对比分析法：对比分析法是按照图像标志对地学目标的图像光谱特性和空间结构特性进行比较和识别的方法，它是通过对相邻目标或在已知目标与未知目标之间进行比较，以达到识别地学目标的成分结构和空间关系的图像认知目的。遥感图像对比解译分析的图像标志和对比标准主要有图像光谱特征、尺度特征、几何形态特征、纹理结构特征和背景环境特征、空间结构特征和目标组合特征等，通过比较寻找其相似性或差异性，进行图像目标的归类或分类。

（3）综合信息复合法：综合信息复合法是基于地理信息系统与遥感图像处理的基础平台，运用地学多元信息的空间分析方法，引入多证据判别理论进行遥感图像异常信息的地学成因推理和图像识别的一种方法。例如，在综合信息遥感成矿规律研究中，对图像中的环形构造异常的图像解译。综合信息复合法的核心仍然是对遥感图像的异常信息进行解译分析，而不是将遥感图像作为一般的地理底图来分析地学多元数据。引入地学其他勘察数据的目的是利用多证据理论分析图像异常的成因类型，从遥感图像的空间结构来分析其图像异常标志的成像机理。

（4）空间推理综合法：空间推理是从特殊到一般，又从一般到特殊的逻辑思维与逻辑推理过程。遥感图像解译的图像认识过程符合逻辑推理的思维认知过程，空间推理解译法就是基于地球科学理论和知识系统的图像认知思维在地理空间结构上的一种具体应用，综合考虑遥感图像多种解译特征，结合生活常识，分析、推断某种地物。

（5）地学相关分析法：地学相关分析法是根据地理环境中各种要素之间的相互依存、相互制约的关系，借助专业知识，分析推断某种地理要素性质、类型、状况与分布的方法。地学要素之间存在相互关系，利用地学要素的图像目标之间的内在联系性，就可进行关联解译和相关分析。在图像解译时，首先需要确定图像目标之间有无相关关系以及相关关系的类型，然后再依据地理环境中各目标之间的依存或制约关系，运用专业知识进行推断，确定待解译目标的地学性质、类型、状况与分布规律。在地学相关解译中，还要确定地学目标之间相互关系的类型，即正相关关系和负相关关系；直线关系和曲线相关；简单相关和复杂相关等。例如，丹霞地貌与砂岩地层之间就属于简单相关关系，断裂破碎带与线状沟谷地形要素之间为负相关关系；硅化蚀变岩带与山脊线之间就可能形成正相关关系，等等。

2. 目视解译的一般过程

目视解译的一般过程主要包括五个基本步骤：准备工作阶段、初步解译与解译区的野外考察、室内详细解译、野外验证与补充解译和成果规范化制图。

（1）准备工作阶段：为了提高目视解译质量，需要认真做好目视解译前的准备工作，主要包括：明确解译任务与要求；收集图像数据和地学专业资料，选择合适波段与恰当时相的遥感影像；图像预处理和图像增强处理，选取合适的制图比例尺，进行图像基础地理信息处理。

（2）初步解译与解译区的野外考察：初步解译的主要任务是掌握解译区域特点，确立典型的解译样区，建立图像解译标志，设计解译方法，为全面解译奠定基础。初步解译中要根据图像初步解译标志选择野外踏勘路线，设计野外图像特征的实地调查方案与图像标志的现场验证素材。例如地学专题解译的分类系统、图像标志登记表、图像特征信息的成因机理调查表等。

（3）室内详细解译：室内详细解译是在路线踏勘的基础上，运用经野外验证建立的专业解译的证据性标志，或专业解译图像模式，对研究区图像进行全面系统的地学专题解译，生成地学专题解译图。解译过程包括直接解译、间接解译、关联解译和推理解译等方法的运用。

（4）野外验证与补充解译：野外验证包括检验专题解译中图斑的内容是否正确以及检验解译标志。对详细的解译图像要进行野外全面抽样验证，抽样调查是一种非全面调查方法，它是从解译图中抽选一部分路线进行解译结果验证性调查，并依据抽样调查结果对解译图的精度做出评估。遥感解译图的抽样调查包括随机抽样和主要目标必查两种验证模式，前者针对一般性对象，后者则针对重点对象或特殊异常对象或现象。在抽样中发现的地学问题或疑难点需要在补充调查中再次进行解译。疑难问题的补充解译是针对室内解译中遗留的疑难问题进行的再次解译。

（5）成果规范化制图：最终解译成果是基于 GIS 平台生成的地学专题系列图或矢量和栅格混合模式的遥感图像专题图，其中的地理底图必须按测绘制图规范生成标准的基础图层，地学系列专题图必须基于统一地理底图和专业制图标准进行操作，生成相应的专题图层。例如岩石地层专题图、地貌类型专题图、土地利用现状专题图和灾害地质专题图等。

3. 遥感摄影像片的解译

1）遥感摄影像片的种类

遥感摄影像片主要包括：可见光黑白全色像片、黑白红外像片、彩色像片和多波段摄影像片等。

（1）可见光黑白全色像片：采用的胶片乳剂感光范围在 0.36~0.72μm，它与人眼对光的敏感范围 0.4~0.7μm 接近，像片上的明暗色调与人们日常熟悉的真实景物明暗色调近似，与真实景物相比，像片上反差稍低，加上黑白像片多为航空像片，具有高分辨率，像片上的各种目标地物与现象很容易解译。

（2）黑白红外像片：采用的胶片乳剂对蓝色、紫色、红色和近红外光敏感。由于植被类型在近红外波段具有较高的光谱反射率，采用红色滤光片对红外像片胶片曝光后，可以增强目标地物与背景的反差，大大增加不同植被之间的反差。在黑白红外像片上看到的地物色调，与日常熟悉的真实景物不同，它的明暗色调是由地物在近红外波段反射率强弱所决定的。

（3）彩色像片：采用的胶片乳剂分别对蓝色、绿色和红色敏感，彩色胶片上记录的影像信息，经过显影洗印后获得的像片能够达到或接近天然彩色。采用航空彩色像片解译，可以提高解译精度，缩短解译时间，但是一些目标地物在可见光波段反差对比不明显，在彩色图像上则不易于解译；彩红外像片的胶片乳剂分别对绿色、红色和近红外光敏感，经过显影洗印后获得的彩红外像片上各种地物颜色与人们日常熟悉的真实景物不同。原来的绿色地物被赋予蓝色，原来的红色地物被赋予绿色，反射红外线的地物被赋予红色。

（4）多波段摄影像片：多波段摄影像片包括航空和航天两种类型，其基本成像原理是把电磁波分成多个特定的波段，每个摄像镜头使用不同波段的滤光片和不同感光胶片，采用不同波段同步摄取同一区域的多种黑白像片，记录下目标地物在不同波段的特征。这种像片的优点是可以利用地物在不同波段具有不同的电磁波反射率和吸收率的特点，通过多波段黑白像片的比较来识别地物目标。它也可以选取同一地区三个波段像片进行组合，合成彩色图像来增强目标地物与背景之间的对比度。

2）遥感摄影像片特点

遥感摄影像片有以下特点：①绝大部分为大中比例尺像片，各种人造地物的形状特征与图型结构清晰可辨；②绝大部分采用中心投影，可以看到地物的顶部轮廓。在依据摄影像片制作土地利用现状图时，需要对摄影像片进行正射纠正。

3）遥感摄影像片的解译方法

（1）可见光黑白像片和黑白红外像片解译：

在可见光黑白像片上，茂密植被的颜色为暗灰色，但在黑白红外像片上为浅灰色，这是因为植物的叶子在近红外具有强烈反射的特点。各种植被类型或植物处在不同的生长阶段或受不同环境的影响，其近红外线反射强度不同，在黑白红外像片上表现的明暗程度也不同，根据像片色调差异可以区分出不同的植被类型。

物体在近红外波段的反射率高低决定了在黑白红外像片上影像色调的深浅，例如，水体在近红外波段具有高的吸收率和很低的反射率，因此在黑白红外像片上呈现深灰色或灰黑色。同样是道路，水泥路面反射率高，影像色调浅；柏油路面反射率低，影像色调深。农田土壤含水量的多少可以通过影像色调的深浅反映出来，含水量多，影像色调呈现暗灰色；含水量少，影像色调呈现灰白色。

由于大气散射、吸收对红外波段摄影影响小，雾、烟尘对红外波段影响也小，因此利用红外摄影进行土地资源调查、洪水灾害评估以及军事侦察是十分有效的。

（2）彩色像片与彩色红外像片解译：

遥感彩色像片基本反映了地物的天然色彩，地物类型间的细微差异可以通过色彩的变化表现出来。例如，清澈的水体呈现蓝绿色，而含有淤泥的水体为浅绿色。彩色像片上的丰富色彩提供了比可见光黑白像片更多的信息，其形状特征的识别类似于可见光黑白像片。利用彩色像片解译比可见光黑白像片更加容易，也可以获得更多的信息。

由于受到大气散射与吸收的影响，在航空摄影高度相同的条件下，彩色摄影信息损失量远大于彩红外摄影。并且随着航摄高度增加，其损失的信息量也在加大，因此航空遥感中广泛使用彩色红外摄影。彩红外像片可以应用在许多领域，例如，正常生长的植物在 $0.68\mu m$ 处附近反射率曲线有一段陡峭的上升，高反射率曲线落在近红外波段。在同一个生长季中，正常生长的绿色植物在彩色红外像片上呈红色，受到虫害的植物在植被的光谱特征上会有不同的反映。在虫害初期，人眼还看不出植被异常现象时，在彩色红外像片上却已显示出病变的色彩。彩红外像片上遭受病虫害的植物显现为暗红色，严重的甚至变为浅青色。

在做彩色红外像片解译时，应遵循以下步骤：①了解彩色红外摄影感光材料的特性和成像原理；②熟悉各种地物在可见光和近红外光波段的反射光谱特性；③建立地物的反射光谱特性与像片假彩色的对应关系；④建立彩红外像片其他解译标志；⑤遵循遥感解译步骤与方法对彩红外像片进行解译。

在进行彩色红外像片解译时，应注意以下问题：①在彩色红外像片上，植物的叶子因反射红外线而呈现为红色。各种植被类型或植物处在不同的生长阶段或受不同环境的影响，其光谱特性不同，因而在彩色红外像片上红色的深浅程度不同。例如，生长正常的针叶林颜色为红色到品红色，枯萎的植被呈现暗红色，即将枯死的植被呈现青色。②水体污染、泥沙和水深等因素都对像片上水体的颜色产生影响，例如，富营养化的水体呈棕褐色至暗红色，含有泥沙或淤泥的水体呈现青色至浅蓝色，清洁的浅水呈青蓝色，水体很深并且洁净时呈现深蓝到暗黑色。因此，必须根据地面实际调查建立各种地物的解译标志，在解译中要考虑环境等因素的影响。

多波段摄影像片的解译类似于遥感扫描影像的解译。

（3）热红外像片解译：

地物具有反射、透射和发射电磁波的能力。在 3.5～5.5μm 和 8～14μm 热红外区间上，有两个重要的大气窗口，遥感器透过大气窗口可以探测地物表面发射的电磁波辐射，因此，热红外图像的成像原理不同于可见光和近红外像片。热红外像片记录了地物发射热红外线的强度。地物本身具有热辐射特性，各种地物热辐射强度不同，在像片上具有不同的色调和形状构像，这是识别热红外像片地物类型的重要标志。①色调：地物亮度温度的构像。解译热红外像片时，关键是要细致区分影像色调的差异。影像的不同灰度表征地物不同的辐射特征。影像正片上深色调代表地物热辐射能力弱，浅色调代表地物热辐射能力强。各种地物热辐射状况的不同，在影像上形成深浅不同的色调，这是判别地物的基础。②形状与大小：热红外探测器检测到物体温度与背景温度存在差异时，就能在影像上构成物体的"热分布"形状。山区河流在白天拍摄的热红外像片上呈现暗灰色调，因为水体热容量大、增温慢，周围丘陵和山地增温快，成为一个热辐射区域。但对于夜间拍摄的山区河流，由于河水热容量大、散热慢，河流成为一个热辐射带，在热红外像片上为灰白色的飘带。由于河水表面热辐射特性基本相同，这个灰白色的飘带的形状基本反映了河流的形状特征。一般说来，物体的"热分布"形状不是它的真正形状，除非物体表面热辐射能力处处相同。③地物大小：地物的形状和热辐射特性影响物体在热红外像片上的尺寸。当高温物体与背景具有明显热辐射差异时，即使很小的物体，例如正在运转的发动机、高温喷气管、较小的火源等，都可以在热红外像片上表现出来。由于高温物体向外辐射热源，因此其在影像中的大小往往比实际尺寸要大。但若地物与背景之间的温差小，则地物的大小不易辨识。④阴影：热红外影像上的阴影是目标地物与背景之间辐射差异造成的，可分为冷阴影和暖阴影两种。例如，在烈日下飞机停放在飞机场，飞机遮挡了阳光直射，飞机下面被遮挡的地面与阳光直射的停机场接收的太阳辐射不同，它们发射的热辐射强度也不同。当飞机发动机发动时，高温热气流冲出，在地面留下很强的热辐射。飞机起飞后对机场进行热红外摄影，可以在像片上看到飞机喷气尾流在地面形成的喷雾状白色调阴影（热阴影）以及飞机在地面上留下的黯黑色轮廓（冷阴影）。热红外像片上的军事目标阴影在军事侦察上是十分有价值的。

根据热红外影像解译标志可以识别不同的地物。例如，水体与道路：在白天热红外像片上，由于水体具有良好的传热性，一般呈暗色调。相比之下，道路在影像上呈浅灰色至白色，这因为构成道路的水泥、沥青等建筑材料白天接受了大量太阳热能，又很快转换为热辐射的缘故。午夜以后获取的热红外像片，河流、湖泊等水体在影像上呈浅灰色至灰白色，而道路呈现暗黑色调，这是因为水体热容量大、散热慢，而道路在夜间散热快。在无法知道热红外像片是在白天还是在夜间拍摄时，可以凭借水体与道路的色调和形状来判断。白天热红外像片中，道路呈现亮色调，并可以看到道路两侧比较平直，有时还可以看到道路上的车辆。夜晚热红外像片中，河流呈现亮色调，并可以看到水体具有不规则的弯曲边界。树林与草地：白天的热红外影像上，树林呈暗灰至灰黑色。这是因为在白天，树叶表面存在水汽蒸腾，降低了树叶表面温度，使树叶的温度比裸露地面的温度低。夜晚，树木在热红外影像上多呈浅灰色调，有时呈灰白色，这是因为树林覆盖下的地面热辐射使树冠增温。草地在夜晚热红外像片上呈黑色调或暗灰色调，这是因为夜间草类很快地散发热量而冷却的缘故。土壤：热红外影像上土壤含水量不同，其色调也不同。在午夜后拍摄的热红外影像中，土壤含水量高，呈现灰色或灰白色调，土壤含水量低呈现暗灰色或深灰色，这因为水体的热容量大，在夜间热红外辐射也强。

4. 遥感扫描影像的解译

1）常见遥感扫描影像

常见遥感扫描影像主要包括 Landsat MSS 影像、Landsat TM 影像和 SPOT 卫星影像。Landsat 陆地卫星系列遥感影像数据覆盖范围为 83°N～83°S 的所有陆地区域，数据更新周期为 16d（Landsat 1～3 的周期为 18d），空间分辨率为 30m（RBV 和 MSS 传感器的空间分辨率为 80m），充分考虑了水、植物、土壤、岩石等不同地物在波段反射率敏感度上的差异，从而有效地扩充了遥感影像数据的应用范围；Landsat TM 影像包含 7 个波段，波段 1～5 和波段 7 的空间分辨率为 30m，波段 6（热红外波段）的空间分辨率为 120m，南北扫描范围大约为 170km，东西扫描范围大约为 183km；SPOT 系列卫星是法国空间研究中心（CNES）研制的一种地球观测卫星系统，至今已发射 SPOT 卫星 1～7 号，SPOT 卫星图像的分辨率可达 10～20m，超过了陆地卫星系统，SPOT 卫星可以拍摄立体像对，因而在绘制基本地形图和专题图等方面将会有更广泛的应用。

2）遥感扫描影像的特征与解译方法

（1）遥感扫描影像的特征：

①宏观综合概括性强：空间分辨率越低，对地面景观概括性越强，对景物细节的表现力越差；②信息量丰富：遥感扫描影像采用多波段记录地物的电磁波信息，每个波段都提供了丰富的信息；③动态观测：资源卫星进入太空，就一刻不停地绕地球运转，以一定周期重复扫描地球表面，并及时向地面发送最新所获扫描影像。利用其遥感影像，可以对同地区感兴趣的目标地物进行动态监测。例如，利用 TM 图像监测郊区土地利用的变化，可了解城市化发展对郊区农用土地资源的影响。

（2）遥感影像主要解译方法：

①先图外后图内：先了解影像图框外提供的各种信息；②先整体后局部：先整体观察，综合分析目标地物与周围环境的关系；③对比和分析：多个波段对比；不同时相对比；不同地物对比。遥感影像解译标志在许多方面与航空摄影像片类似，不重复介绍。由于卫星遥感影像一般比航空摄影像片比例尺要小，色调和颜色在遥感影像中具有主要作用，因此扫描影像解译，要重视色调和颜色解译标志的运用。在运用色调和颜色解译标志对遥感影像解译过程中，应该注意一些影像解译标志往往带有区域性和条件性。影像色调、颜色、阴影、图型、纹理等解译标志也会因影像所在的区域、成像季节和环境条件的改变而变化，因此要根据具体情况，结合其他解译标志。例如，对空间位置、形状等进行综合分析，可以借鉴前人的解译标志和解译经验，但不能生搬硬套，以免造成解译的错误。根据目视解译实践，一般认为卫星影像解译比航空像片解译难度更大，因此，熟悉地

物在不同波段的光谱特性，了解地物在不同空间分辨率影像上的表现以及在不同假彩色合成影像上的表现，熟练掌握扫描影像解译标志与解译方法，对于提高目视解译水平是很有帮助的。

5. 微波影像的解译

1）微波影像的特点

微波影像是指侧视成像雷达获得的影像。侧视雷达采用非中心投影方式（斜距型）成像，与摄像机中心投影方式完全不同。微波影像中的分辨率是由成像雷达的斜距分辨率和方位向分辨率决定的，它们分别由脉冲的延迟时间和波束宽度来控制。不同于摄影成像和扫描成像的分辨率，比例尺在横向上产生畸变；距离雷达航迹愈远，比例尺愈小。

2）微波影像的应用范围

微波影像可用于海洋环境调查、地质制图和非金属矿产资源调查。雷达影像上断层和断裂带等线性构造明显，可以制作大面积小比例尺地质图。由于雷达对地表具有一定穿透能力，可识别埋藏在浅层地表的泥炭、煤等非金属矿产资源；可用于洪水动态监测与评估；可用于地貌研究与地图测绘。合成孔径雷达能够以很高的分辨力提供详细的地面测绘资料和地形影像，它可以应用于地貌研究。为了获取地表三维信息，近年来干涉合成孔径雷达正逐步在地形测量中得到应用，利用雷达的干涉技术来获取目标地物的高度信息，经过数据处理，干涉雷达数据可以形成高分辨率的三维图像军事侦察。

3）影像解译标志及地物影像特征

（1）色调：雷达回波强度在微波影像上的表现；

（2）阴影：微波影像上出现的无回波区，地形起伏是主要原因之一；

（3）形状：目标地物轮廓或外形的雷达回波在微波影像上的结构，自然地物外形不规则，人造地物外形规则；

（4）纹理：微波影像上的周期性或随机性的色调变化。微细纹理：大多数雷达系统固有的一种影像特征；中等纹理：其组成与植物群落内的结构、个体的空间分布有关；大纹理：地形结构特征，它的排列是地质地貌解译的关键要素；

（5）图型：某一群体各个要素在空间排列组合的形状。图型因土壤、植被、地表温度状况以及地貌要素形状的差异而有所不同。

在具体运用微波影像解译标志时，应了解雷达波长、极化方式等，结合微波成像原理进行分析。例如，雷达波长直接影响到目标地物表面粗糙度的度量与它的复介电常数。

4）微波影像的解译

（1）微波与目标地物相互作用规律：

当雷达波长固定时，目标地物表面的粗糙程度与雷达回波的强度具有以下对应关系：目标地物表面粗糙，后向散射强，微波影像呈现灰白或浅色调；当目标地物表面粗糙度为中等时，后向散射变弱，微波影像呈现暗灰色调；当地物表面为平滑表面时，后向散射很弱，微波影像呈现暗黑色调。微波影像能很好地显示地表的粗糙度。随着地面由平滑表面向粗糙表面过渡，后向反射逐渐增强，微波影像上的色调则逐渐由深变浅。粗糙度是指同一地物表面起伏高差，在不同波段上有着不同的地面粗糙度。例如，假设地物表面起伏高差为 0.5cm，则在 Ka 波段微波影像上为粗糙；在 X 波段上为中间类型；在 L 波段为平滑类型。因此，不同雷达波长下，同一目标地物的雷达影像不一样。在微波影像解译之前，要了解微波影像的成像波段及成像参数。

目标地物几何特征对微波影像的构像具有重要影响。人造目标地物一般具有规则的几何特征，它们在微波影像上的构像随着成像雷达视向的变化而不同。例如，当雷达视向与建筑物的墙面呈一定方向时，呈现为 L 形状的强回波；当雷达视向与建筑物的墙面呈另一方向时，回波很弱，目标影像几乎丢失。这种现象在城市建筑群微波成像中比较典型，平行于航线的街道，在影像上呈现明亮清晰的平行线，而垂直于航线的街道在影像上几乎没有任何表现。自然目标地物一般具有不规则的几何特征，地形的高低起伏会改变雷达波束入射角，这对微波成像具有重要影响。对于平坦地形，入射角将保持为常数。当地形坡度沿途改变时，存在两种情况：①当地形坡向面向雷达时，有效入射角随坡度角增大而减小，此时回波增强；②当地形坡向背向雷达时，有效入射角随坡度角增大而增大，此时回波减弱。

阴影给微波带来很强的反差和立体感。复介电常数描述物体表面的电性能。电导率大的物体散射率也大，在微波影像上为明晰的浅色调影像；电导率小的物体散射率也小，在微波影像上呈深色调。例如，土壤含水量大，导电性能好，复介电常数大，其后向散射率也大，在微波影像上，水田呈浅淡色调，旱田呈深灰或暗色调。许多目标地物影像的色调灰度是相对稳定的，例如高大光滑表面的建筑物和钢结构的桥梁，后向散射强，一般都呈现强回波。

（2）微波影像的解译方法：

①采用由已知到未知的方法：利用有关资料熟悉解译区域，有条件时可以拿微波影像到实地去调查，从宏观特征入手，对需要解译的内容，可以把微波影像与专题地图结合起来，反复对比目标地物的影像特征，建立地物解译标志，在此基础上完成对微波影像的解译；②对微波影像进行投影纠正：可与 TM 或 SPOT 等影像进行信息复合，构成假彩色图像，利用 TM 或 SPOT 等影像增加辅助解译信息，进行微波影像解译；③对微波影像进行立体观察：利用同一航高的侧视雷达在同一侧对同一地区两次成像，或者利用不同航高的侧视雷达在同一侧对同一地区两次成像，获得可产生视差的影像，对微波影像进行立体观察，获取不同地形或高差，或对其他目标地物进行解译。

7.2　遥感图像分类

7.2.1　遥感图像分类的原理

1. 分类原理概述

计算机遥感图像分类是统计模式识别技术在遥感领域的具体应用。统计模式识别的关键是提取待识别模式的一组统计特征值，然后按照一定准则而做出决策，从而对遥感图像予以识别。遥感图像分类的主要依据是地物的光谱特征，即地物电磁波辐射的测量值，这些测量值可以用作遥感图像分类的原始特征变量。然而，就某些特定地物的分类而言，多波段影像的原始亮度值并不能很好地表达类别特征，因此需要对数字图像进行运算处理（比值处理、差值处理、主成分变换以及 K-T 变换等），以寻找能有效描述地物类别特征的模式变量，然后利用这些特征变量对数字图像进行分类。分类是对图像上每个像素按照亮度接近程度给出对应类别，以达到大致区分遥感图像中多种地物的目的。

遥感图像的分类常使用距离和相关系数来衡量相似度。采用距离衡量相似度时，距离越小，相似度越大；采用相关系数衡量相似度时，相关程度越大，相似度越大。

2. 分类原理——统计特征量

分类过程中采用的统计特征变量包括：全局统计特征变量和局部统计特征变量。

（1）全局统计特征变量：全局统计特征变量是将整个数字图像作为研究对象，从整个图像中获取或进行变换处理后获取变量，前者如地物的光谱特征，后者如对 TM 的 6 个波段数据进行 K-T 变换（缨帽变换）获得的亮度特征，利用这两个变量就可以对遥感图像进行植被分类。

（2）局部统计特征变量：局部统计特征变量是将数字图像分割成不同识别单元，在各个单元内分别抽取的统计特征变量。例如，纹理是在某一图像的部分区域中，以近乎周期性或周期性的种类、方式重复其自身局部基本模式的单元，因此可以利用矩阵作为特征对纹理进行识别。

3. 分类原理——特征提取

在很多情况下，利用少量特征就可以进行遥感图像的地学专题分类，因此需要从遥感图像 n 个特征中选取 k 个更有效特征作为分类依据，把从 n 个特征中选取 k 个更有效特征的过程称为特征提取。特征提取要求所选择的特征相对于其他特征更便于有效地分类，使图像分类不必在高维特征空间里进行，其变量的选择需要根据经验和反复的实验来确定。统计特征变量可以构成特征空间，多波段遥感图像特征变量可以构成高维特征空间。

一般说来，高维特征空间数据量大，但这些信息中仅包含少量的样本分类信息。为了抽取这些最有效的信息，可以通过变换把高维特征空间所表达的信息内容集中在一到几个变量图像上。主成分变换可以把互相存在相关性的原始多波段遥感图像转换为相互独立的多波段新图像，而且使原始遥感图像的绝大部分信息集中在变换后的前几个组分构成的图像上，实现特征空间降维和压缩的目的。

4. 分类原理——相似度判断

遥感图像计算机分类的依据是遥感图像像素的相似度。相似度是两类模式之间的相似程度。在遥感图像分类过程中，常使用距离和相关系数来衡量相似度。

7.2.2　遥感图像分类的方法

利用遥感图像进行分类是以区别图像中所含的多个目标物为目的的，对每个像元或比较匀质的像元组给出对应其特征的名称。在分类中注重的是各像元的灰度及纹理等特征。常用的遥感图像分类方法可归纳为三大类：监督分类法、非监督分类法和新的探索。

1. 监督分类法

监督分类法选择具有代表已知地面覆盖类型的训练样本区，用训练样本区中已知地面各类地物样本的光谱特性来"训练"计算机，获得识别各类地物的判别函数或模式（均值、方差、判别域等），并以此对未知地区的像元进行分类处理，分别归入到已知具有最大相似度的类别中。常用监督分类法包括：最小距离分类法、最近邻分类法、多级切割分类法和最大似然比分类法等。

1）最小距离分类法

最小距离分类法是用特征空间中的距离表示像元数据和分类类别特征的相似程度，在距离最小时（相似度最大）的类别上对像元数据进行分类的方法。这种方法要求对遥感图像中每一个类别选一个具有代表意义的统计特征量（均值），首先计算待分像元与已知类别之间的距离，然后将其归属于距离最小的一类。其优点为原理简单，计算速度快；缺点为分类精度不高，没有解决分类的边界问题；适于在快速浏览分类概况中使用。

2）最近邻分类法

在多波段遥感图像分类中，每一类别具有多个统计特征量。最近邻分类法首先计算待分像元到每一类中每一个统计特征量间的距离，该像元到每一类都有几个距离值，取其中最小的一个距离作为该像元到该类别的距离，比较该待分像元到所有类别间的距离，将其归属于距离最小的一类。该方法有三种具体的分类器：a. 最近邻分类器：计算带分类像元到训练数据中最近像元的欧式距离；b. k-最近邻分类器：以待分类像元为中心，沿各个方向搜索，直到搜索出 k 个用户指定的训练像元为止；c. k-最近邻权重分类器：加权重的分类器。

3）多级切割分类法

多级切割分类法是根据设定在各轴上的值域分割多维特征空间的分类方法。这种方法要求通过选取训练区，详细了解分类类别（总体）的特征，并以较高的精度设定每个分类类别在各轴上的一系列分割点（光谱特征上限值和下限值），以便构成特征子空间。

对于一个未知类别的像素来说，它的分类取决于它落入哪个类别特征子空间中。因此多级切割分类法要求训练区样本的选择必须覆盖所有类型，在分类过程中需要利用待分类像素光谱特征值与各个类别特征子空间在每一维上的值域进行内外判断，检查其落入哪个类别特征子空间中，直到完成各像素的分类。

多级切割分类法便于直观理解如何分割特征空间，以及待分类像素如何与分类类别相对应。但它要求分割面总是与各特征轴正交，如果各类别在特征空间中呈现倾斜分布，就会产生分类误差。因此，运用多级切割分类法前，需要先进行主成分分析，或采用其他方法对各轴进行相互独立的正交变换，然后进行多级分割。

4）最大似然比分类法

最大似然比分类法是应用非常广泛的监督分类之一。主要是利用概率密度函数，求出每个像素对于各类别的似然度，把该像元分到似然度最大的类别中去的方法。它假定训练区地物的光谱特征和自然界大部分随机现象一样，近似服从正态分布，利用训练区可求出均值、方差以及协方差等特征参数，从而可求出总体的先验概率密度函数。当总体分布不符合正态分布时，其分类可靠性将下降，这种情况下不宜采用最大似然比分类法。

最大似然比分类法在多类别分类时，常采用统计学方法建立起一个判别函数集，然后根据这个判别函数集计算各待分像元的归属概率。最大似然比分类法的特征是在分类结果上具有概率统计的意义，应注意的问题：a. 为了以较高精度测定平均值及方差、协方差，各个类别的训练数据至少也要为特征维数的 2 到 3 倍。b. 如果 2 个以上的波段相关性很强，那么方差协方差矩阵的逆矩阵就不存在，或非常不稳定。在训练数据几乎都取相同值的均质性数据组的情况下也是如此。此时，最好采用主成分分析法，把维数减到仅剩相互独立的波段。当总体分布不符合正态分布时，不适于采用以正态分布的假设为基础的最大似然比分类法，其分类精度也将下降。最大似然分类法特点是计算量较大，对先验概率信息有较大的依赖性，有效解决了边界问题。

2. 非监督分类法

非监督分类法是在没有先验类别（训练场地）作为样本的条件下，事先不知道类别特征，主要根据统计性判别准则，以像元间相似度的大小进行归类合并（即相似度的像元归为一类）的方法。它的目的是使得属于同一类别的像素之间的距离尽可能小而不同类别上的像素间的距离尽可能大。非监督分类方法常用的有分级集群法和动态聚类法。

1）分级集群法

当同类物体聚集分布在一定的空间位置上，它们在同样条件下应具有相同的光谱信息特征，其他类别的物体应聚集分布在不同的空间位置上。由于不同地物的辐射特性不同，反映在直方图上会出现很多峰值及其对应的一些灰度值，它们在图像上对应的像元分别倾向于聚集在各自不同灰度空间形成的很多点群，这些点群就叫作集群。

分级集群法采用"距离"评价各样本（每个像元）在空间分布的相似程度，把它们的分布分割或者合并成不同的集群。每个集群的地理意义需要根据地面调查或者与已知型的数据比较后方可确定。分级集群法的分类过程：①确定评价各样本相似程度所采用的指标，这里可以采用前面监督分类中介绍的几种距离；②初定分类总数 n，计算样本间的距离，根据距离最近的原则判定样本归并到不同类别；③归并后的类别作为新类，与剩余的类别重新组合，然后再计算并改正其距离。在达到所要分类的最终类别数以前，重复样本间相似度的评价和归并，这样直到所有像素都归入各类别中去。

分级集群法的特点是这种归并的过程是分级进行的，在迭代过程中没有调整类别总数的措施，如果一个像元被归入某一类后，就排除了它再被归入其他分支类别中的可能性，这样可能导致对一个像元的操作次序不同，会得到不同的分类结果，这是该方法的缺点。

2）动态聚类法

在初始状态给出图像粗糙的分类，然后基于一定的原则在类别间重新组合样本，直到分类比较合理为止，这种聚类方法就是动态聚类。动态聚类法中类别间合并或分割所使用的判别标准是距离，待分像元在特征空间中的距离说明互相之间的相似程度，距离越小，相似性越大，则它们越可能会被归入同一类。这里的距离可以采用前面介绍的几种距离。两个类别的中心点距离近，说明相似程度高，两类就可以合并成一类；或者某类像元数太少，该类就要合并到最相近的类中去。

3. 模糊分类方法

模糊分类不是将像元划分到明确的类别中去，而是采用 m 个隶属度值表示 m 种地面覆盖类型在像元中各自所占的比例。模糊理论认为，在是与非之间存在中间状态，不确定性事物的归属度可以用概率方式表示出它的模糊性及不确定性。在遥感影像的分类中，一些地物往往存在模糊边界，要明确地判定地物分类类别的边界是件很困难的事情。例如，影像中灌丛与草地边界的确定，对这种边界不明显的情况可通过模糊分类方法加以解决。因此，模糊分类适合于混合像元分类。

4. 面向对象分类方法

面向对象分类方法最主要的特征是通过影像分割，得到同质像元组成的大小不同的影像对象（即同质的像元集合），以这些影像对象作为分析的最小单元。

模糊分类分为三部分：模糊化、模糊规则和反模糊化。模糊化是指将布尔系统转化为模糊系统，它通过隶属函数给选定特征空间中的每一个特征值一个 [0，1] 之间的隶属度值，并将它们组合形成模糊集。模糊规则主要是使用逻辑运算符进行操作，并加入一定的知识。规则库主要考虑稳定性和可靠性。稳定性指的是对象最大隶属度值与次大隶属度值的差距，差距越大越稳定。可靠性指的是最大隶属度值的可能性，最大隶属度越高就越可靠。分类时，需要用知识库来判断可靠性与稳定性的阈值。推理机制按照这些规则和所给的事实将模糊集执行推理过程，求得合理的模糊集的输出。

反模糊化将模糊集的计算结果转化为布尔系统进行分类输出。它将可靠性高、稳定性强的对象进行归类，给每一个对象一个确定的类别，最后得到分类结果。模糊分类充分利用了遥感图像中丰富的光谱、纹理、语义等信息，考虑了遥感图像明确分类对象之间的不确定地区的归属，对每个对象的分类情况提供了评价。

5. 深度学习分类方法

随着遥感技术和计算机技术的不断发展，传统的遥感影像分类方法已不能满足如今遥感影像分类的需求。近年来，随着深度学习方面研究成果的不断涌现，它给遥感影像的分类提供了一种新的思路和方法。

深度学习是一种深层次结构的神经网络，比人工神经网络、支持向量机等浅层结构的模型能够更好地提取遥感影像的特征，实现对高光谱遥感影像的降维，并在影像分类中取得了比以往更高的精度，能够更好地推动遥感影像自动化、智能化解译的发展。深度学习的优点是能够更好地进行特征选择与特征提取，遥感影像的应用基础是要有好的分类精度，而分类精度主要和影像的特征提取和特征选择有关，运用深度学习技术能够很好地提取遥感影像的特征，进而提升影像的分类精度，使其在实际运用中发挥更好的效果。典型的深度学习模型主要有深度置信网络、栈式自动编码器网络和卷积神经网络。这里主要介绍一下卷积神经网络分类方法，见表 7.2。

表 7.2 卷积神经网络的发展现状

年份	事件	意义
1980	神经认知机	卷积神经网络的前身
1986	BP 算法提出	卷积神经网络雏形出现的算法准备
1989	BP 算法应用到多层神经网络	卷积神经网络的雏形出现
1998	Le Net-5 模型提出	卷积神经网络正式成型
2006	Hinton 在 *Science* 发表文章	深度学习觉醒
2012	Image Net 大赛中卷积神经网络获第一	奠定了卷积神经网络的重要地位
2014	Deep Face、Deep ID 模型	卷积神经网络应用到人脸识别领域
2015	三巨头"强强联合"	系统地总结深度学习的"前世今生"
2016	"阿尔法狗"击败人类	新的挑战和机遇

卷积神经网络是多层的监督学习的神经网络，是一种前馈神经网络，通过多次迭代来提高模型训练的精度。

卷积神经网络的基本结构包括两层：①特征提取层，上一层的部分区域作为当前神经元的输入，并由当前神经元提取该区域的特征，通过该区域特征确定它与其他特征之间的对应联系；②特征映射层，卷积神经网络中每个计算层由多个平面特征映射组成，平面上所有神经元的权值相等。卷积神经网络的实质是从输入到输出的映射关系。在学习之前，输入和输出之间没有明确的数学模型，卷积神经网络通过学习大量的输入与输出之间的映射，对卷积网络加以训练，从而建立模型。卷积神经网络的特征抽取通过训练数据进行学习，避免了显式的特征抽取；而且，由于卷积神经网络同一平面上的神经元权值相等，因此卷积神经网络能够并行学习，这也是卷积神经网络的一大优势。

卷积神经网络的基本网络结构可以分为四个部分：输入层、卷积层、连接层和输出层（图 7.15）。

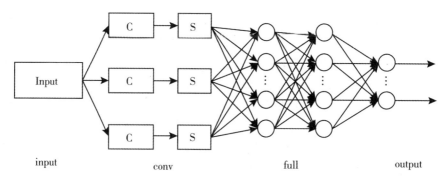

图 7.15　卷积神经网络的基本结构

（1）输入层：卷积神经网络的输入层就是图像的原始像素矩阵，或者之前可能会有的流程输出的特征图。一般像素矩阵为三维矩阵，三维矩阵的长和宽代表了图像的大小，深度表示图像的色彩通道数。从输入层开始，卷积神经网络通过不同的神经结构将上一层的三维矩阵转化为下一层的三维矩阵，直到最后的全连接层。

（2）卷积层：卷积层的作用是利用卷积核对输入的图像像素矩阵做卷积操作，获取到图像的特征信息，形成特征图，其中每个神经元只与其他相近的神经元连接。对于同一个原始输入数据，利用不同的卷积核做卷积操作，即得到不同的特征图，可以获取到更多的特征。通过卷积操作获取到的特征有较高的鲁棒性。卷积层中，每一个节点的输入只是上一层神经网络的小块，这个小块的大小取决于卷积核的大小。根据卷积的定义，图像的卷积操作就类似于卷积层的输入二维像素矩阵与二维卷积核进行卷积计算，再把结果加上初始的偏置参数，即得到卷积层的输出特征图。

（3）池化层：池化层即抽样层，作用是汇集卷积层输出的特征图，并聚合图像中不同位置的特征。该图层不会更改像素矩阵的深度，但可以减小矩阵的大小。池化层扫描并将池化区域的大小作为一个步长，而不是连续地进行采样。采样区域的宽度和高度不一定相等，当输入特征映射地大小为 $m \times n$ 时，经过 $w \times h$ 的尺度进行采样之后，得到大小为（m / w）×（n / h）的输出特征图。池化包括均值池化、最大值池化和随机池化。当 $P = 1$ 时，池化层执行的是均值池化，将会计算各个子区域中的均值作为子池化结果；当 $P \to \infty$ 时，池化层执行的是最大值池化，将会选取各个子区域内的最大值作为池化结果。

（4）全连接层：在经过多轮卷积和池化处理之后，在卷积神经网络的最后一般用 1 到 2 个全连接层作为分类器，给出分类结果。经过卷积和池化逐层提取到了信息含量更高的特征，在这里可以把卷积层和池化层看作自动图像特征提取的过程。在特征提取完成后，仍然需要全连接层来完成分类任务。

（5）输出层：卷积神经网络的输出层每一个节点代表了不同类别的可信度。通过输出层，可以得到当前样本属于不同事物类型的概率分布情况，见表 7.3。

表 7.3　　　　　　　　　　　　　几种经典的卷积神经网络模型

模型名	Le Net-5	Alex Net	VGG Nets	Google Net	Res Net
出现年份	1998	2012	2014	2014	2015
层数	7	8	19	22	152
Top-5 错误率	—	16.4%	7.3%	6.7%	3.57%
卷积层数	2	5	16	21	151
卷积核大小	5	11, 5, 3	3	7, 1, 3, 5	7, 1, 3, 5
全连接层数	2	3	3	1	1
全连接层大小	—	4096, 4096, 1000	4096, 4096, 1000	1000	1000

Le Net-5 模型：1998 年 Le Cun 提出 Le Net-5 模型，是第一个正式的卷积神经网络模型。然而，由于多层神经网络在进行 BP 训练中有大量的计算量，因此当时的硬件能力完全无法实现。同时，一些浅层机器学习算法已经出现并且取得更好的结果。因此，接下来的十多年中该模型并没有被继续研究。

Alex Net 模型：Alex Net 模型是一个具有突破性意义的模型，由 Alex Krizhevsky 提出并实现，并以 Alex 的名字命名。在它出现之前，神经网络和深度学习都陷入了一个很长时间的瓶颈期。而自从 Alex Net 面世开始，就战胜所有对手，使深度学习在图像识别领域确立了不可动摇的高度和地位，开启了深度学习的时代。

VGGNets 模型：VGGNets 模型是在 Alex Net 的基础上，建立了一个层次更多、深度更深的网络，由牛津大学视觉几何组（Visual Geometry Group）提出的。该模型证明了增加网络层次可以有效提高精度，它在 ILSVRC 2014 年的比赛上取得了图像分类第二名、图像定位第一名的好成绩。

Google Net 模型：谷歌公司提出的 Google Net 模型，在 ILSVRC 2014 年的比赛上取得了图像分类问题的冠军。Google Net 模型的参数比 Alex Net 和 VGGNets 少了一个数量级，所以在内存受限的情况下，其具有更宽广的应用空间。

Res Net 模型：Res Net 模型是微软公司提出的深度残差网络，其最大的贡献在于避免了随着网络深度变深而导致的梯度消失或梯度爆炸问题，加快了深度神经网络的收敛速度并且提高了网络的精度，使加深网络深度成为可能。对于包含海量信息的遥感图像，如何充分挖掘信息以更贴合遥感图像分类要求成为研究的重点。遥感图像涵盖的纹理特征、光谱特征和空间特征都可以单独作为图像分类的依据，然而图像的这些特征信息在图像分类时尚未充分利用。对提取的这 3 类特征进行多角度充分利用，并将其共同作为分类依据，结合深度神经网络的训练模型来提高遥感图像的分类精度，已成了该领域目前的研究热点。

7.2.3　遥感图像分类的过程

遥感数字图像计算机分类的基本步骤主要包括：

（1）明确遥感图像分类的目的及其需要解决的问题，在此基础上根据应用目的选取特定区域的遥感数字图像，图像选取时应考虑图像的空间分辨率、光谱分辨率、成像时间、图像质量等。

（2）根据研究区域，收集和分析地面参考信息及有关数据。为提高计算机分类的精度，需要对数字图像进行辐射校正和几何纠正（这部分工作也可能由提供数字图像的卫星地面站完成）。

（3）对图像分类方法进行比较研究，掌握各种分类方法的优缺点，然后根据分类要求和图像数据的特征，选择合适的图像分类方法和算法。根据应用目的及图像数据的特征制定分类系统，确定分类类别，也可通过监督分类方法，从训练数据中提取图像数据特征，在分类过程中确定分类类别。

（4）找出代表这些类别的统计特征。为了测定总体特征，在监督分类中可选择具有代表性的训练场地进行采样，测定其特征。在无监督分类中，可用聚类等方法对特征相似的像素进行归类，测定其特征。

（5）对遥感图像中各像素进行分类。包括对每个像素进行分类和对预先分割均匀的区域进行分类。

（6）分类精度检查。在监督分类中把已知的训练数据及分类类别同分类结果进行比较，确认分类的精度及可靠性。在非监督分类中，采用随机抽样方法，分类效果的好坏需经实际检验或利用分类区域的调查材料、专题图进行核查。

（7）对判别分析的结果统计检验。

7.2.4　遥感图像分类后处理

无论是监督分类还是非监督分类，其结果都会产生一些面积很小的图斑。无论从专题制图的角度还是实际应用的角度，都有必要对这些小图斑进行剔除。处理方法有以下四种：

（1）聚类统计（Clump）：通过对分类专题图像计算每个分类图斑的面积、记录相邻区域中最大图斑面积的分类值等操作，产生一个 Clump 类组输出图像，其中每个图斑都包含 Clump 类组属性。这是一个中间结果，供下一步处理使用。

（2）过滤分析（Sieve）：对经 Clump 处理后的 Clump 类组图像进行处理，按照定义的数值大小，删除 Clump 图像中较小的类组图斑，并给所有小图斑赋予新的属性值0。显然，这引出了一个小图斑归属问题，可以与原分类图对比确定新属性。

（3）去除分析（Eliminate）：用于删除原始分类图像中的小图斑或小 Clump 类组，与过滤不同，去除分析将删除的小图斑合并到相邻的最大分类中，而且如果输入图像是 Clump 聚类图像，经过去除处理后，将分类图斑的属性值自动恢复为 Clump 处理前的原始分类编码，即结果是简化的分类图像。

（4）分类重编码（Recode）：分类重编码主要是针对非监督分类而言的，因为在非监督分类过程中，用户一般要定义比最终需要多一定数量的分类数；在完全按像元灰度值，通过 ISODATA 聚类获得分类方案后，首先是将专题分类图像与原始图像对照，判断每个类别的专题属性，然后对相似或类似的分类通过图像重编码进行合并，并定义分类名称和颜色。

7.2.5　遥感图像分类精度检查

对遥感图像分类结果进行精度评价是遥感图像分类过程中非常重要的一部分。由于遥感图像自身的特点，加上一些不可控因素的影响，遥感图像在分类时不可能达到每个像元都被准确无误地分类，因此就需要对分类结果进行一个比较客观合理的评价。常用的评价指标有总体分类精度（Overall Accuracy，OA）、各类精度（Class Accuracy，CA）以及Kappa 系数。

（1）总体分类精度是指图像中被正确分类的像元总和与总像元数的比值，分类时出现的人为失误以及一些不可控的因素会影响像元的真实分类。

（2）各类精度是指整个图像中每一类样本中被准确分类的样本数与每一类的总样本数的比值。高光谱遥感的真实地物类别不止一种，每一类的总体精度都不一样，因此还需要计算每一类的精度，也就是各类精度。

（3）Kappa 系数也是一种用于精度评价的指标，它是一种多个变量的统计分析技术。其可以表示出实验分类结果与真实地物分类结果这两个混淆矩阵之间是否有显著性的差别，可以用来检测两幅影像的吻合情况。

在评价分类精度时，需要用到混淆矩阵（Confusion Matrix）或者误差矩阵（Error Matrix）。这个矩阵需要实际分类结果与真实的地物目标分类结果通过计算得到。在监督分类中把已知的训练数据及分类类别与分类结果进行比较，确认分类的精度及可靠性。在非监督分类中，采用随机抽样方法，分类效果的好坏需经实际检验或利用分类区域的调查材料、专题图进行核查。

综上所述，比较监督分类方法和非监督分类方法，两者的根本区别点在于是否利用训练样区来获取先验的类别知识。在实际应用中，每种遥感图像分类方法都有最适合应用的范围和自身的局限性，没有一种是最普遍和最佳的方法，所以必须灵活应用，综合应用多种分类方法，并且与其他图像处理技术结合起来实现最大精度的分类。

7.3　定量遥感特征参数反演

定量遥感特征参数反演是利用遥感数据及其各种分析应用模型，根据用户任务的需要，分别导出土壤、植被、大气等遥感对象的物理、几何、生物和化学等方面特征参数的一种信息提取过程。

7.3.1　定量遥感特征参数反演的原理

定量遥感特征参数反演作为地物遥感数据生成的逆过程，其基本任务就是要利用已经获得的遥感数据，导出用户所需要的与遥感对象有关的特征参数。尽管需要反演的参数不

195

同，但是从中仍能提炼出某些共性的问题和规律，在此加以概括性的论述。这些问题包括定量遥感反演的工作原理、主要方法和技术系统。

遥感对地成像是遥感器接收、变换来自地物、通过大气层的电磁波辐射能量生成遥感数据的过程，而遥感参数反演则是基于遥感数据的辐射带、特性以导出地物特征参数的逆过程。尽管这两个过程演进方向相反，但是它们却围绕着太阳辐射进入地球大气层，到达地球表面，再返回太空的过程而紧密地联系在一起，彼此之间的连接点就是遥感数据本身。因此，在论述遥感特征参数反演的基本原理时，必然要涉及地球能量平衡、遥感器的辐射定标以及遥感参数反演等方面的有关问题。

（1）地球辐射能量平衡：地球辐射能量平衡，实际上是研究太阳辐射在从外太空通过大气层到达地球表面，再从地球表面经由大气层回到外太空的过程中，入射和出射地球的辐射能力及其构成、数量。事实上，各种类型的变换过程以及交互作用都与大气受热现象有关。短期和长期温度的变化不仅与某种热吸收气体数量的增加有关，而且也与导致地球空气热状况升高或降低的其他因素有关。由此可见，航空和航天遥感成像及其参数反演的过程，都是在这种地球辐射能量平衡的大背景下展开的，在不同程度上都会受到这种能量平衡及各个组成部分的影响。

（2）遥感器的辐射定标：利用遥感数据进行特征参数反演过程的源头，应该追溯到遥感器输出的原始数据上。这种数据的质量会直接影响到遥感数据与遥感对象辐射特性之间的量化关系或遥感数据的可靠性，也会极大地影响到遥感特征参数反演的全过程及反演的效果。因此，尽管反演人员在绝大多数情况下无法掌控遥感器的辐射定标状况，但是在进行定量遥感反演的时候，它们仍然是首先需要深入了解的情况和必须加以具体考虑的因素。遥感器定标的任务就是要建立每个探测元件的输出信号量化值和写之对应的像元内地物辐射亮度值之间的定量关系。一般而言，遥感器的定标往往可以采用实验室定标、星上内定标和场地外定标三种方法。实验室定标是遥感器飞行前在实验室进行的，精度最高，且作为后续各种定标方法基础的绝对定标方法；星上内定标方法要在飞船上完成对每个探测元件进行相对定标，检查星上遥感器的变化以及各个波段之间的波谱响应差异等任务；场地外定标方法指在飞船在轨运行过程中，利用地面参数为已知的场地和相应的辐射传输模型计算进入在轨遥感器的辐射能量，以校正星上内定标的结果，尤其是因星上标准定标源的衰减和漂移而引入的各种误差。

（3）遥感特征参数反演：遥感特征参数反演实质上是根据用户的需要，分别从遥感数据里提取地面、植被、水体、大气等特征参数的过程。它们与遥感数据获取过程的方向正好相反，但更为复杂、困难，更具有不确定解。因此，尽管通过遥感器辐射定标能够确保遥感数据与对应地物特征之间具有尽可能明确的量化关系，但是仅此而已尚显不足，还需要通过模型运算、数据融合、数模同化和协同增效，引入必要的辅助数据、先验信息和相关的专业知识，才会得到比较理想的效果。以辐射定标之后的遥感数据为起点，定量遥感参数反演过程通常可以划分为数据预处理、反演算法应用和反演产品生成三个基本步骤，分别完成不同的阶段任务。

（4）遥感波段反演效果：根据遥感反演参数的类型与要求，选择适当或有效波段的遥感数据作为其进行参数反演的对象，是在遥感反演过程里首当其冲、影响全局的重要事务。不同的遥感工作波段对有关生物物理参数反演有效性的评价见表7.4。

表7.4　　　　　　　　　　遥感波段对生物物理参数反演的有效性

生物物理参数		遥 感 波 段				
		可见/近红外	近/短波红外	热红外	主动微波	被动微波
植冠结构	叶面指数	+++	+++	+	++	+
	叶面方向	+++	+++	+	+	+
	叶面尺寸和形状	+	+	+	+	+
	植冠的高度	−	−	−	++	
	植冠含水的质量				+++	+++
叶面特征	叶绿素含量	+++				
	含水量	−	+++	−	+++	+++
	温度	−	−	++++	−	++
土壤特征	表面土壤水分	−	+	+	+++	+++
	粗糙度	+	+	−	++	+
	残渣	+++	++	−	−	−
	有机物	++	++			
	土壤类型	++	++	+		
派生变量	$\int_{Cover}$	++++	++++	++	++	+
	$\int_{APAR}$	++++	++++			
	反照率	++++	+++			
	长波能量流	−	−		−	−

"+"表示反演精度和能力的水平，加号越多，水平越高；"−"表示反演无法使用；空白表示未知

7.3.2　定量遥感反演的方法

如前所述，遥感特征参数反演是个病态问题，单靠遥感数据的反演模型运算不可能有效地解决这个问题，还必须引入相关的辅助数据、先验信息和专业知识。为此，在解决这些问题的过程中，逐步拓宽和完善了定量遥感特征参数反演方法的内涵，除包括遥感模型之外，还包括数据融合、数模同化和协同增效等方法在内。

1. 遥感模型

在某种遥感数据获取条件下，地物特征参数与相应的遥感数据特性之间，存在着比较客观、相对固定的对应关系。事实上，对于这种关系的抽象与概括就构成了所谓的"遥感信息模型"。这些模型通常有两种应用方式：一种是在获取条件已知的情况下，利用地物特征参数推算遥感生成数据特性，称之为前向或成像应用方式；另一种是在获取条件未知或知之有限的情况下，利用遥感数据特性反推地物特征参数，称之为后向或反演应用方式。显然，后者较前者要复杂得多，属于"病态问题"的范畴，必须引入必要的辅助数据、先验信息和专业知识，才能获到比较理想的效果。这些内容将在后续部分展开，在此则主要讨论遥感信息模型建立方法的问题。一般而言，遥感信息模型可以分别通过理论方法、经验方法以及半经验方法建立。

（1）理论建模方法：遥感信息模型的理论建模方法，通常以不同的电磁波理论为基础，其有效范围随电磁波波长、地物特征的变化而异。以主动微波遥感土壤湿度制图为例，通过建立在严格理论及其推导基础上的不同理论模型，可以描述在粗糙度特征已知的情况下地面微波后向散射的特性。这些理论模型可以很好地预测，随地面粗糙度或土壤水分含量的变化，其后向散射系数变化的总体趋势。然而，这些理论模型的复杂性以及它们对植被和土壤地表层参数化的严格要求，在不同程度上都影响了它们在提取土壤水分含量时的有效应用。

（2）经验建模方法：经验建模方法通过利用实验观测数据，建立有效的根据遥感观测值反演相应地物特征参数的经验关系。在具体任务中，许多自然地面特征参数往往会超出理论模型的有效范围，而使之难以有效地使用。即使在一定要使用它们的情况下，理论模型的结果也很难与实验观测值很好地吻合起来而失去意义。然而，与理论模型不同，经验模型往往可以获得精确的结果，只是它们的应用要受到实验定标条件的限制。

（3）半经验建模方法：半经验建模方法是理论建模方法与经验建模方法之间的折中产物。这种半经验模型建立在某种理论基础之上，而模型的参数则由实验数据导出。这种方法的优点在于：它避免了经验模型严重依赖具体实验场地以及理论模型对有效条件要求严格等方面的问题。因此，半经验模型不仅在遥感特征参数反演过程中是经常使用的模型类型，而且它们也为在反演过程中引入辅助数据、先验信息以及专业知识创造了良好的条件。在主动微波土壤湿度反演过程中，较之植被覆盖的地面，这种类型的模型更适用于裸露土壤的地表条件。

2. 数据融合

数据融合通常定义为将多源数据组合起来，以获得较单一来源数据更有效、更精确效果的诸多方法的应用。这种过程具有持续优化其估计、评价结果，通过鉴别额外来源或过程自身调整以取得改进结果等方面的特点。尽管对于数据融合定义的表述方式不同，但是在利用多种来源数据以获取更加良好的应用效果方面，彼此之间则没有任何本质上的差别。多种来源数据融合涉及多时相、多波段/多频率、多极化、多比例尺、多遥感器以及多倾角等数据融合。

（1）像元层次的数据融合：基于像元的融合比较简单，不需要专门的分类软件，所用数据源彼此相关，很适合用来探测变化；但是它以使用通用的或然率密度函数来模拟数据为前提，数据源的可靠性无法模拟。

（2）特征层次的数据融合：这种融合比较简单，不需要专门的分类软件，对遥感器专用探测特征的处理能力优于像元层次，很适合用来探测变化；但是它以使用通用的或然率密度函数来模拟数据为前提，而数据源的可靠性无法模拟。

（3）决策层次的数据融合：这种融合适用于具有不同或然率密度函数的数据；具体数据源的可靠性以及数据源组合的先验信息可以模拟，但是往往需要使用专门软件来处理。在实际工作中，可以用来实现数据融合的方法有很多，主要包括：修正的 IHS 变换法（modified Intensity-Hue-Saturation，IHS）、Brovey 变换法（Brovey Transform，BT）、主成分分析法（Principal Component Analysis，PCA）、乘法变换法（Multiplicative Transform，MT）、小波分辨率归并法（Wavelet Resolution Merge，WRM）、高通滤波法（High-Pass Filtering，HPF）以及 Ehlers 变换法等。从定性和定量两个方面，即通过目视分析和计算不同的质量评定指标，对各种融合方法进行综合排序和评价。

3. 数模同化

在遥感特征反演过程中，数模同化方法与数据融合方法不同，主要针对某种或某些遥感应用任务以解决相关数据与模型之间的连接问题。数模同化是通过数字模型和某些先验信息，将观测数据与预测数据组合起来，以产生对系统演化状态最佳估计的一种方法。其中，模型给观测数据带来在时空上的一致性，将数据内插和外推到缺少数据的地区；而观测数据通过同化处理，可以纠正那些尚不完善的模型在状态空间里的轨迹，使之能够沿着"预报-观测-更新"的反馈迭代路线不断地向前发展。同化算法的应用可以改变模型在其状态空间里的运动轨迹，从而影响到遥感特征参数反演的结果。

模数同化是在某些时间演进、物理特性规律的持续约束下，使观测信息逐步累积起来、进入模型状态的一种分析技术。它有两种基本方法：一种是顺序的同化方法，只考虑在分析时刻以前的观测数据，属于实时同化系统的范畴；另一种是非顺序或回顾性的同化方法，可能会用到未来的观测数据，重复分析作业就是一个例子。同化方法还可以用作业时间上的间歇性或连续性来分类。间歇性的同化方法，通常以小批量方式处理观测数据，从技术上实现很方便、容易。连续性的同化方法，需要考虑处理较长时期里的批量观测数据，与分析状态的关联随时都可以灵活转换，在实际工作中比较现实、可行。因此，这两种分类方法结合起来，就使模数同化呈现出顺序-间歇、顺序-连续、非顺序-间歇和非顺序-连续四种基本的类型而且彼此可以不同方式组合起来使用。

4. 协同增效

在遥感领域，协调增效是指遥感仪器之间、不同来源数据之间以及数据与模型之间，在完成某个遥感应用任务时，需要多种因素共同发挥作用且必须取得较单因素效果或多因素效果简单相加为更优越的效果。针对遥感应用任务及其目标、要求，按照其应用对象的特征、模型和规律，利用协同组分的特征、潜力和优势，可以形成若干个协同增效的技术实施方案。对于复杂的应用任务，这种方案具有多层次的特点。在优先方案的过程中，必须根据研究者的实际情况和已有条件，尽可能选择投入小、产出大的方案使用。

7.3.3　定量遥感反演的应用

地球表面是由陆地和海洋组成的，其特征涉及相当广泛的内容和对象，包括岩石、土壤、植被、河湖、海洋、冰雪、人工建筑物和城市等大型的地物类型。在遥感反演过程中，它们各自需要反演的特征参数互不相同，所使用的反演算法和途径也存在许多显著的差异。

1. 遥感地面特征参数的反演

1) 陆面温度反演

陆面温度（Land Surface Temperature，LST）受到入射的太阳辐射和来自大气的长波辐射的驱动，与出射的地面红外辐射、探测到的潜热通量（Latent Heat Fluxes）以及地面热通量密切相关。换言之，LST 是地球表面能量平衡中的一个基本参数。LST 能够触发许多地表过程，不仅可以用于气候学、水文学、生态学、农学、变化探测等研究领域，而且也在模型认证、数模同化以及短期气象预报有所应用。鉴于 LST 在时间和空间上有显著变化，地面发射率多为未知数，大气水汽柱随之生变，致使从卫星红外数据里提取 LST 成为比洋面温度获取更为复杂、更具挑战性的问题。陆面温度常规反演算法是目前使用比较普遍、频繁且在可见、近红外、短波红外和热红外波段使用的陆面温度（陆温）反演算法。其中，最通用的算法是所谓的"分裂窗口方法"（Split Window Method，SW）。它在提取海面温度方面的应用很成功，但是用在提取陆面温度方面就困难得多了。其原因在于陆面的发射率及陆面上大气的水汽含量会对传感器接收的热辐射产生显著的影响，而它们随时间和空间上的变化又远大于海面。

2) 土壤湿度反演

土壤湿度是气候、水文、生态、农业等领域的主要参数，它在地表与大气界面的水分和能量交换中起重要作用。在气候领域，土壤含水量决定太阳辐射能用于潜热和显热比例，影响土壤的蒸发和植被的蒸腾；在水文方面，土壤含水量与降雨径流和入渗密切相关；对于生态环境，土壤含水量是决定土地沙化、植被覆盖、干旱的重要因素；在农业生产上，土壤水分对农作物发芽、生长发育以及灌溉区划都很重要。它还会影响土壤侵蚀和蒸发，也是灌溉管理和产量预报模型中的重要参数。随着水文地理学和分布式传感器领域的发展，目前土壤湿度数据获取的技术手段已经有了显著的进步。众多的数据获取技术手段，大体可以分为两大类：一类是接触式的传感器，要求传感器直接接触土壤以获取数据，包括电容传感器、电阻测量仪、热脉冲传感器和纤维光学传感器等。这类传感器可以提供点尺度的高时/空分辨率土壤湿度数据以及地块尺度的土壤湿度时/空动态学的数据；另一类是非接触式的传感器或遥感器，它们主要包括机载和星载的各种微波和热红外辐射计、散射计和合成孔径雷达等。尽管这种手段获取数据具有范围大、速度快和动态性等优势以及广泛的应用和发展前景，但其精度较低，需要地面实况测量的补充和订正，是一个相当重要的研究领域。

3）蒸散参数反演

蒸发是一种物质从液态或固态转化为气态的现象。这种现象和过程在自然界中到处都在进行。发生在江河、湖海、水库等水体水面的蒸发称为水面蒸发；发生在土壤和岩石表面的蒸发称为土壤蒸发；水经过植物的气孔汽化叫作蒸腾；在植被覆盖的土地上的蒸发，包括土壤表面的蒸发和植物表面的蒸腾，一般统称为蒸散。由于植物根系可以从地面以下较深的地方吸收水分，当土壤表面的蒸发随土壤风干逐渐变干时，植被的蒸腾仍可以在较长时间里维持较高的水平，直至土壤表面含水量下降到一定程度。土壤蒸发和植被蒸腾的物理机制不同，在不同条件下对陆地表面总蒸散量的贡献也不同。

目前已经得到国内外学者认可且比较成熟的两个反演模型是 SRBAL 模型和 SEBS 模型。SRBAL（Surface Energy Balance Algorithm for Land）模型由荷兰 Water-Watch 公司 Bastinnassen 开发，是一个用于估算大面积、陆地复杂表面的蒸发蒸腾量、基于遥感的陆面能量平衡模型。这个模型的优点是需要收集的数据量少，物理概念明确，适用于各种空间和时间尺度的计算；不足之处是必须有干、湿陆地的基础数据，而且对地表粗糙度的描述也不尽如人意。SEBS（Surface Energy Balance System）模型是由荷兰瓦赫宁根大学 Su 等人提出的，是用遥感数据计算且精度较高的大气湍流通量和地表蒸散的反演模型，在欧洲和亚洲等已得到了相当广泛的应用。其特点在于：定义了表面能量半衡指数的概念，通过假设的极度干燥和湿润的边界条件计算实际的蒸发比，考虑了不同情况下大气稳定度订正的不同方法以及用植被覆盖度作为参数的热量粗糙度计算公式。这就使 SEBS 模型在各种类型的地表上都能够应用。

2. 遥感植被特征参数的反演

精确地估算植被的各种生物化学、生物物理参数或变量，不仅有助于解决农业林业、生态环境、气象水文等领域的许多问题，有效地促进人类社会的生存与发展，而且也是输入各种量化的地面与大气之间能量、物质交换模型的基本数据，可以综合地描述地球环境的现状与变化。其中，以叶面指数（Leaf Area Index，LAI）为最基本和最重要的变量。

遥感所使用的 LAI 定义，与沿着垂直方向测量出来的植冠光学深度之类的状态变量相关，植冠及其下层的林木都包括在内，采用"绿度指数"来表示更为合理。地基光学测定 LAI，通常都是根据辐射传输理论，测量辐射穿过植冠的状况而实现。它们建立在簇叶要素分布及其在植冠内部布局的统计规律基础之上，属于非破坏性方法的范畴。这些方法一般可以分为在半球视场内测量散射光传输状况或者记录植冠的孔隙，在已知太阳角度下沿着一个横断面测量直接的太阳辐照（太阳光斑）以及测量植冠要素的垂直分布三种类型。上述所有方法测量辐射和空隙比，通常都使用有关的消光模型（Light Extinction

Model）来描述植冠的结构变量。光谱植被指数（SVI）实际上是利用可见和近红外（NIR）反射率的各种计算公式，供地面、飞机或卫星辐射测量植被存在状况之用。而且随着土壤背景反射率、方向、地形和大气等方面的影响减小，它们对植被特征或光学厚度的敏感度就越高。近年来，短波红外（SWIR）反射率也用于 SVI 计算，有助于 LAI 经验建模时压缩背景土壤或土地覆盖变化的影响。

3. 遥感水体特征参数的反演

在地球环境之中，水通常以气态、液态和固态三种不同的形式存在。在此，仅将对水域特征参数反演的相关问题进行简要介绍。

1）水域特征参数的反演

水域特征参数是指江、河、湖、海等液态水域的特征参数。它们除了面积、深度、体积以及地理分布等几何特征参数之外，还包括物理、化学和生物等方面的众多参数。Todd Steissberg 等人（2010 年）发展了一个半自动化的获取、存储和处理卫星影像测量水质参数遥感反演信息系统。系统具有自动大气改正程序以及产生 Tahoe 湖高质量水质图和时序数据的处理软件；具有根据 MODIS 数据预报近岸和离岸的 Secchi 深度、叶绿素 a 状况的算法。一组算法产生这些参数具有 250m 和 500m 空间分辨率的近岸区数据；另一组算法产生这些参数具有 1km 空间分辨率、置信度更高的数据。系统通过 Web 可在近实时的水平上访问数据库，存储、分发 Tahoe 湖获取的遥感和 MODIS 时序采样数据。给出了近岸（浅蓝）、岸带（红）和离岸（绿）分布的 MODIS 时序采样点位置图。

目前，在造成世界性生态问题的诸多因素之中，水体的富营养化，尤其是各种藻类的激增，已经成为严重影响各种自然生态系统、人类健康和经济活动不可忽视的环境灾害。因此，如何有效地利用遥感技术，精确地评价和估算在富营养化水体中浮游植物群落的叶绿素 a（Chla）浓度或含量，是目前世界各国需要努力解决的影响国计民生的重大实际问题。Sylvain Ouillon 等人分别于 2000 年、2001 年在地中海西北部 Lions 湾区，测量上层海水反射率和海面叶绿素 a 的浓度，以检验 Chla 遥感反演算法的效果；Kueh Hsiao Chin 等人（2005 年）利用 MODIS 的时序数据，对南中国海的叶绿素 a 进行遥感制图。在整个处理流程中，最为关键的环节是从 MODIS 数据里提取叶绿素 a 的浓度信息。

2）海冰特征参数的反演

对于海冰的监测，尤其是海冰特征参数的研究，不仅对环境变化的理论研究有深远的学术影响，而且对产业发展的保驾护航也有显著的实用价值。近年来，遥感技术尤其是微波遥感技术的发展，为高时空分辨率地监测海冰的状态及其特征参数的变化创造了前所未有的机会和极其良好的条件。遥感技术对地球表面的各种地物进行观测，主要利用它们在可见/近红外（VNIR）、热红外（TIR）或微波（MW）波段的电磁波辐射信息特征实现。在此，主要介绍海冰的微波辐射信息特征，包括海冰的发射率、穿透性和后向散射系数。海冰的发射率：海冰表面最重要的辐射信息特征是其反射和辐射方面的特性。后者可以用无量纲系数——发射率来表征。海冰的穿透性：具体了解海冰的微波辐射穿透性，对于利用遥感探测海冰厚度的研究工作至关重要。一般而言，这种穿透深度随着微波辐射的频率、入射角度、海冰类型和覆盖状况的变化，会出现相当明显的差异。海冰的后向散射系数：来自海冰的雷达后向散射，在很大程度上取决于海冰诸如含盐度、温度、表面粗糙度、积雪层以及冰面水等方面的物理特性。多年冰的含盐度低（<0.2%），微波能穿透进入冰体产生体散射，而一年冰表层的含盐度高（0.5%~0.7%），主要引起面散射。

3）雪被的特征参数反演

雪被主要指陆地上的积雪，主要分布在地球高纬度、高海拔地区，通常以常年积雪或季节积雪的形式存在。对于雪被的遥感，不仅是重要的研究领域和具有深远的学术意义，而且还会带来许多实际效益和显著的实用价值。雪被的遥感信息特征，是雪被遥感的理论基础和理论持续发展的关键环节。尽管这方面的研究成果和论述文献为数众多、侧重各异，但是它们可以归纳为光学遥感信息特征和微波遥感信息特征两大类。光学遥感信息特征：Dozier 等人（2004 年）指出：在 0.4~15μm 波长范围里，多波段遥感和高光谱遥感可以反演的雪被特征参数包括雪被面积、反照率、雪粒尺寸、近表面的液体水和温度等。采用光谱混合分析还可以反演雪被面积以及雪反照率的亚像元变化。以雪被面积的确定为例，首先需要完成对每个像元“有雪”和“无雪”的分类。为此，Dozier（1989 年）提出了归一化差分雪被指数（Normalized Difference Snow Index，NDSI）的概念。他使用雪亮的波段（TMband2 或 MODIS 波段 1）与雪暗的波段（TMband5 或 MODIS 波段 6）以及作为亮度阈值的 TM 波段 4 或 MODIS 波段 2，来计算 DNSI 进行像元分类。在无林地区，当 NSDI>0.4 以及 TM 波段 4>0.11 时，该像元分类为雪被；在有林地区，当 0.1<NSDI<0.4 时该像元可分类为雪被。微波遥感信息特征：C. Schneider 等人（1997 年）使用 ERS-SAR 影像调查 Antarctic 半岛的雪被状况。Antarctic 半岛是个对气候变化相当敏感的地区，其南北延长、温度梯度大、跨越多个气候类型，在空间上形成了不同的永久积雪类型，包括干雪地带、渗透地带和湿雪地带。SAR 数据具有全天候作业接收雪被深层信息的能力。雪被散射信号由雪被表面散射和内部层面的散射（体散射）所组成，至于哪部分散射为主则需要额外的相关信息。以面散射为主的雪面，散射信号主要随暴露程度、坡度和表面粗糙度而变化。体散射主要受雪粒尺寸、分层状况以及雪被里的液体水含量的影响。在不同液体水含量的情况下，雪被的后向散射特性，包括体散射、面散射和总后向散射的强度，反映了当前的实际气象状况。因此，通过温度分布和能量平衡等气象观测估算雪被状态，可以对 SAR 影像的判读据提供强有力的支持。Dagrun Vikhamar 和 Rune Solberg（2003）开展了林区雪被制图方法的研究工作，利用线性波谱分解模型对 MODIS 数据进行像元的波谱分解，以估算像元的雪被成数（Snow-cover fraction）。林区雪被遥感制图使用了两幅不同积雪状况的 MODIS 影像，进行了 6 次各具不同端元约束条件的试验研究。MODIS 估算所得的雪被成数，与利用相同日期的两幅 Landsat ETM+影像所得的雪被成数参考图相比较，比较的结果按照无林地、阔叶林地、针叶林地和针/阔叶混合林地给出。在分解过程中，随着约束条件引入的增多，雪被成数估算精度也有所提高。

4. 遥感大气特征参数的反演

大气层处在外层空间与地球表面之间的位置上，无论从全球长时期、平均的能量平衡状态来看，还是从遥感技术创新与应用的角度来讲，都具有举足轻重、影响深远的作用。在利用太阳辐射或人工辐射源辐射进行航天和航空遥感作业时，都会受到大气层不同程度的影响。对于某些应用任务而言，这种影响是不利或有害的因素，需要采取措施加以消除，即需要进行大气影响改正；对于另一些任务而言，这些影响却是可以利用的宝贵资源，为任务的完成提供了理论依据。遥感大气特征参数反演即属后者。因此，利用遥感影像和数据进行大气特征参数的反演，长期以来都是遥感及其相关科学领域创新的重点和发展的前沿。在此，仅选择与全球气候变化、影响人类健康密切相关的二氧化碳（CO_2）、臭氧（O_3）和气溶胶（aerosol）等参数的遥感反演加以说明。

1）CO_2 特征参数的遥感反演

CO_2 作为最重要的温室气体，目前，众多的科学家认为：随着人为 CO_2 排放量的不断增加，导致和加速了全球气候变暖、海平面上升、灾害频发的趋势，使人类处在现实和潜在的诸多危险之中。这种态势已经引起世界各国政府的高度重视，人们试图通过国际立法的手段，限制和减少 CO_2 的排放量。在这种情况下，利用遥感技术持续、精确地监测全球 CO_2 的排放量以及碳源、碳汇的空间分布，就成为世界各国科学家需要完成的重要任务及必须应对的巨大挑战。尽管这些问题分别可以采用遥感反演、实况测量、试验研究、模型计算以及它们综合起来的方法加以解决，但是下面的论述将以遥感反演为主线展开。

按照地面、飞机和卫星 3 个层次，分别从数据来源、技术特征和拥有机构等方面，列举出当前和近期全球所具有的 CO_2 观测能力（表 7.5）。这些能力主要为美国、欧共体和日本等的有关机构所拥有。

表 7.5　　　　　　　　　　　　　　**全球 CO_2 观测能力**

	数据来源	技术特征	拥有机构
地面	地基网络	站点测量，分散覆盖 CO_2 记录时序最长（1957 年以来连续作业） 从地面到 500m 高度范围观测 时间分辨率、精度和准确度高	美国 NOAA-ESRL
飞机	机载的 CO_2 调查	区域测量 飞行 \ 作业不频繁，可变高度作业 生成垂直剖面 高精度和准确度	C. Pickett-Heaps，LSCE

续表

	数据来源	技术特征	拥有机构
卫星	大气制图用扫描成像吸收光谱仪（SCIAMACHY）\ EnviSat	全球覆盖 被动，8通道 UV-VIS-NIR 光谱仪 大气柱里的 CO_2 中光谱分辨率	欧共体 ESA
	大气红外探测器（AIRS）\ Aqua	全球覆盖 被动，高光谱红外探测器 逐月在中对流层对 CO_2 进行昼夜观测	美国 NASA
	对流层发射光谱仪（TES）\ Aqua	全球覆盖 被动，高分辨率成像 红外 Fourier 变换光谱仪 对流层敏感	美国 NASA
	轨道碳观测卫星（OCO）	全球覆盖 被动，近红外光谱仪 高精度 XCO_2 CO_2 源和汇的变化	美国 NASA
	温室气体观测卫星（GOSAT）	全球覆盖 被动，Fourier 变换光谱仪 云和气溶胶成像仪	日本 JAXA
	二氧化碳监测科学实验卫星（TANSAT）	全球覆盖 被动，高光谱温室气体探测仪（HSCO2） 云和气溶胶探测仪（CAPI） 精度优于 4ppm	中国 科技部、中科院

Collins 等人（2008）对估算半干旱草地的逐日净 CO_2 通量及其分布状况的遥感方法进行了研究。他们根据卫星影像的地面反射率与温度之间的关系，建立起描述植被蒸发状况的缺水指数（Water Deficit Index，WDI）模型。利用某个时间点的 WDI 导出的瞬时 CO_2 通量，计算出日间 CO_2 通量。然后，再利用日间 CO_2 通量获得夜间 CO_2 通量。在这些研究中，Collins 等人使用了 Arizona 南部 1996—2000 年获取的卫星影像，估算了此期间的蒸发和净 CO_2 通量。在 2005 年和 2006 年季风生长季节，还收集了相同地方手动与自动的实况数据，以建立日间和夜间 CO_2 通量之间的关系。研究发现：在 WDI 导出瞬时和日间净 CO_2 通量之间（$R^2=0.97$）、日间和夜间通量之间（$R^2=0.88$）存在显著的线性关系。这些关系可以用来绘制逐日的总净 CO_2 通量分布图。当所使用的 WDI 值小于 0.9 时，模型的误差在其所用数据集固有误差及合理的范围之内。Collins 等人的研究结果表明：遥感技术为半干旱草地逐日净 CO_2 通量的获取，提供了一种基于物理学的有效手段。

2）O_3 特征参数的遥感反演

在全球气候变化研究以及大气特征参数遥感反演过程中，对 O_3 的浓度或大气柱含量及其时空分布特征的反演，是个相当重要而引人注目的课题。因为人类无节制的活动，包括生物质的燃烧、城市的污染、氯氟烃等化学物质的大量排放，正在破坏大气圈中的臭氧层，使之变薄甚至在极地出现空洞，导致从太阳到达地面的 UV-B 辐射不断增强，进而引起人们皮肤癌、白内障、过度晒伤等疾病的增加，直接危害着人类的健康和生活。O_3 在大气圈里的数量及其时空分布规律，O_3 与来自太阳的 UV 辐射、人类健康之间的关系，以及 O_3 层的破坏过程及其机理，将是 O_3 特征参数遥感反演研究的理论基础和应用推动力。根据地图及其相关数据来看，总臭氧量的最大值分布在中、高纬度地区；平流层总臭氧量在南极洲的春季为最低，次低分布在热带地区；对流层的总臭氧量在较高纬度地区有所增加；全球风力的变化，在任何时候都可以改变臭氧的分布状况，而太阳辐射的减少就意味着总臭氧量的减少。平流层臭氧层受到多种因素，包括自然波动以及臭氧消耗物质（Ozone Depleting Substances，ODS）的影响。因此，利用天基遥感器长期进行全球范围的观测，对于监测平流层臭氧层的进一步演变至关重要，也是对维护地基测量的优良补充。为此，D. G. Loyola 等人（2009）将 1995 年以来的 ERS-2、ENVISAT、METOP-A 三种欧洲卫星上相应的传感器 GOME、SCIAMACHY 和 GOME-2 的数据，集成为自身相互兼容、长时序的臭氧数据。然后，将一个线性回归模型用于这种集成的时序数据，评估全球臭氧层变化的趋势。过去 14 年里，总臭氧量在全球有轻微增长的趋势（每 10 年 <1%），其增长区域和减少区域的空间分布也标注在地图之上。从独立的卫星数据和地基测量数据，分别得到的变化趋势相互吻合、极为一致。统计分析表明，集成的 GOME 数据在 95% 置信度水平上，可以发现在热带地区每 10 年 1% 数量级的变化，在 60°N 到 60°S 之间地区每 10 年 5% 数量级的变化。在高纬度乃至极地地区，欲达到相同的置信度水平，则需要更多年份的观测数据。Loyola 等人还利用 1995 年 6 月至 2008 年 5 月期间集成的卫星遥感数据和相应的 E39C-A 模型模拟数据，绘制了全球季节平均总臭氧量及其差值的分布图。这些地图使多年季节平均的总臭氧量的时空分布规律和演化趋势得到了形象、直观的展示。

3）气溶胶特征参数的反演

气溶胶是指在大气里悬浮的各种颗粒和液体而言。这些气溶胶有自然和人为两种来源。描述气溶胶的基本参数包括尺寸、成分、形状和数量。在有关模型计算过程中，气溶胶尺寸往往用 Angstrom 指数（α）表示；成分用折射指数（$m = n - k_i$）表征；形状则以球形为代表；数量则以气溶胶的光学厚度（τ）表示。然而，气溶胶的尺寸在自然界里可以从 3 纳米到几百毫米，但通常都比云滴的尺寸要小；在气溶胶的成分和形状方面，其动态范围很宽，取决于其来源和大气过程的状况。许多应用任务对直径在 $0.05 \sim 10\mu m$ 的气溶胶最感兴趣。它们不仅直接与太阳光互动，而且构成了气溶胶质量的主体部分。上述尺寸范围细小端的颗粒在和云层互动过程中起重要作用；粗大端的颗粒尽管数量较小，但邻近沙尘、火山源地的贡献显著。在海洋上，较大的盐颗粒对于云层的发展也可以发挥重要的作用。F. Thieuleux 等人（2005 年）利用第二代气象卫星的 SEVIRI 仪器，以高时空分辨率对大西洋和地中海上空的气溶胶，尤其是北非的 Saharan 沙尘、亚热带非洲的生物燃烧气溶胶和欧洲污染物的输送状况进行监测，发展了估算气溶胶光学厚度和 Angstrom 系数的反演方法，以快速和长时序地处理所有分辨率的 MSG 影像。O. Dubovik 等人（2008）利用卫星气溶胶分布数据以及气溶胶辐射和输送模型（Goddard Chemistry Aerosol Radiation and Transport，GOCART），发展了反演全球气溶胶排放源的算法。

◎ **思考题**

（1）简述遥感图像解译方法以及目标地物识别特征。

（2）地学解译标志有哪些？结合地貌类型说明如何在图像解译中应用。

（3）遥感图像解译标志有哪些？结合实例说明如何在图像解译中应用。

（4）简述遥感图像目视解译的基本方法与过程。

（5）试比较不同类型遥感影像解译方法的区别与联系。

（6）说明新型遥感图像分类方法的基本原理和主要应用。

（7）简述遥感图像分类的基本原理和主要方法。

（8）试比较监督分类方法和非监督分类方法的区别与联系。

（9）简述遥感图像分类的一般过程。

（10）简述面向对象的分类方法和深度学习分类方法。

（11）简述遥感图像分类后处理方法和分类精度检查方法。

（12）简述定量遥感反演的基本原理和主要方法。

（13）试比较在遥感特征反演过程中数模同化方法与数据融合方法的不同。

（14）简述常用的遥感信息模型。

（15）定量遥感反演有哪些？结合实例说明其在遥感地面特征参数反演中应用。

第8章　遥感制图的设计、编制和评价

与普通地图相比，遥感制图具有遥感图像和地图的双重特性，在地图设计、表示内容、制图工艺等方面有其独特之处。在遥感制图的设计与编制中，既要考虑一般地图的表示方法，又要考虑遥感图像特殊的表达方式。遥感制图具有优越性，主要体现在：宏观控制制图区域；丰富地图编图资料；增加地图产品种类；方便获取地理环境信息；改善中小比例尺制图的成图质量；改变编图顺序、快速制图和更新地图；促使制图自动化的快速发展。卫星遥感制图是一种动态的制图过程，可分为遥感图像数据制图处理和遥感图像数据制图应用。

8.1 遥感制图的设计

遥感制图设计是根据地图用途和用户的要求，按照视觉感受理论和地图设计原则，对遥感地图进行全面规划，主要内容有总体设计、内容设计、方法设计和工艺设计。

8.1.1 总体设计

遥感地图的总体设计主要包括：选择地图投影、确定坐标网、确定地图比例尺、确定图幅范围、地图分幅和内分幅、图面配置及附图安排等。

1）选择地图投影

遥感地图的投影选择包含遥感影像的投影、地理底图的投影以及遥感影像与地理底图的配准。例如，极地地区采用正轴方位投影；中纬度地区采用正轴圆锥投影；赤道附近的一些国家采用正圆柱投影；制作地形图通常使用高斯-克吕格投影；制作区域图通常使用方位投影、圆锥投影、伪圆锥投影；制作世界地图通常使用多圆锥投影、圆柱投影和伪圆柱投影；中海图常用墨卡托投影和球心投影；航空图常采用等角斜圆柱投影；飞行计划图常采用等距离方位投影。中国大部分区域属于中低纬度地区，故采用圆锥投影。中国疆域辽阔，纬度跨度很大（50°的纬差），故必须用割投影（双标准纬线）来控制形变。为强调各省区之间和中国与相邻国家之间的面积对比关系，则采用等面积投影。

与传统的地图投影相比，空间地图投影是在对卫星遥感图像数据粗处理的基础上，采用解析法建立的一种区别于传统地图投影的全新动态投影，是一种适合于各类动态传感器构像的地图投影系统，它考虑了地球形状、卫星运动、地球自转、轨道进动等因素对点位的影响，时间为投影的参数，是四维空间的地图投影。空间地图投影系统能使同一飞行轨道的带形图像处于统一的坐标系内，适用于卫星图像的连续制图。按卫星轨道状况分类，空间地图投影主要包括3种类型：正轴投影、横轴投影和斜轴投影。按正轴投影经纬线形状分类，空间地图投影主要包括3种类型：空间方位投影、空间圆柱投影和空间圆锥投影。空间方位投影是最常用的投影方式，包括单张航空像片的正负图像空间透视投影，倾斜像面透视投影，空间的正、斜方位投影等。空间圆柱投影是适合卫星扫描图像的投影方式，包括空间斜轴圆柱投影（Space Oblique Mercator，SOM）、空间墨卡托投影（Space Mercator，SM）和空间横轴圆柱投影（Space Transverse Mercator，STM）等。空间圆锥投影是适用于侧视雷达图像，或带有侧摆的光学图像的投影方式，包括空间正圆锥投影

（Space Cone，SC）、空间横轴圆锥投影（Space Transverse Cone，STC）和空间斜轴圆锥投影（Space Oblique Cone，SOC）。例如，小幅面卫星图像 TM、SPOT 多采用空间斜轴切圆柱投影；大幅面卫星图像 AVHRR 则多采用空间斜轴割圆柱投影；对大区域进行连续制图，考虑这一区域有关的扫描图像的拼接问题，可以把每条轨道扫描覆盖区看成一个投影带，利用 SOM 投影作为其数学基础，采用分带投影方法研究卫星图像的镶嵌问题。

目前，在制作大比例尺遥感影像地图时，应与现有地形图的数学基础取得一致或统一起来，而中、小比例尺遥感影像地图投影的选择比较灵活，可根据具体要求选择较为适宜的地图投影。此外，制图区域的位置、形状和范围、出版方式也会影响投影类型的选择。由于遥感图像通常为 SOM 投影（空间斜轴墨卡托投影）或 PSP 投影（极球面投影）、STP 投影（卫星轨迹投影），因此，解译后的专题类型具有其中一种投影的性质。当专题类型与基础地理要素合成时，常存在投影不一致的问题，需要进行投影转换，通过投影变换将遥感图像的投影性质转换为地理底图的投影性质。因此，在总体设计时，选择地图投影类型应依据实际情况具体选择。

2）确定坐标网

遥感影像地图上的坐标网，可根据需求绘制地理坐标网和直角坐标网，具体绘制要求可参照国家基本比例尺地图编图规范。

3）确定地图比例尺

遥感影像地图比例尺的确定受到地图的用途、制图区域的范围、地图幅面和影像精度的影响。不同的地图用途对地图内容的选择以及内容的详细程度和精度要求是不同的。因此，应该结合地图的使用需求来设计地图比例尺，使其满足地图内容的详细性和精确性的要求。高分辨率遥感影像适合编制大比例尺遥感影像地图；而低分辨率遥感影像一般用于编制中、小比例尺遥感影像地图。

4）确定图幅范围

确定一幅图中内图廓所包含的区域范围，主要受地图比例尺、制图区域地理特点、地图投影、主区与邻区的关系等因素的影响，同时还要考虑横放、竖放的问题。在确定系列遥感影像地图图幅范围时，每幅图不但要保持每个行政单位、地理区域的完整，图幅之间还应有一定的重叠，特别是重要地点、名山、湖泊、大城市等尽可能在相邻两幅图上并存。同时，每幅图的比例尺要一样。目前遥感影像地图的分幅多采用正北方向的无缝矩形分幅形式，其原则就是尽量保持重要地物的完整并充分利用版面。

5）地图分幅设计

由于印图纸张和制印设备的幅面限制，同时考虑到方便用图的要求，需要把制图区域分成若干图幅。此时，就需要进行遥感影像地图的分幅设计。地图分幅可按经纬线分幅，也可按矩形分幅。拼接的叫内分幅，多为区域挂图，使用时沿图廓拼接起来，便可形成一个完整的区域。

6）图面配置设计及附图安排

遥感影像地图图面配置设计，就是要充分利用地图幅面，合理地配置地图的主题、附图、附表、图名、图例、比例尺、文字说明等。图面配置时要保持整体图面清晰易读、层次结构合理，还要保持整体图面的视觉对比度及视觉平衡和整体协调。①图幅面主区的配置：在主区构图时，应占据地图幅面的主要空间，地图的主题区域应该完整地表达出来。②图名的配置：单幅地图图名的选择应有准确的区域代表性，有利于地图的检索和使用。大型地图的图名多安放于图廓外图幅上方中央，图名约占图边长的2/3为宜，图名以横排为主。③图例的配置：图例、图解比例尺和地图的高度表都应尽可能地集中在一起，在图内的主区内或图外的空边上系统编排。但是当符号的数量很多时，也可以把图例分成几个部分分开放置。④比例尺的配置：地图上用得最多的形式是将数字比例尺和直线比例尺一起表示在地图上。成图比例尺对卫星遥感图像空间分辨率需求见表8.1。在分幅地图上比例尺多放在南图廓外的中央，或者左下角，有时也放在图例的框形内。⑤图廓的配置：图廓分内图廓和外图廓。内图廓通常是一条细线并常附以分度带，外图廓的种类则比较多，地形图上只设计一条粗线，挂图则多饰以花边。内外图廓间要有一定距离，当图面绘有经纬网时，经纬度注记一般注于这个位置。⑥附图的配置：注意保持图面的视觉平衡，避免影响阅读图面主区。通常置于图内较空的地方，并多数放在四角处，但大型挂图不能放在上面。⑦图表和文字说明的配置：配置一些补充性的统计图表，以使地图的主题更加突出，附图和图表、文字说明的数量不宜过多。

表 8.1　　　　　　　　　　　　**成图比例尺对卫星遥感图像空间分辨率的需求**

成图比例尺	空间分辨率
1：250 000	Landsat-7（15m）
1：100 000	Landsat-7（15m） SPOT-4（10m）
1：50 000	SPOT-4（10m） SPOT-5（2.5m）
1：25 000	SPOT-5（2.5m） IKONOS-2（1m） QuickBird-2（0.61m）
1：10 000	IKONOS-2（1m） QuickBird-2（0.61m）
1：5 000	IKONOS-2（1m） QuickBird-2（0.61m）

8.1.2　内容设计

由于地图用途和比例尺的不同，地图表达的内容以及详尽程度是不一样的。遥感影像地图的内容设计，根据不同需求、不同尺度和不同影像特点，按照制图综合原则对不同地图相关内容进行综合取舍，以保证影像地图内容详细性与清晰性的统一协调。大比例尺高分辨率的遥感影像可以详细地显示地面各类地物的细微特征，但难以反映物体周围及相互之间大的宏观信息。而小比例尺的遥感影像则恰恰相反，它能很好地显示群体和大区域高等级的系统宏观特征，却难以像大比例尺遥感影像那样详细地反映各个事物或现象的具体特征。因此，在设计遥感影像地图内容时，就需要根据用途要求，确定遥感影像的分辨率，确定矢量地图要素和注记的分类分级选取概括指标。

普通遥感影像地图中的矢量化要素内容，应该在不干扰影像的同时，能够较大限度地提供有价值的信息。在编制专题影像地图时，应根据专题地图的要求选择表示内容。专题图的种类和形式是多种多样的，它侧重于表示某一方面的内容。专题要素是专题影像地图上要突出的主题内容，涉及经济和国防等各部门，内容广泛、种类繁多，包括有一定形体的地理实体和不具形体的抽象现象，它们的表示与地图用途有着密切的关系。

8.1.3　方法设计

遥感影像地图表示方法设计是对地图表示内容的形式设计，主要采用影像、图形符号和注记叠加的方法，对遥感影像进行图形化处理，建立地图的整体面貌。遥感影像地图表示方法受到地图用途、影像质量、影像分辨率、使用场合、工艺条件等因素的影响。

1）遥感影像地图表示方法

目前，遥感影像地图的表示方法主要有三种：影像为主、矢量要素为辅；矢量要素为主，影像为辅；影像与矢量要素并重。①影像为主、矢量要素为辅的表示方法：要充分利用最新的遥感影像资源，重点表达制图区域的特征及发展变化，则地图采用影像为主、矢量要素为辅的表达方式较合理。②影像为辅、矢量要素为主的表示方法：以影像作背景表达制图区域特征，则地图采用矢量要素为主、影像为辅的表示方法更好。③影像与矢量要素并重的表示方法：要求表达影像和矢量地图要素基本相同，则采用影像与矢量要素并重的表示方法。目前影像地图常用的表示方法是全部用影像加一些注记或影像为主加上部分图形符号和注记，这样能够使得细节特征显示完整，影像地图信息丰富、清晰易读。再配合一些略图、线划地图、彩色图片、文字说明等其他多种表现形式，就可以充分展示制图区域的地理特征和发展变化特点。

2）遥感影像地图符号设计

依据不同类型的地图，进行制图符号库的设计，将分层分类后的数据和附加信息进行符号化表示。在地图符号设计时既要考虑遥感影像地图所表现的特征，又要突出地图符号所要表达的地理现象。符号化必然要用不同颜色、图案的符号来区分地物种类。同时，还要用不同颜色、字体、字级的注记来进行说明。因此，遥感影像地图的符号要简洁、清晰易读，便于读者快速地从影像中获得重要的信息。如果是系列遥感影像地图，还要考虑它的系统性和逻辑性，同一比例尺内的各图幅表达风格都应该一致；不同比例尺图幅之间，地图符号的形状应保持相似性。

3）遥感影像地图色彩设计

地图色彩的恰当运用能提高地图的视觉感受，增强地图的表现力和信息传输效果。遥感影像地图的色彩影响着整个地图的效果。遥感影像地图的色彩设计包含两方面：影像色彩的设计和矢量地图符号的色彩设计。影像色彩的设计主要是客观、准确、协调地表现出自然色彩，地图符号色彩设计的基本原则是在尽量模拟要素的自然色彩的同时还要考虑要素表示的清晰性和整体色彩的协调性。需要对影像色彩和色调进行处理，缩小单张分幅地图内部和地图各图幅之间的色差，使影像底图色彩一致，还要与选定的地理要素达到和谐统一。与一般线划地图相比，影像图中的注记字体要壮、实，宜选用较粗的隶书、魏碑、黑体等。在"绿色系"或"蓝绿色系"影像地图上，宜采用红色、品红、蓝紫色设计注记；在"偏红色系"影像地图上，宜采用黄色、蓝色设计注记。同时对注记文字增加不同颜色的底衬，或对文字进行描边处理，突出注记，避免文字受影像颜色的干扰。

8.1.4　工艺设计

遥感影像地图生产工艺设计是根据地图用途、地图精度、地图制作时间和经费等各种要求，对地图编图、出版和印刷工艺方案进行设计。目前，遥感影像地图生产工艺方法主要是采用数字制图技术、计算机直接制版、四色印刷工艺编制。地图数据采集、符号化和编辑修改是基于制图软件平台进行的；图像处理以及影像图的色差处理，采用影像处理软件经过影像纠正、数据拼接、色彩校正等多道工序完成；数字印前系统进行符号配置、文字标注、数码打样以及组版、分色、照排；最后进行计算机直接制版或胶片输出再制版，经四色印刷后，制成多份遥感影像地图。在制定工艺方案时，必须考虑各种因素所带来的影响。另外，还要考虑现有的制印设备和技术水平，设计制印工艺方案时应了解生产该地图的设备条件，根据设备状况和技术条件决定工艺措施。根据具体情况，制订出切实可行的方案，以期提高生产效率，降低成本，生产出优质的地图。

8.2　遥感地图的编制

遥感地图的编制是在地图设计文件的指导下，根据地图用途和确定的比例尺，对影像资料进行选择和处理，对矢量化地图内容实施图形化、概括、图解关系处理，采用合理的编图技术工艺方法制作遥感影像编绘原图的过程。遥感影像地图编制的主要过程是：编绘准备工作、编图资料的选择和处理、地图内容的制图综合、地图图廓外整饰和审校验收。编绘准备工作是指熟悉编绘规范以及相关的编辑计划等设计文件，了解影像类型和特点，根据影像及相关说明了解制图区域各要素总体特征等。编图资料的选择和处理是指遥感影像选择与处理、地理基础底图的选取与地图要素数字化、遥感影像几何纠正与图像处理、地图投影、比例尺计算、遥感影像镶嵌与地理基础底图拼接、影像内容更新和专题内容的转绘处理等。地图内容的制图综合是指根据影像地图用途要求，对编绘底图中的矢量化要素实施选取、化简、概括和图形关系处理。

8.2.1　普通影像地图的编制

普通影像地图是在遥感影像的基础上，叠加水系、居民点、交通网和境界线等一些最基本的线划、符号和注记而制作的地图，它综合、全面、平衡地反映制图区域内的自然和社会经济要素的特征和分布规律。

1. 普通影像地图的类型和表示内容

普通影像地图按照比例尺和表示内容的详细程度，分为大比例尺普通影像地图、中小比例尺普通影像地理一览图。

1）大比例尺普通影像地图

大比例尺普通影像地图，一般比例尺大于或等于 1：10 000，制图区域主要是城区。这类地图通常选用高分辨率的 SPOT 卫星影像或 TM 卫星影像作为基本的影像资料。在此基础上，主要叠加表示湖泊、水库和双线河流等面状水系要素，表示主要居民地位置、道路位置、等高线、植被、境界线等的一些最基本的线划、符号，以及各种居民地、水系和道路注记。

2）中小比例尺普通影像地理一览图

中小比例尺普通影像地理一览图，一般比例尺小于 1：10 000，制图区域一般是整个城市、省、大区、全国和全球，并配合矢量地图和图片，表示整个区域自然地理的总体面貌。目前常用的是单张或多幅拼接普通影像挂图、相同幅面和比例尺的系列影像图，或者是普通地图集中的影像地图。中小比例尺普通影像地理一览图上表示的要素相对大比例尺影像图而言要概略得多，通常选用与成图比例尺接近的分辨率影像作为基本的影像资料。在此基础上，叠加表示大型湖泊、水库、居民地和道路、境界线等的一些最基本的线划、符号和注记。针对地图的具体用途、目的和服务对象，确定地图表现的内容和表现形式。地图投影、地图比例尺选择、地图内容的选取、图例符号的设计、色彩的运用、图面配置设计风格等，均有很大的灵活性。

2. 普通影像地图的编制过程和方法

普通影像地图编制主要流程包括：地图设计与技术方案的制定、遥感影像资料和地图的收集与分析、地图比例尺确定、地理基础底图选取、正射影像制作（图形图像配准、遥感图像处理与几何校正）、影像拼接和数据合并、地图要素数字化和编辑、注记叠加及文字编排、图面整饰等。

1）地理基础底图选取

地理基础底图是遥感影像制图的基础，可用来显示制图要素的空间位置和区域地理的前景，对遥感影像进行几何校正。地形图具有精度高、内容全的特点，这便于抽取其中一种或几种自然要素或社会经济要素作为符号或注记，以弥补遥感影像在某些方面的不足。因此，一般选择地形图作为地理基础底图。

2）遥感影像处理与几何校正

①遥感影像增强：遥感影像增强的目的是突出图像中的有用信息，以便提高对影像的解译和分析能力。影像增强主要是彩色合成、灰度拉伸和直方图均衡化处理。②遥感影像

几何校正：遥感影像必须以地图的地理数学基础为准进行几何校正，才能使遥感影像与地图底图严格配准。遥感影像几何校正的精度与图像和地形图上选取同名地物控制点密切相关。选取控制点时尽量选取相对永久性的地物，如道路交叉点、大桥、水坝和山脉主峰等，而不要选河床易变动的河流交叉点，以免点的移位影响纠正精度。为了保证全幅图像都能得到一致的校正，地物点要尽量均匀分布，一景遥感影像范围内的地物控制点不少于20个。③遥感影像镶嵌：对每幅图进行几何校正，并将统一坐标系，进行裁剪并去掉重叠部分，将裁剪后的多幅图镶嵌在一起形成一幅图像，消除色彩差异，形成一幅完整、比例尺统一和灰度一致的图像。镶嵌的影像要求投影相同、比例尺相同，有足够的重叠区域。图像的时相保持一致，多幅图像镶嵌时，以中间一幅为准进行几何拼接和灰度平衡。

3）遥感影像与地形图的配准复合

几何校正后的遥感图像还必须与地理底图进行配准，过程与前述几何校正相似，其思路是以数字化的地形图为参考文档，校正后的图像为校正文档，采集一定数量的控制点执行配准操作。在校正软件中同时调入单张地理底图及遥感图像，使地理底图半透明，选同名地物点进行配准，这样可初步检查图像的配准情况。若不太理想则应继续选择控制点再进行配准，直到满意为止，并保存纠正好的影像。配准一般进行2~3次，多次纠正会引起图像断裂、变形。在完成配准工作后，遥感影像与地形图就可以很好地叠合在一起了。

4）地图要素数字化和编辑

影像地图上需选取一些在遥感影像上无法表示或无法重点强调的要素进行符号化表达，这就需要进行要素的数字化。选取扫描矢量化软件对选择的要素进行数字化，数字化之前要对底图进行图面质量检查、多幅相邻底图内容检查等；接着按类别进行分要素标描，以免漏掉要素；然后进行图面要素分类编码；最后进行底图数字化。各地理要素应分别放在不同的层中进行矢量化，在矢量化输入的同时可定义各要素的几何参数，例如符号大小、线型、线宽、颜色等，建立拓扑关系，以建立区域及区域间的空间关系。

5）地图注记叠加

地图注记叠加主要包括：制作图廓和地理坐标网线、加注文字注记、图名和编图说明、制作比例尺和图例等。注记是对地物属性的补充说明，符号和注记图层要单独生成。

6）地图图面整饰及输出

遥感地图的图名、图例和比例尺分别配置在图面的一定位置上，一起组成地图的图形结构。图名主要是向用图者提供有关地图区域的主题或信息，一般放在左上方；图例放在下方为好，便于查图；比例尺一般随图例或图名，也可放在其他位置。以均衡协调为原则，编制完成的遥感专题地图可直接在显示器上显示，任意缩放、浏览，也可用彩色打印机或绘图仪输出成品图。

8.2.2 专题影像地图的编制

专题影像地图是以普通影像地图为背景，通过遥感影像信息增强和符号注记，突出表示专题要素的位置和轮廓界线的线划、符号和少量注记的一种影像地图。专题影像地图与普通影像地图相比，两者在内容选择、表示方法和符号设计上都有一定的差异。

1. 专题影像地图的类型和表示内容

专题影像地图的主题内容可以是一种或几种自然、社会、经济、人文等要素，专题信息无论其是否具有空间特征，都必须将它们以地图符号的形式加到具有地图基本特性的普通影像地图上，才能制成专题影像地图。所以，专题影像地图表示内容可以分为两个层次：普通影像地图要素和专题要素。其中，普通影像地图要素表达的关键是底图表示内容的综合取舍；专题影像地图要素表达的关键是专题数据处理、专题内容转绘和专题图符号设计。因为专题地图涉及内容和用途需求广泛，所以在表示内容、表示方法和符号设计方面是灵活多样的。目前，还缺乏普遍适用于各行业的专题影像地图产品体系和制图规范，必须根据用途需求，自行设计各种专题影像地图。

专题地图可以表示出所有与地理有关的现象或研究成果的空间分布及其发展变化规律。专题影像地图以表示各种专题现象为主，也能表示普通影像地图上的某一个要素，如水系、交通网等；既能表示自然地理现象，又能表示社会经济或人文地理现象；既能表示各种具体、有形的现象，又能表示抽象、无形的现象；既可表示空间状况，又可反映现象在特定时刻的分布状况；既可表示静态的现象，也可表示动态变化；既可反映历史事件，又可预测未来变化，等等。专题影像地图的基本类型可以根据内容的专门性、内容的描述方式、地图的用途、比例尺等标志进行分类。目前，常用的专题影像地图主要是表示自然要素的地图。例如，地貌图：主要以地表的外部形态、地貌成因等为主要内容的地图，包括地貌类型图、地貌区划图、地面切割密度图等；土壤图：主要反映各种土壤分布、形成、利用与改造的地图，包括土壤类型图、土壤肥力图、土壤侵蚀图等；植被图：主要反映各种植被分布特征及生态、用途、变迁的地图，包括植被类型图、植被区划图等。

2. 专题影像地图的编制过程和方法

专题影像地图的制图过程包括：遥感影像预处理、地理底图表示内容的综合取舍、遥感影像专题信息解译提取、专题信息分类分级与地图概括、专题内容叠加和地图整饰。

1）遥感影像预处理

遥感影像预处理包括遥感数据的图像校正、图像增强、影像分类。经过处理可得到便于遥感制图的遥感影像数据。①遥感影像的纠正处理：遥感影像在拍摄中，受到卫星飞行姿态、飞行轨道、飞行高度的变化以及传感器本身误差的影响，会引起卫星遥感影像的几何畸变。因此，在把遥感数据提供给专题图编制之前，必须经过纠正处理。②遥感影像的增强处理：在进行遥感影像判读之前，要进行图像增强处理，包括光学图像增强处理和数字图像增强处理。光学图像增强处理主要是为了加大不同地物影像的密度差，常用的方法有假彩色合成、等密度分割、图像相关掩膜。数字图像增强处理的主要特点是借助计算机来加大图像的密度差，常用的方法有反差增强、边缘增强、空间滤波等。③遥感影像根据时相、波段、分辨率的不同可以进行不同的分类：编制专题图前，需要将纠正处理后的图像按照一定的分类标志进行分类分级，便于专题影像地图制图中快速准确地选择编图资料。

2）地理底图表示内容的综合取舍

地理底图内容选取的详略是由拟编专题地图的内容、用途、比例尺以及区域地理特征确定的。由于影像本身的色彩和信息很丰富，地理底图表示的内容是为了加强专题信息的空间关系和可读性，因此，为避免图面信息过于繁琐，影响地图阅读的清晰性，选择的地图矢量要根据专题图的要求进行大量的综合取舍。例如编制土地覆盖遥感专题图，就要选择最新的大比例尺土地利用数据作为图像分析判读的基础数据。土地利用数据库中的耕地、建设用地、水体、沙漠、戈壁、冰川和永久积雪等类型数据，可以根据分类内容的对应关系，直接转换成土地覆盖的相应类型。对于无法直接转换的类型，可获得主要土地覆盖类型的位置和边界，如森林、草地、农田等。经综合取舍，就构成土地覆盖基础底图的基本框架数量，其他内容可以概略表示或不表示。

3）遥感影像的专题信息解译提取

遥感影像的专题信息解译提取，是通过目视判读和计算机自动识别来进行的。目视判读是用肉眼或借助简单判读仪器，运用各种判读标志，观察遥感影像的各种影像特征和差异，经过综合分析，最终提取出判读结论。常用的方法有直接判定法、对比分析法和逻辑推理法。计算机自动识别与分类是利用遥感数字影像信息的基本方法，由计算机进行自动识别与分类，从而提取专题信息。计算机自动识别也称模式识别，是将经过精处理的遥感影像数据，根据计算机识别获得的影像特征进行的处理。计算机自动分类可分为监督分类和非监督分类两种。遥感影像解译的一般方法是建立影像判读标志，野外判读，室内翻译，得到绘有图斑的专题解译原图，并利用相关软件对图斑的栅格数据或矢量数据进行变换处理。

4）专题信息分类分级与地图概括

专题数据种类繁多，数据格式各异，存在多种比例尺、多种空间参考系和多种投影类型，同时专题信息的分类分级也各不相同。因此，必须对它们进行投影、坐标系、数据格式的转换以及专题数据的分类分级处理。专题类别的地图概括，是指根据比例尺及分类的要求进行专题解译原图的概括，包括在预处理中消除影像的孤立点，依据成图比例尺对图斑尺寸的限制进行栅格影像的概括。注意在地图概括的同时，要进行图斑地理底图的转绘。

5）专题内容叠加

专题内容叠加是利用经纬线网和一定的控制点，将专题内容利用计算机或人工的方法转绘到地理底图上，形成具有统一数学基础的专题图编绘底图。专题内容转绘时，对于定位精度要求较高的专题信息要准确定位，对于定位精度要求不太高的专题信息要注意处理与地理底图上其他要素的相互关系。

6）地图整饰

地图整饰是在转绘完专题图斑的地理底图上进行专题地图的整饰工作。在制图过程中，一般是利用制图软件制作一个影像整饰标准模板，包括图名、图号、影像轨道号、影像成像时间、投影坐标系、比例尺、接图表及图例等。出图时，通过操作可自动生成整饰效果图。

8.2.3　系列遥感影像地图的编制

系列遥感影像地图简单地说就是在内容上和时间上有关联的一组地图。所讨论的系列地图，是指根据共同的制图目的，利用相同的制图信息源，按照统一的设计原则、统一的比例尺、分类原则和制图单元编制成套的专题地图。它既有专业要素特点，又具备系统的综合性，从而为各自然要素统一协调和综合制图提供保证。

系列地图绝不是各幅地图的简单集合，它是在统一的编制思想指导下，有着共同的、协调而完整的表示方法；表示不同内容的各类地图的比重、图间的相互协调配合，都符合逻辑性和系统性；图幅的配置和图例的表示有着一致的规格和原则；各图内容的取舍、制图综合的要求有着统一的规定；地图集内各地的投影和比例尺都经过详细研究，有选择地使用；各地图的编排次序有一定的逻辑关系。因此，地图集是一部完整而统一的科学作品，不仅是各学科和各部门区域调查研究成果的很好表现形式，而且是科学研究与规划决策的重要手段。

1. 系列影像地图的种类

系列影像地图通常分为自然系列影像地图和社会经济系列影像地图。

1）自然系列影像地图

自然系列影像地图是反映自然要素的地图集合。按内容又可分为专题型和综合型。前者主要偏重某一自然要素的表达，如气候系列图、地质系列图、土壤系列图、生物系列图、水文系列图、海洋系列图等。后者则主要包含各种自然要素的组合。

2）社会经济系列影像地图

社会经济系列影像地图是反映社会经济、人文要素的地图集合。按内容也可分为专题型和综合型。前者表达单一的人文要素，例如人口系列图、政区系列图、历史系列图、经济系列图、环境系列图、交通系列图等；后者主要是包括各种社会经济要素的地图集合，一般包括行政区划、人口、工业、农业、交通、商业、服务业、邮电通信、综合经济等系列图。以自然综合体为制图对象，利用遥感影像综合判读，结合野外综合调查与地形图分析，在各专业人员共同调查分析的基础上，先编绘自然地理单元轮廓界线图，并将每个单元的地貌、植被、土壤、土地利用以及卫星影像等特征列表记录，并建立卫星影像判读标志，然后再按照所拟定的每个要素专题地图的图例，归并派生编绘各要素专题地图。

2. 系列影像地图的编制过程和要求

1）系列影像地图的编制过程

与一般影像地图编制方法相比，系列影像地图的编制方法与单幅图编制方法相同。其编制过程主要包括：①制作影像基础底图：从同一地区的多幅影像中选定一幅作为基础影像，进行精密纠正、合成、放大，制成供编制基础底图和野外及室内解译用的影像基础底图；②制作基础底图：按影像基础底图的地理基础，适当选取水系等地理要素，制成具有居民地、道路、境界和地貌结构线等内容的地图，在此基础上，将专题内容转绘叠加在基础底图上，形成遥感影像分幅地图；③进行系列地图的统一协调，制作成遥感影像系列地图。

2）系列影像地图的编制应注意的问题

系列影像地图编制中应注意的就是系列地图的统一协调工作。这项工作应遵循的主要原则是：①采用统一的地图内容设计原则：系列影像图的表达内容要统一确定分类、分级的单位。自然地图主要是确定相同级别的分类单位，人文经济图则主要是确定表达的行政级别单位。②采用统一的制图综合原则：内容概括的统一协调主要反映在对轮廓界线的制图综合上。在系列地图编绘中，在对这些相关图幅的分类轮廓界线实施制图综合时，要注意保持相同的制图综合尺度，注意反映各相关图幅中出现的分类轮廓界线相互一致、部分一致或不一致的情况以及区域图谱一致的情况。③采用统一协调的地理基础：系列图中用一种底图作为基本底图，其他底图由此派生得到。依据主题和比例尺不同，对地理内容做不同程度的取舍并逐渐删减；不同系列的底图要保证各相应内容的一致性和连贯性。④采用统一协调的整饰方法：通过系列地图的整饰设计，达到整个系列地图在用色风格、用色原则上的一致，线划、符号设计上的一致，同类现象在不同地图上出现时表达上的一致，图面配置风格上的一致等。

3）系列影像地图的编制研究前景

系列影像地图的编制研究前景可以归纳为7个方面：①影像地图集的概念模型研究；②规范化模式和数字生产一体化工艺研究；③影像地图集的统一协调性研究；④影像地图集的制图综合策略研究；⑤基于影像地图的地理分析与数据挖掘；⑥影像专题制图研究；⑦多源数据集成与融合研究。

8.2.4 地图的修编与更新

以遥感影像为基本数据源，利用遥感和地理信息系统技术，可以对相应比例尺的地图数据库数据进行更新，修编小比例尺地图，也可利用遥感影像指导地图编绘工作等。数据更新主要是利用遥感影像和地理信息库数据的叠合，将遥感图像作为背景，参考已有的资料和现势资料，通过人机交互或半自动方式，将变化了的要素进行更新，包括对要素的移动、删除、增加及要素的属性设定或更改等。更新后的数据需要进行连接属性设定和重建拓扑关系等工作。数据更新完毕，将相应的属性连接到更新后的矢量数据中，通过相应软件功能，编辑更新后的矢量数据属性，达到更新数据库数据的最终目的。利用卫星遥感技术更新地图数据库中的一些主要要素，特别是获取它们的空间位置是完全可行的。修正的内容主要包括：自然要素中的水系、植被等；社会经济要素中的居民地、交通网等。利用遥感影像修编、更新地图上的河流、湖泊、水利工程等水系要素有较好的效果。当利用大比例尺航空影像或地形图编制较小比例尺地图时其信息量较大，而利用遥感影像指导编图作业就能很快地解决问题。

8.2.5　大区域遥感专题制图的自动化

大区域遥感专题制图是近年来遥感制图研究的热点和难点，也是制约遥感应用拓展和遥感产业化发展的主要因素。覆盖大区域、全球等往往需要数百景乃至上万景遥感数据，相邻影像间的重叠区面积大，重叠区信息的取舍费工费时，同时大区域覆盖还带来时相差异、云覆盖、数据质量等问题，加大了制图综合的工作量。特别是对于全球尺度中高分辨率的地表覆被分类或专题信息制图，采用传统的数据处理和制图综合方法会影响处理效率和制图精度。因此，大区域遥感专题制图的效率不仅取决于专题信息的提取方法，还涉及冗余信息处理和数据质量控制等问题。

1. 大区域遥感专题制图的方案

遥感专题信息提取和地表覆被分类研究已取得了重要进展，技术也日趋成熟。绝大多数主要还应用于较小的区域，制图编辑工作量不大。而大区域制图往往需要数百景影像，同时存在时相不一、质量各异以及云和阴影遮挡等问题，这增加了后期编辑的工作量。

目前，大区域制图方案主要分为两种：

（1）采用影像镶嵌的方法将多景影像拼合成单个大区域影像，然后对其进行信息提取，解决了不同景数据的重复覆盖问题。

（2）采用裁切的方法裁除相邻影像的重叠区域，然后提取裁切后各影像的专题信息，并拼合成最终专题图。然而，影像镶嵌会导致光谱畸变问题，影响了专题信息提取的精度，且拼合后的大影像数据处理复杂度高；裁切法忽略了专题目标的完整性，在重叠区内，单景影像中的完整地物目标有可能被裁切到多个影像，信息提取后的目标边界由多个时相的影像生成，造成了边界的不一致。

因此，大区域的遥感专题制图在解决信息提取的自动化后，还需考虑数据处理流程的自动化，以提高专题制图的效率。

2. 大区域遥感专题制图的自动化处理过程

面向大区域的遥感制图自动化处理过程主要包括以下 7 个基本步骤：

（1）获取所要制图的大区域遥感数据，并将其综合，形成数据集；

（2）分别采用云监测和信息提取的方法，制作出云量底图，并获取专题信息；

（3）完成投影带区域划分，将其划分为不同的数据集，生成投影带内接缝线网络；

（4）以云量底图以及专题信息作为接缝线网络的约束条件，生成投影带间接缝线网络；

（5）形成各景遥感影像接缝线边界；

（6）对接缝线边界进行裁切与合并；

（7）专题制图完成。

3. 大区域遥感专题制图的自动化策略

下面以 Landsat 数据为例，说明大区域遥感专题制图的自动化技术流程。

（1）大区域遥感数据的数据处理和区域剖分：选取覆盖研究区特定时段的 Landsat 遥感数据集，并采用横轴墨卡托投影 UTM（Universal Transverse Mercator）的全球投影分带网格作为区域剖分的依据。同时，统一投影坐标，使同一 UTM 网格内的遥感数据投影坐标相同。

（2）信息提取和云监测：采用"图-谱"耦合理论提取每景遥感影像专题信息，并从 Landsat 质量控制文件中提取云和阴影信息，经过简单编辑形成专题产品和对应的云掩膜产品。

（3）UTM 网格内接缝线网络生成：对单个 UTM 网格内的遥感影像，首先计算其影像区域，并将云掩膜作为空白区叠加于影像区域，同时采用往期信息产品作为专题信息掩膜，这些掩膜区作为影像接缝线的约束条件，不能被接缝线分割；然后，通过影像镶嵌接缝线算法生成相邻遥感影像接缝线，并与 UTM 格网内的所有接缝线组成接缝线网络。

（4）UTM 网格间接缝线网络合并：对于相邻两个 UTM 网格生成的接缝线网络，首先找出边界相交的影像，分别按照边界相交的方向依次生成对应两景数据的接缝线，然后将所有 UTM 网格的接缝线网络合并生成最终的全区域接缝线网络。

（5）区域专题产品融合与编辑：根据全区域的接缝线网络，按照每景遥感数据的接缝线网格生成信息提取的有效边界范围，仅保留接缝线网格内的专题信息，然后拼合所有影像的专题信息，并手工拼合跨境的少量专题目标，生成最后的全区域制图结果。

4. 大区域遥感专题制图自动化应注意的问题

面向大区域遥感专题制图的自动化技术，以接缝线网络的建立为主要点。相对于传统方法而言，制图效率高、清晰度强，是该方法的主要优势。为使接缝线网络的优势得到进一步提高，制图过程中需要注意以下问题：

（1）确保遥感数据收集的准确性。遥感数据收集，是大区域遥感专题制图的第一步，同时也是非常关键的一步，如果数据收集准确性出现了误差，则后续的制作都会受到影响，并最终导致所制作成的图片无法符合区域实际情况，因此，必须确保遥感数据收集准确性，以进一步提高制图质量。

（2）将重叠区域的处理作为重点。在接缝线网络制作过程中，将重点放在重叠区域的处理过程中，减小阴影等对制图质量所造成的影响，提高制图的精确度。

8.3 遥感制图的输出和出版

遥感制图的印前处理与输出就是将编辑好的影像原图，按地图出版要求调整好地图内容的压盖关系，进行出版前必要的整饰和加工，在此基础上生成发排格式的数据文件。遥感影像地图中有很多矢量地图符号，所以要进行地图符号压盖关系处理，处理方法主要通过蒙片技术。在采集地图数据时，道路遇到圈形居民地符号不停，直接通过。为了实现地图出版，必须给各种点状符号和黑色注记加上蒙片。在地图出版时，使蒙片压掉线划要素，然后再压印点状符号等，这样才能达到出版要求。在进行面状符号填充时，需要将面域填充的符号单独存放在不同的图层中，不与点状符号、线状符号和面状符号混放，这样便于用户修改。另外，地名中的生僻字，如果字库中没有，就要使用图形编辑工具造出这些汉字。目前地图输出方式主要有数码打样绘图输出、胶片输出、直接制版、直接印刷、电子出版和网络出版。要依据中华人民共和国公开地图内容表示和地图编制出版的相关规定对地图进行数据脱密处理。

8.4　遥感制图的精度评价

在利用遥感图像制图的过程中，很多步骤都会存在误差，影响到成图的质量和可信度。对遥感制图精度的评价，是提高和改进制图精度的必要前提和有效方法。

8.4.1　数据源精度评价

目前，国内外对遥感制图精度的研究主要集中在源数据的质量上。在遥感成像过程中，遥感平台翻滚、俯仰和偏航等姿态的不稳定会造成图像的几何畸变；传感器本身性能和工作状态也有可能造成几何畸变或辐射畸变；大气中的雾霾、灰尘等杂质必然会造成图像中的辐射误差；地形起伏会使图像中产生像点位移，从而造成几何畸变；坡度也会影响地表接受的辐射和反射水平，造成辐射误差。使用高分辨率的扫描仪录入图像数据，对遥感图像进行必要的处理，多源遥感数据代替单源遥感数据等，这些都是在对源数据获取和处理上提高精度的方法。

8.4.2　过程精度评价

1. 辐射校正精度评价

利用传感器观测目标的反射或辐射的电磁能量时，传感器所得到的测量值与目标的光谱反射率或光谱辐射亮度等物理量是不一致的。太阳位置和角度条件、大气条件、地形影响和传感器本身的性能会引起各种失真。这些失真不是地面目标本身的辐射，会对图像的使用和理解产生一定影响。为了得到地面目标真实的光谱特性，必须清除这些失真的影响，进行辐射校正。

2. 几何校正精度评价

选取遥感制图中的几何纠正过程作为整个制图过程精度评价的切入点，对遥感图像处理软件、操作人员和不同分辨率遥感图像三个影响精度的主要因素进行分析。通过改变其中一个因素，固定其他因素，对几何校正过程中产生的误差进行分析，并将误差和全国制图规范做比较，对几何校正精度进行评价。在几何校正过程中，多次选点，可以将由于不同操作人员引起的误差基本消除，且纠正后的图像都满足制图精度要求；不同分辨率的遥感图像，制作不同的地图，精度有所差别。高分辨率的图像能够制作大比例尺地图，虽然高分辨率的图像也满足小比例尺的制图标准，但是用其制作小比例尺地图会造成资源的浪费。低分辨率的图像，由于分辨率低，只能制作较小的比例尺地图。因此，在遥感制图过程中，不同分辨率的图像，只要能够制作相应比例尺的地图，就能达到较高的精度要求。在几何校正过程中，还有许多因素会对精度产生影响。例如，控制点个数的选取、控制点的分布、图像波段的选取、高程的影响、阴影的影响，等等。这些因素，在遥感制图的过程中都有可能对最后的成图精度产生影响，但都可以采取适当的方式加以降低或消除。对遥感制图中的几何校正的过程进行精度评价，就影响精度的遥感图像处理软件、操作人员和不同分辨率的遥感图像三个主要因素进行分析。遥感图像处理软件和操作人员引起的误差，在一定条件下可以忽略；对于不同分辨率图像引起的误差可以通过正确的制图匹配来降低。

3. 分类精度评价

任何分类都会产生不同程度的误差，分析误差的来源和特征，既是对分类过程的检验，也是改进分类方法的主要前提。分类误差主要有两类，一类是位置误差，即各类别边界的不准确；另一类是属性误差，即类别识别错误。分类误差的来源很多，遥感成像过程、图像处理过程、分类过程以及地表特征等都会产生不同程度和不同类型的误差。遥感图像分类前，一般都要进行辐射校正、几何校正、研究区的拼接与裁切等预处理。在这些图像处理过程中，由于模型的不完善或控制点选取不准确等人为因素的影响，处理后的图像中仍然可能存在残留的几何畸变和辐射畸变。此外，几何校正中像元亮度的重采样所造成的信息丢失是无法避免的，对分类结果也将产生一定的影响。地表各种地物的特征直接影响分类的精度，地表景观结构越简单，越容易获得较高的分类精度，而类别复杂、破碎的地表景观则容易产生较大的分类误差。各类别之间的差异性和对比度对分类精度有显著影响；图像分类过程中，分类方法、各种参数的选择、训练样本的提取，分类时所采用的分类系统与数据资料的匹配程度也会影响分类结果。不论是采用何种算法模型，目前还没有任何一种方法堪称完美，其分类结果中都会出现错分的现象；遥感图像的空间分辨率、光谱分辨率和辐射分辨率的高低也是影响分类精度的重要因素。因此，分类误差是一种综合误差，不是随机分布的，而是与某些地物类别的分布相关联，从而呈现出一定的系统性和规律性。了解和分析分类误差产生的原因和分布特征，对分类结果的修订或分类方法的改进都具有重要意义。

8.4.3　质量精度评价

1. 遥感制图质量评价的方法

常用的验证遥感制图质量评价的方法，主要有野外实地验证、采用高分辨率遥感影像验证以及二者结合验证。另外，抽样检验可对产品的质量管理提供可靠的信息，是质量控制的基本手段。抽样方法主要有简单随机抽样、分层抽样、系统抽样和集群抽样。使用高分辨率遥感图像验证可行度高，但其制图结果本身也存在精度评价问题，并不是与实地100%一致；野外实地验证以其真实性、客观性，在一定意义上比采用高分辨率遥感制图信息验证更有说服力。野外考察路线制定一般有 3 种模式：①在地图上定点，即在地图上选择若干相对典型的样点，然后前往这些定点位置实地考察，这种考察模式目的性、针对性较强，但由于存在实地交通、地形等因素，实践不易，部分点可能会难以考察到；②沿路随机考察，在观察到有典型的类型时停下定点考察，这种模式容易陷于散漫，缺乏科学性；③两种的结合，即对照地图根据各地分布状况制定考察路线，在这条考察路线下因地制宜安排定点，进行典型路段调查，以尽可能多地观察到不同类型。根据在野外考察中既要考虑实际性又要考虑成本效益这一思想，在各段路线上，根据实地情况以及地形条件，综合考虑通视性、可达性，选取具有典型性和代表性并具有一定分布面积的样点，尽可能在研究区中选择不同类型的验证区，以进一步增强验证结果的代表性和可行性。

2. 质量精度评价的内容

遥感制图质量精度评价的内容，主要包括平面点位精度、高程精度和重叠精度。

（1）平面点位精度：平面点位精度是指图像上的点与地球表面上对应点之间的平面点位误差。①绝对点位精度是把像点换算成地面坐标后，与该点的地面真实位置（或坐标值）之间的误差和精度状况；②相对点位精度是以图像的已知点为基准，所量算的像点平面精度和误差值。

（2）高程精度：高程精度是通过图像获取的像点高程数据的精确程度。

（3）重叠精度：重叠精度是指同一地区两幅不同时间或不同波段图像上同名点之间的重叠误差。时间重叠误差：不同时相的图像上同名点之间的重叠误差；空间重叠误差：不同波段图像上同名点出现的重叠误差。

8.5　遥感制图的相关执行标准

8.5.1　国外航空航天遥感测绘相关标准

国外航空航天遥感测绘相关机构，如国际标准化组织地理信息技术委员会（International Organization for Standardization Geographic Information Technology Committee,

ISO/TC 211）、美国联邦地理数据委员会（Federal Geographic Data Committee，FGDC）、美国国家标准协会（American National Standards Institute，ANSI）、美国地质调查局（United States Geological Survey，USGS）、德国标准化学会（Deutsches Institut für Normung，DIN）等，均已发布或正在制定一些与遥感相关的标准，见表8.2。

表 8.2   **国外航空航天遥感测绘相关标准**

序号	标 准 名 称	标准编号	编写组织
1	Geographic Information-Metadata-Part2: Extensions for Imagery and Gridded data（影像与栅格元数据标准）	ISO 19115-2: 2009	ISO/TC 211
2	Geographic Information-Metadata-Part1: Fundamentals（地理信息元数据 第1部分：基本原理）	ISO 19115-1: 2014	ISO/TC 211
3	Content Standard for Digital Orthoimagery（数字正射影像内容标准）	FGDC-STD-008-1999	FGDC
4	Content Standard for Remote Sensing Swath Data（遥感扫描带数据内容标准）	FGDC-STD-009-1999	FGDC
5	Content Standard for Digital Geospatial Metadata: Extensions for Remote Sensing Metadata（地理空间元数据内容标准 遥感元数据扩展）	FGDC-STD-012-2002	FGDC
6	Geographic Information Framework Data Standard Part2 Digital Orthoimagery（基础地理信息框架数据标准第2部分 数字正射影像）	FGDC-STD-014.2-2008	FGDC
7	Specification for TIFF Image Format for Image Exchange（图像交换用 TIFF 格式的规范）	ANSI-X9.100-181-2007	ANSI
8	Digital Orthoimagery Base SpecificationV1.0（数字正射影像基础标准）	（版本 1.0）2014	USGS
9	LiDar Base Specification（ver.1.2）（激光雷达基础规范）	（版本 1.2）2014-11	USGS
10	Photogrammetry and Remote Sensing-Part 1: General Terms and Specific Terms of Photogrammetric（摄影测量学和遥感第1部分：摄影测量一般和特定术语）	DIN 18716-1	DIN
11	Photogrammetry and Remote Sensing-Part 2: Specific Terms of Photogrammetric Data Analysis（摄影测量学和遥感第2部分：摄影测量数据分析专用术语）	DIN 18716-2	DIN
12	Photogrammetry and Remote Sensing-Part 3: Remote Sensing Terms（摄影测量学和遥感第3部分：遥感的概念）	DIN 18716-3	DIN

8.5.2　国内航空航天遥感测绘相关标准

目前，国内与遥感测绘相关的行业及以上标准现行使用的共 44 项，其中国家标准 16 项，行业标准 28 项，见表 8.3。

表 8.3　　　　　　　　　　　　　我国航空航天遥感测绘现行标准

序号	标 准 名 称	标准编号
1	摄影测量与遥感术语	GB/T 14950—2009
2	1∶10 000　1∶25 000 比例尺影像平面图作业规程	CH/T 3002—1999
3	近景摄影测量规范	GB/T 12979—2008
4	遥感影像平面图制作规范	GB/T 15968—2008
5	摄影测量数字测图记录格式	GB/T 17158—2008
6	1∶500　1∶1 000　1∶2 000 地形图航空摄影测量内业规范	GB/T 7930—2008
7	1∶500　1∶1 000　1∶2 000 地形图航空摄影测量外业规范	GB/T 7931—2008
8	1∶500　1∶1 000　1∶2 000 地形图航空摄影测量数字化测图规范	GB/T 15967—2008
9	1∶5 000　1∶10 000　1∶25 000　1∶50 000　1∶100 000 地形图航空摄影规范	GB/T 15661—2008
10	1∶5 000　1∶10 000 地形图航空摄影测量内业规范	GB/T 13990—2012
11	1∶5 000　1∶10 000 地形图航空摄影测量外业规范	GB/T 13977—2012
12	1∶5 000　1∶10 000 地形图航空摄影测量数字化测图规范	CH/T 3008—2011
13	1∶5 000　1∶10 000 比例尺地形图航摄影片室内外综合判调法作业规划	CH/T 3001—1999
14	1∶25 000　1∶50 000　1∶100 000 地形图航空摄影测量内业规范	GB/T 12340—2008
15	1∶25 000　1∶50 000　1∶100 000 地形图航空摄影测量外业规范	GB/T 12341—2008
16	低空数字航空摄影规范	CH/Z 3005—2010
17	低空数字航空摄影测量外业规范	CH/Z 3004—2010
18	低空数字航空摄影测量内业规范	CH/Z 3003—2010
19	IMU/DGPS 辅助航空摄影技术规范	GB/T 27919-2011
20	数字航空摄影规范 第 1 部分：框幅式数字航空摄影技术规定	GB/T 27920.1—2011
21	数字航空摄影规范 第 2 部分：推扫式数字航空摄影技术规定	GB/T 27920.2—2012
22	数字航空摄影测量 控制测量规范	CH/T 3006—2011
23	数字航空摄影测量 空中三角测量规范	GB/T 23236—2009
24	数字航空摄影测量 测图规范 第 1 部分：1∶500　1∶1 000　1∶2 000 数字高程模型 数字正射影像图 数字线划图	CH/T 3007.1—2011

序号	标 准 名 称	标准编号
25	数字航空摄影测量 测图规范 第2部分：1∶5 000 1∶10 000 数字高程模型 数字正射影像图	CH/T 3007.2—2011
26	数字航空摄影测量 测图规范 第3部分：1∶25 000 1∶50 000 1∶100 000 数字高程模型 数字正射影像图 数字线划图	CH/T 3007.3—2011
27	1∶5 000 1∶10 000 地形图合成孔径雷达航空摄影技术规定	CH/T 3015—2015
28	1∶5 000 1∶10 000 地形图合成孔径雷达航空摄影测量技术规定	CH/T 3016—2015
29	1∶50 000 地形图合成孔径雷达航天摄影测量技术规定	CH/T 3009—2012
30	1∶50 000 地形图合成孔径雷达航天摄影技术规定	CH/T 3010—2012
31	1∶50 000 地形图合成孔径雷达航天摄影测量技术规定	CH/T 3011—2012
32	数字表面模型 航空摄影测量生产技术规程	CH/T 3012—2014
33	数字表面模型 航空摄影测量生产技术规程	CH/T 3013—2014
34	数字表面模型 机载激光雷达测量技术规程	CH/T 3014—2014
35	机载激光雷达数据处理技术规范	CH/T 8023—2011
36	机载激光雷达数据获取技术规范	CH/T 8024—2011
37	航空摄影成果质量检验技术规程 第1部分：常规光学航空摄影	CH/T 1029.1—2012
38	航空摄影成果质量检验技术规程 第2部分：框幅式数字航空摄影	CH/T 1029.2—2013
39	航空摄影成果质量检验技术规程 第3部分：推扫式数字航空摄影	CH/T 1029.3—2013
40	地面三维激光扫描作业技术规程	CH/Z 3017—2015
41	南极区域低空数字航空摄影规范	CH/T 3018—2016
42	车载移动测量技术规程	CH/T 6004—2016
43	影像控制测量成果质量检验技术规程	CH/T 1034—2011
44	测绘调绘成果质量检验技术规程	CH/T 1034—2014

在遥感制图整个过程中，面临着各种数据质量问题，卫星影像的质量不确定性、分类方法的不确定性、制图技术的不确定性等，这些不确定性都会导致遥感制图产品的质量问题。因此，制定合理的精度评估方法进行数据的质量控制，是保证遥感制图精度的关键。在实际遥感制图产品的生产过程中，应严格按照国际、国家和行业相关执行技术标准，使成果的检验与评定统一标准化，从而确保产品成果质量。

◎ **思考题**

（1）阐述遥感影像制图设计的过程和主要内容。

（2）阐述空间地图投影对卫星遥感图像制图的作用。

（3）简述普通影像地图的类型，并举例说明。

（4）简述专题影像地图类型，并举例说明。

（5）简述专题影像地图的编制过程和主要关键环节。

（6）简述利用遥感图像修编普通地图的基本过程。

（7）简述系列影像地图的编制过程和应注意的问题。

（8）简述大区域遥感制图的自动化处理方案和基本步骤。

（9）简述遥感制图的精度评价内容、方法和指标。

（10）简述与遥感制图有关的国内外相关执行标准。

第9章　遥感制图的典型应用案例

9.1 大气遥感应用

9.1.1 大气 CO_2 柱浓度时空特征分析

1. 研究区概况

研究区地理位置为 73°~135°E、14°~55°N；其中海南地区的经纬度范围为 106.25°~113.75°E、17°~21°N。为了研究海南地区陆地和海洋上空 CO_2 浓度变化特征，利用 6 个格点数据进行分区域分析。

2. 数据来源与处理

CO_2 浓度卫星数据来自美国宇航局（NASA）AIRS 官方反演的对流层中层（500hPa）左右一段气柱内的 CO_2 体积混合比产品。AIRS 是搭载在 2002 年 5 月发射的 EOS/Aqua 卫星上的光栅式红外高光谱探测仪，在 3.74~15.4μm 红外谱段有 2 378 个通道，具有较高光谱分辨率和信噪比，可以用于包括温度、水汽廓线、对流层中层 CO_2 等多种大气参数的反演。AIRS 反演的 CO_2 产品提供了从 2002 年 9 月—2012 年 2 月的全球对流层中层 CO_2 有效气体混合比数据。其中，L3 数据产品为网格数据，空间分辨率为 2.5°E×2°N，分别提供了日平均、8 日平均和月平均数据，该产品在有云的情况下采用晴空辐射订正方法进行处理，采用临近视场反演结果均方根误差值进行 CO_2 反演结果的质量控制。

3. 研究方法

为了研究大气 CO_2 浓度长期的时空变化，选择其月平均数据进行分析。选取温室气体世界数据中心 WDCGG（World Data Centre for Greenhouse Gases）所提供的 CO_2 大气本底观测站和飞机观测数据，与 AIRS 反演 CO_2 浓度产品进行对比分析。中国大陆共有 1 个全球大气本底站和 6 个区域大气本底站。WDCGG 网站仅提供了瓦里关、上甸子和鹿林（中国台湾）的温室气体观测数据，由于 AIRS 反演了对流层中层 500hPa（5~6km）高度的 CO_2 混合比，为了证明该卫星产品的准确性，选择中国区域海拔高度最接近的瓦里关（海拔高度 3 810m）本底观测站同期月平均数据与对应区域的 AIRS 观测结果进行比较。此外，为了验证 AIRS 对北半球海洋区域 CO_2 浓度反演精度，采用飞机观测数据进行验证，该数据来自 CONTRAIL（Comprehensive Observation Network for Trace Gases by Airliner）项目，该项目飞机高度约 10km，每月观测 2~3 次，选取了海洋上空 3 个连续观测区域进行验证，分别为 CONTRAIL a 区（140°~145°E，24°~36°N）、CONTRAIL b 区（142.5°~147.5°E，12°~24°N）和 CONTRAIL c 区（142.5°~150°E，0°~12°N）。

4. 结果与讨论

1）AIRS 数据与观测数据对比分析

AIRS 反演对流层中层 CO_2 浓度结果与地基观测和不同纬度带海洋上空飞机观测结果均具有很好的一致性，相关系数均达 0.9 以上，总体月均值偏差小于 2×10^{-6}，而且具有一致的季节变化特性，能够很好地捕捉到 CO_2 浓度季节波动特征。同时 AIRS 反演结果得到的 CO_2 浓度年均增长率约为 2×10^{-6}，与观测数据基本相同，能够很好地捕捉到 CO_2 年际变化规律。国外的相关验证结果也证明，AIRS 反演 CO_2 产品能够真实反映全球其他区域对流层 CO_2 分布和变化规律。

2）海南地区对流层 CO_2 浓度在全国的分布特征

绘制全国对流层中层 2002 年 9 月—2012 年 2 月 CO_2 浓度多年平均空间分布图（图 9.1），全国对流层中层 CO_2 浓度分布总体上呈现北高南低的分布特征，并且存在较为明显的分界线，该分界线与中国气候区划图中温度带分界线基本吻合，北部高值区对应的气候类型为寒温带、中温带和暖温带，南部低值区对应为北亚热带、中亚热带、南亚热带、边缘热带、中热带和高原带。影响 CO_2 浓度分布的主要因素有人类活动、下垫面类型、气候条件、地形等因素。其中，北部高值区中温带和寒温带位于天山南麓、甘肃、内蒙古和东北大部分地区，暖温带主要为塔里木与东疆盆地、华北平原和山东半岛等地，该区域平均气温较低，多为半干旱和干旱地区，植被相对稀少，对 CO_2 吸收较少，且华北平原和东北平原人口密集、工业水平高、化石燃料燃烧量大，CO_2 排放量大；南部低值区中，亚热带和热带气候区虽然 CO_2 排放水平较高，但下垫面植被覆盖度较高，有助于 CO_2 吸收，而高原带主要为青藏高原地区，该地区人烟稀少，CO_2 排放少，受地形影响形成独特气候区，与其北部高值区大气混合作用较弱，因此该地区 CO_2 浓度分界线与气候区基本吻合。此外，中国东部地区由于大气混合作用，CO_2 浓度高低分界线较气候类型分界线略靠南，位于北亚热带气候区内。

3）海南地区对流层 CO_2 浓度时空分布特征

通过对海南地区 6 个格点 2002 年 9 月—2012 年 2 月数据进行统计分析，结果显示，6 个格点均呈现显著一致的逐年上升趋势，增长速率略有差异。其中，海南岛西部海域、陆地和东部海域上空 CO_2 浓度月均值线性拟合结果得出年平均增长速率分别为 2.09×10^{-6}、2.14×10^{-6} 和 2.11×10^{-6}，表明海南地区陆地上空 CO_2 浓度增长速率略大于海洋地区，西部海域和东部海域上空增长速率保持一致；同时，结果也反映了随着海南省经济和人口的迅速发展，加剧了温室气体的排放速度。受季节气候特征的影响，对流层中层 CO_2 浓度呈现明显季节变化。

5. 结论

（1）AIRS 反演对流层中层 CO_2 浓度结果无论与地基观测还是不同纬度带海洋上空飞机观测结果比较均具有很好的一致性，相关系数均在 0.9 以上，总体月均值偏差小于 $2\times$

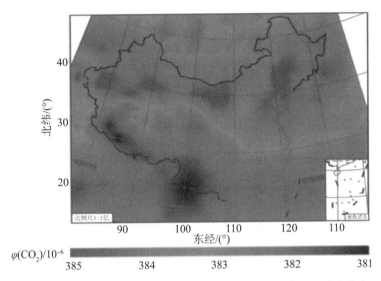

图 9.1　2002 年 9 月—2012 年 2 月全国对流层中层平均 CO_2 浓度分布

10^{-6}，其中与飞机观测结果相关系数均达 0.97，月均值偏差均小于 $1.3×10^{-6}$。

（2）全国对流层中层平均 CO_2 浓度总体上呈现北高南低的分布特征，且存在较为明显的分界线。高值区主要集中在 35°~45°N，有 4 个高值中心，分别是塔克拉玛干沙漠、塔里木盆地、内蒙古西部和东北平原；低值区主要集中在 20°~35°N 的西南部地区，有 2 个低值中心，分别是青藏高原西南部和云南地区，其中青藏高原由于受气候变暖和退牧还草等影响，植被总体变好，碳汇功能增强，使其较易发展成为低值中心；

（3）全国平均 CO_2 浓度呈现明显季节波动特征，且呈现显著增加趋势，最高值出现在春季，最低值出现在秋季，海南地区亦呈现明显波动特征和显著增加趋势，但其最高值出现在夏季。全国 CO_2 浓度年均增长速率为 $2.16×10^{-6}$，其中海南地区为 $2.11×10^{-6}$，表明海南地区增长速率低于全国平均水平。海南岛西部海域、陆地和东部海域上空 CO_2 浓度年增长速率分别为 $2.09×10^{-6}$、$2.14×10^{-6}$ 和 $2.11×10^{-6}$，表明陆地上空 CO_2 浓度增长速率略大于海洋地区，西部海域和东部海域上空增长速率基本保持一致，在一定程度上可以说明海南省经济和人口的迅速发展，加剧了温室气体的排放速度。

9.1.2　$PM_{2.5}$ 时空变化特征遥感监测分析

1. 研究区概况

京津冀地区处于环渤海地区和东北亚的核心重要区域，是中国最大的能源工业基地、重要的钢铁基地和棉花基地，同时也是空气污染最严重的地区之一，是国家控制空气污染的重点区域。京津冀及周边地区，地理位置为 110°~125°E、30°~45°N。

2. 数据来源与处理

利用 MODIS 卫星数据和 WRF 资料对 $PM_{2.5}$ 时空变化情况进行遥感监测。

3. 研究方法

卫星遥感监测 $PM_{2.5}$ 需要高精度的关键技术参量，主要包括 AOT、相对湿度（RH）和边界层高度（HPBL）等参数。结合暗像元和深蓝算法从 MODIS 数据中提取 AOT，从 WRF 模拟资料中提取边界层高度和相对湿度。

4. 结果与讨论

1）卫星遥感反演结果验证

从卫星遥感监测 $PM_{2.5}$ 结果与地面站点监测结果比对情况来看，总体上本研究中卫星遥感 $PM_{2.5}$ 产品与地面测量结果在日均、月均和年均这 3 种时间尺度上均表现出较高的相关性，二者决定系数大多在 0.8 以上；卫星遥感结果略低于地面观测结果，二者比例系数为 $1.00 \sim 1.22$；卫星遥感产品精度总体较好，均方根误差为 $10 \sim 20\mu g \cdot m^{-3}$，相对精度均在 60% 以上。总体上，采用的 $PM_{2.5}$ 遥感反演模型效果较为理想，根据该模型计算的 1km 分辨率 $PM_{2.5}$ 产品精度能表现京津冀及周边地区的 $PM_{2.5}$ 时空变化特征，基本满足对该地区 $PM_{2.5}$ 时空分布特征分析的需要。

2）$PM_{2.5}$ 时空变化特征分析

$PM_{2.5}$ 年平均浓度空间分布变化统计分析根据卫星遥感监测结果分别统计 2017 年和 2016 年京津冀及周边地区 $PM_{2.5}$ 年平均浓度，统计结果显示：2017 年和 2016 年京津冀及周边地区 $PM_{2.5}$ 年平均浓度分别为 $47.5\mu g \cdot m^{-3}$ 和 $52.3\mu g \cdot m^{-3}$。与 2016 年相比，2017 年北京中部和南部、天津西部、河北中部及山东中部和西部等地的 $PM_{2.5}$ 浓度降幅最大，下降了 $10\mu g \cdot m^{-3}$ 以上；北京北部和西部、天津东部、河北北部和中南部、山东大部、河南中部等地的 $PM_{2.5}$ 浓度降幅其次，下降了 $5 \sim 10\mu g \cdot m^{-3}$；河北东南部、山西东部等地 $PM_{2.5}$ 浓度有所上升，升幅不超过 $10\mu g \cdot m^{-3}$；其他地区变化幅度较小。

5. 结论

（1）基于地理加权回归算法模型利用 MODIS 数据反演的京津冀及周边地区 $PM_{2.5}$ 浓度结果总体上效果较为理想，与地面测量结果在日均、月均和年均这 3 种时间尺度上均表现出较高的相关性、一致性和稳定性。不同时间尺度的 $PM_{2.5}$ 浓度与地面相关分析结果存在一定的差异，总体上时间尺度越大，遥感估算的 $PM_{2.5}$ 浓度结果均方根误差越小、相对精度越高，但同一时间尺度遥感与地面观测的决定系数、均方根误差、比例系数、相对精度等各项统计指标均较为接近。

（2）利用卫星遥感监测结果可有效揭示大范围区域的 $PM_{2.5}$ 时空分布特征，2016 年与

2017 年京津冀及周边地区 $PM_{2.5}$ 空间分布和季节变化特征比较类似，空间分布呈现"南高北低"的趋势，即河北北部及山东东部地区 $PM_{2.5}$ 浓度相对较低，河北南部、河南北部及山西南部等地相对较高；季节变化呈现"冬季>秋季≈春季>夏季"的特征。

（3）结合稳定的 $PM_{2.5}$ 遥感反演模型和卫星遥感资料能较好地揭示京津冀及周边地区 $PM_{2.5}$ 时空变化规律，与 2016 年相比，一方面，2017 年区域 $PM_{2.5}$ 平均浓度较 2016 年下降约 9.2%，且 $PM_{2.5}$ 高值区范围明显减小，其中北京降幅最大，山西降幅最小。另一方面，2017 年秋季和春季降幅最大，其中北京、天津和河北等地的秋季 $PM_{2.5}$ 浓度降幅较为显著；夏季略有上升，其中河南、山西等地夏季 $PM_{2.5}$ 浓度升幅较为显著。$PM_{2.5}$ 浓度高值一般发生在 11 月和 12 月，$PM_{2.5}$ 浓度低值一般发生在 8 月。

9.2 水体遥感应用

9.2.1 基于高分二号的城市黑臭水体遥感识别

1. 研究区概况

研究对象沈阳位于中国东北地区南部，地理位置为 23°25′31.18″E、41°48′11.75″N 属温带半湿润大陆性气候，全年气温为 -35～36℃。沈阳市全市大小河流 26 条，分别属于辽河、浑河两大水系，水资源总量为 $31.70×10^8 m^3$，供 700 多万人口饮用。因此，沈阳市城市水体对于居民和经济发展具有至关重要的影响。然而，辽河流域的污染状况严重。在政府公布的清单（住房和城乡建设部，生态环境部，2016）中，沈阳市黑臭河流总长度为 89.5km，在 295 个地级市中排名前十。

2. 数据来源与处理

2015—2016 年 GF-2PMS 的 3 景图像，其中与地面采样试验同步的是 2016 年 9 月 19 日，其余两景获取时间分别是 2015 年 5 月 10 日、2016 年 6 月 2 日。波谱范围为 0.45～0.90μm 的 1m 全色影像和由蓝（0.45～0.52μm）、绿（0.52～0.59μm）、红（0.45～0.69μm）以及近红外（0.77～0.89μm）4 个波段组成的 4m 多光谱影像。对高分二号（GF-2）的遥感影像的预处理过程包括：正射校正、几何精校正、辐射定标、大气校正和融合。

3. 研究方法

1）基于遥感反射率（Rrs）的黑臭水体遥感识别算法

利用一般水体和城市黑臭水体的不同的 Rrs 特征，增强两者之间的光谱差别可以区分城市黑臭水体和一般水体。这利用了在绿光波段到红光波段之间，一般水体变化较快而黑臭水体变化不明显这一光谱特征差别。黑臭水体样本不仅包括较低反射率的黑臭水体，还包括反射率较高的浑浊的黑臭水体。本研究利用两种黑臭水体的共同光谱特征，选择绿波段与红波段的反射率差值作为分子，采用可见光波段作为分母，提出了一种改进后的归一化比值模型 BOI（Black and Odorouswater Index）模型。

2）基于瑞利散射校正反射率（Rrc）的黑臭水体遥感识别算法

构建了基于遥感反射率 Rrs 的黑臭识别算法，应用于卫星遥感图像时，要求对图像进行精确的大气校正得到 Rrs。利用简化的大气校正得到的瑞利散射校正反射率 Rrc 代替 Rrs，来构建黑臭水体遥感识别算法。

3）黑臭水体遥感识别精度评价方法

采用 3 种方法来评价黑臭水体遥感识别方法的精度和可靠性。首先，将该方法应用于水面实测光谱等效为 GF-2 波段的数据来识别黑臭水体，再利用同步水质测量数据对识别结果进行精度评价。其次，将该方法应用于一景有同步水质实测数据的 GF-2 图像，再利用同步水质实测数据对识别结果进行精度评价，仍然使用识别正确率作为评价指标。最后，将该方法应用于多景没有同步水质实测数据的 GF-2 图像，用来检验方法的稳定性。

4. 结果与讨论

1）基于光谱等效数据的黑臭水体识别精度评价

使用 32 个实测点来评价 BOI 指数的精度。其中，包括 18 个黑臭水体样本和 14 个一般水体样本，黑臭水体样本的 BOI 范围为 $-0.045 \sim 0.061$，一般水体样本的 BOI 范围为 $0.08 \sim 0.2$。采用阈值 0.065，识别正确率为 100%，没有误判的情况，具有很好的精度。这是因为：首先，利用实测光谱等效后的遥感反射率识别黑臭水体，实测光谱受岸边、大气等影响特别小；其次，实测光谱选择的站位都是比较确定的黑臭水体和普通水体，而且沈阳市黑臭水体较为典型，黑臭水体光谱与一般水体光谱区别性很大，所以可很好地区分。

2）基于有同步实测数据的 GF-2 影像黑臭水体识别精度评价

将以上方法应用于 2016 年 9 月 19 日 10∶58∶00 获取的 GF-2PMS1 影像，提取出黑臭水体（图 9.2）。卫星过境当日天气晴朗，实测 AOT（550）= 0.35。同步过境（±2 小时内）的 14 个采样点，包括 7 个黑臭水体，7 个一般水体，对两者的 Rrc 进行对比。可以看出，黑臭水体的 Rrc 在绿波段到红波段之间依然保持原有平缓的状态；而一般水体 Rrc 在绿波段到红波段依然保持下降的状态；蓝波段的反射率在两种水体中都有偏高的趋势。对同步过境区域进行黑臭识别指数的计算，阈值设置为 0.05。根据反射率计算水体 BOI 指数，辉山明渠和浑河的 BOI 值可以明显区分出一般水体和黑臭水体。

3）基于多景无同步实测数据 GF-2 影像的黑臭水体识别可靠性评价

选取两景当日天气晴朗的 GF-2 影像（2015 年 5 月 10 日和 2016 年 6 月 2 日的影像），

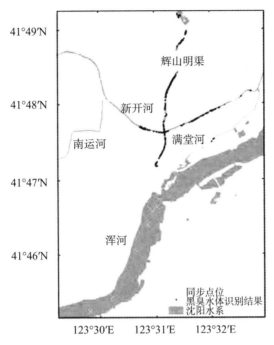

图 9.2　基于同步影像的黑臭水体识别结果

利用 BOI 模型法提取黑臭水体，识别结果如图 9.3 所示。2015 年 5 月辉山明渠、满堂河、新开河以及浑河南部的支流附近都被识别为黑臭水体；2016 年 6 月，黑臭情况有所改善，新开河黑臭河段长度明显变短，浑河南部支流黑臭情况也得到改善；2016 年 9 月，满堂河和新开河黑臭现象基本消失，这与政府的整治监管有着直接的联系。

5. 结论

（1）城市黑臭水体常表现为灰绿色和黑灰色，其遥感反射率 Rrs 光谱在绿光-红光波段变化都要比一般水体变化更为平缓。根据这个光谱特征差异，基于光谱指数 BOI 的黑臭水体识别模型，用于从一般水体中识别黑臭水体。当基于遥感反射率 Rrs 计算的 BOI 小于阈值 0.065 时，水体可判为黑臭水体。

（2）GF-2 的精确大气校正较难实现，因此用瑞利散射校正反射率 Rrc 代替 Rrs，当 BOI 小于阈值 0.05 时，水体可判别为黑臭水体；同时模拟证明，当气溶胶光学厚度逐渐增大时，黑臭水体与一般水体的光谱差异将逐渐减小，因此这种方法主要适用于比较清晰的图像，气溶胶光学厚度比较小。

（3）基于 Rrc 的 BOI 模型可以很好地应用于 GF-2 图像上，具有较好的识别精度，应用于多时序的影像中，对 2015—2016 年 3 景 GF-2 影像提取的黑臭水体结果显示，发现到 2016 年 9 月，满堂河和新开河黑臭现象基本消失，而辉山明渠黑臭现象依然严峻。

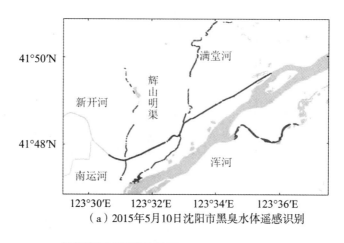

（a）2015年5月10日沈阳市黑臭水体遥感识别

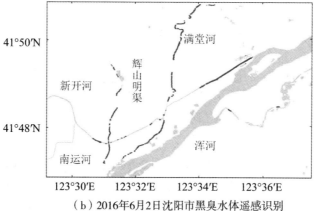

（b）2016年6月2日沈阳市黑臭水体遥感识别

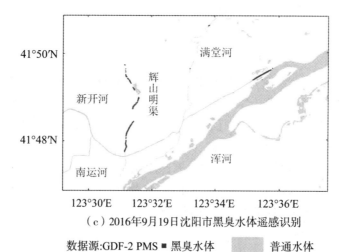

（c）2016年9月19日沈阳市黑臭水体遥感识别

数据源:GDF-2 PMS ■ 黑臭水体　　　 普通水体

图 9.3　沈阳市遥感识别黑臭水体多时序分析

9.2.2　湖泊表面水体面积变化遥感监测与时空分析

1. 研究区概况

研究对象云贵高原位于我国西南部，地理位置为 100°~111°E、22°~30°N，属亚热带季风气候。主要湖泊包括云南省的滇池、程海、泸沽湖、抚仙湖、杞麓湖、异龙湖、星云湖、阳宗海和洱海，贵州省的威宁草海。10 个湖泊位于不同的地理区位，分布在中海拔区域、高海拔区域、城市周围及山林中，均属于大型自然湖泊，对区域气候环境变化较为敏感。

2. 数据来源与处理

从美国地质调查局（USGS）网站上下载实验区 1985、1990、1995、2000、2005、2010 和 2015 年的 Landsat 系列卫星数据，选择实验区无云且没有条带质量较好的影像数据。云贵高原湖泊的表面水体面积变化具有较强的季节性，相关研究表明内陆湖泊在每年的 9 月至次年 2 月间水体表面的面积保持相对稳定，湖泊最大面积变化率不超过 2%。选择近 30 年实验区的遥感数据均为当年 9 月至次年 2 月，每年该时期内每月选取一期影像。采用 ENVI5.3 对遥感影像进行几何校正、辐射定标、大气校正和镶嵌等一系列预处理。从中国气象数据网获取 1985—2015 年云贵高原 12 个测站点的年平均降水量、气温及蒸发数据对湖泊表面水体面积变化进行分析。

3. 研究方法

采用 5 种水体指数法提取云贵高原湖泊表面水体面积，主要包括：NDWI 指数、MNDWI 指数、EWI 指数、NWI 指数和 AWEIsh 指数。分别采用 5 种水体指数提取 2015 年云贵高原湖泊表面水体面积，再利用该区域 2015 年 Google Earth 上的 GeoEye-1 高分辨率遥感影像，在每个湖泊实验区随机选取 80~100 个测试样本，计算分类混淆矩阵进行精度分析。通过分析基于 5 种水体指数的云贵高原十大湖泊表面水体提取精度和各个湖泊自身相关因素，选择云贵高原各个湖泊表面水体提取精度最高的水体指数。对滇池、泸沽湖采用 AWEIsh 水体指数法，对抚仙湖、星云湖、杞麓湖和威宁草海采用 NDWI 水体指数法，对阳宗海和程海采用 EWI 水体指数法，对异龙湖和洱海采用 NWI 水体指数法。

4. 结果与讨论

1985—2015 年云贵高原湖泊表面水体总面积变化总体呈先增大后减小的趋势。湖泊表面水体总面积呈增大趋势，总面积增大了 30.856km²；1995 年云贵高原湖泊表面水体总面积达到近 30 年的最大值，总面积达 1 045.017km²；1995—2015 年云贵高原湖泊表面水体总面积大幅度缩小，20 年间总面积减少了 48.12km²。

云贵高原主要湖泊 1985—2015 年湖泊表面水体面积变化，从地理区位差异分析，位于高海拔的滇西北地区的湖泊，面积变化较小；而位于海拔稍低地区的湖泊，面积变化较大；从湖泊水体深度差异分析，水体较浅的湖泊水面面积变化较大，水体较深的湖泊面积变化较小，趋于稳定状态。

5. 结论

选用 5 种不同的水体指数提取了云贵高原湖泊的表面水体面积，对 5 种水体指数提取各个湖泊表面水体的精度进行分析，实验结果表明：NDWI 和 AWEI 对山体阴影有很好的抑制效果，MNDWI 和 NWI 无法消除云层和山体阴影对湖泊表面水体提取的影响，EWI 存在部分表面水体漏提现象。近 30 年来，云贵高原湖泊表面水体总面积呈先增加后减少的趋势。除滇池、洱海与威宁草海的表面水体面积较 1985 年有所上升之外，其他湖泊面积都有不同程度的下降趋势，其中杞麓湖和异龙湖的面积缩减最为严重，主要原因是云南省在 2009—2012 年长达四年的持续干旱及人为破坏湖泊环境。云贵高原湖泊与区域气候变化相关分析发现，高原湖泊与气候的响应有明显的区域性，近几年来云贵高原湖泊表面水体面积呈缩减趋势，而与之相邻的青藏高原湖泊面积整体则呈现出扩大趋势。湖泊流域范围内的土地利用变化与该湖泊面积变化相关性不大，但人类活动与湖泊表面水体面积变化密切相关，随着社会经济的发展，过度围湖造田以及湖泊旅游景点的开发等人类活动导致了湖泊面积的减少，成为云贵高原湖泊表面水体面积缩减的重要因素。

9.3　土地利用与覆盖遥感应用

9.3.1　基于多时相遥感影像的耕地利用信息提取

1. 研究区概况

研究区鹤岗市位于我国东北地区黑龙江省，地理位置为 129°40′~132°31′E、47°4′~48°9′N，总面积约 14 648km²，其中城市面积为 4 550km²，气候类型为温带大陆性季风气候。

2. 数据来源与处理

数据来源为 Landsat 系列 Level1T 地形矫正影像，UTM-WGS84 投影坐标系。成像时间主要为 1990 年、1999 年、2010 年及 2016 年等，每期数据均完全覆盖整个黑龙江省鹤岗市范围，具体参数见表 9.1。

表 9.1   影像数据及传感器信息

分析年份	影像日期	卫星/传感器	备注
1990 年	1988—1992	Landsat4-5/TM	6 景
1999 年	1999—2000	Landsat-7/ETM	4 景
2010 年	2010	Landsat4-5/TM	3 景
2016 年	2016	Landsat-8/OLI、TIRS	6 景

对上述四期遥感影像进行波段组合和图像增强，主要方法有去薄雾处理、对比度和色彩饱和度调整、匀光处理、锐化处理，接着对影像进行镶嵌和裁剪，最后进行正射影像接边检查，市域分幅正射影像接边两侧的色调尽量保持一致，不同分辨率、不同季节影像之间允许存在一定的色差，预处理后的四期遥感影像如图 9.4 所示。

（a）研究区1990年影像

（b）研究区1999年影像

（c）研究区2010年影像

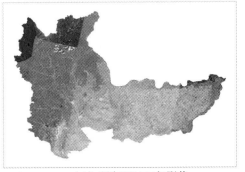

（d）研究区2016年影像

图 9.4 研究区四期遥感影像

3. 耕地空间信息提取

1）遥感图像解译

根据不同地物在影像上表现出的颜色、纹理等信息，通过目视解译法用鼠标在影像图上选择样本点，建立各类地物的训练区，并尽可能使训练区的分布均匀。由于样本数据通常由使用者根据实际的地表覆盖状况进行手动采集，存在一定的随意性和盲目性，大量实验表明，训练样本越多，得到的分类器效果就越好，影像的分类精度也会随之提高。利用系统对卫星影像进行光谱分析和波段组合，综合考虑光谱特征、形状特征、纹理特征等对影像的影响，再进行分割，得到特征矢量层，结合样本数据集，采用 GLC 树分类和 SVM分类方法，实现影像的分类，提取出耕地空间信息，最后将小图斑剔除、面合并和修线等，利用多种矢量编辑工具，实现对分类后的要素对象进行合并、拆分、类别重构等编辑，完成耕地要素信息提取和分类后矢量数据，如图 9.5 所示。

2）分类精度评价

分类精度评定是检验分类效果的关键步骤，但由于遥感影像数据量通常较大，在进行定量的分类精度评定时通常在影像上选取一个区域进行估计。通过混淆矩阵对分类进行的定量评定见表 9.2。

表 9.2 分类精度评定

地物类别	1	2	3	4
1	A11	A12	A13	A14
2	A11	A22	A23	A24
3	A31	A32	A33	A34
4	A41	A42	A43	A44

表格中的 A_{ij} 表示第 i 类地物错分在第 j 类地物的百分比。依据混淆矩阵的组织形式可以看出，对角线上的元素之和为正确分类百分比，其他位置元素之和为错误分类百分比。

通过以下统计量可以对分类效果进行定量评定：

Kappa 系数：通常用来定量评定遥感影像分类的精度。计算该指标之前需要先计算混淆矩阵，它首先把所有参与分类的对象总数与混淆矩阵中处于对角线位置的元素相乘再求和，然后减掉某一类地表真实对象数目与被错分在该类的对象总数之积对所有类别求和的结果，再除以对象总数的平方差减掉某一类中地表真实对象总数与分为该类的对象总数之积对各个类别求和的结果。其数学模型如下：

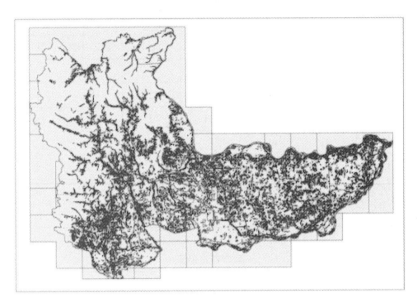

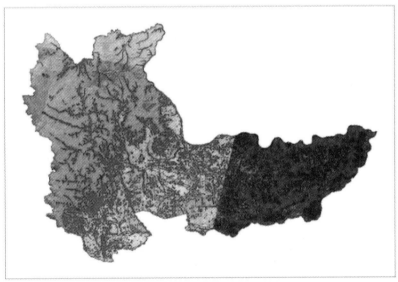

图 9.5 分类后矢量数据

$$\text{Kappa} = \frac{N\sum_{k} X_{kk} - \sum_{k} X_{kk} X_{\sum k}}{N^2 - \sum_{k} X_{kk} X_{\sum k}} \qquad (9.1)$$

本次解译精度统计见表9.3~表9.5。此次的分类结果基本合理。

表9.3 误 差 矩 阵

地物类别		被评价数据						
		耕地	林地	草地	水域	建设用地	其他	总和
参考数据	耕地	450	6	4	4	2	4	470
	林地	4	40	3	2	1	4	54
	草地	3	2	68	2	2	3	80
	水域	4	1	3	43	1	2	54
	建设用地	6	4	4	2	222	2	240
	其他	2	3	2	4	3	88	102
	总和	469	56	84	57	231	103	1000

表9.4 解译精度验证

类别	样本图斑	正确个数	精度
耕地	470	450	95.74%
林地	54	40	74.07%
草地	80	68	85.00%
水域	54	43	79.63%
建设用地	240	222	92.50%
其他	102	88	86.27%
总和	1000	911	91.10%

表9.5 解译精度统计表

总体精度 = （450+40+68+43+222+88）/1000 = 91.10%				
	制图精度	漏分误差	用户精度	错分误差
耕地	450/470 = 95.74%	4.26%	450/469 = 95.95%	4.05%
林地	40/54 = 74.07%	25.93%	40/56 = 71.43%	28.57%
草地	68/80 = 85.00%	15.00%	68/84 = 80.95%	19.05%
水域	43/50 = 79.63%%	20.37%	43/57 = 75.44%	24.56%
建设用地	222/240 = 92.50%	7.50%	222/231 = 96.10%	3.89%
其他	88/102 = 86.27%	13.73%	88/103 = 85.44%	14.56%

3）耕地利用目视解译

对上述监督分类后的矢量数据进行人工目视解译。耕地的变化图斑勾绘是在 ArcGIS

软件下，基于已纠正的遥感影像通过人机交互全数字分析的方法来完成的，经过拓扑检验后，最终生成研究区不同时期耕地利用数据。

9.3.2 面向对象的土地利用遥感分类

1. 研究区概况

研究区忠县位于重庆市中部，地理位置为 107°3′~108°14′E、30°03′~30°35′N，东西长 66.45km，南北宽 60.15km，辖区面积 2 183km²，地处三峡库区腹心地带，是三峡移民搬迁重点县。其地貌由金华山、方斗山、猫耳山三个背斜和其间的拔山、忠州两个向斜构成，呈"三山两槽"地形、深丘浅丘夹山脉地貌。忠县地区地形起伏较大，土地利用类型多样复杂，地物斑块及其破碎，对土地利用遥感解译带来了不少麻烦，传统的面向像元的分类方法得出的结果不但精度差，而且不可避免地产生了"椒盐"现象。

2. 数据来源与处理

1）TM 影像

选取 2010 年 5 月 Landsat-5 所获取的 TM 影像为数据源，影像空间分辨率除第六波段（热红外波段）为 120m 外，其余均为 30m。运用 ENVI4.8 对此影像进行数据预处理，包括投影转换、大气校正、几何校正和裁剪等操作，得到研究区遥感数据。

2）衍生数据

以 TM 影像为数据源，这里土地利用分类采用的植被指数主要为 NDVI（归一化差值植被指数，对植被和非植被比较敏感，对河流、湖泊、冰川和积雪比较敏感）、NDBI（归一化差异建筑指数，对人工表面比较敏感）。其计算公式如下：

$$NDVI = \frac{NIR (TM_4) - Red (TM_3)}{NIR (TM_4) + Red (TM_3)} \tag{9.2}$$

$$NDBI = \frac{MIR (TM_5) - NIR (TM_4)}{MIR (TM_5) + NIR (TM_4)} \tag{9.3}$$

3）DEM 数据

DEM 数据（30m）在山区土地利用分类中具有重要作用，DEM 衍生出的坡度数据对于水体和阴影的区分、水田和旱地的区分均有较大的帮助，进行坡度分级后可以提高数据的精度，从而极大地提高工作效率。在统一坐标系统的前提下，利用 ArcGIS 的 Extract by mask 工具，以忠县边界作为掩膜，提取研究区 DEM 数据，如图 9.6 所示。

4）DEM 衍生数据

衍生数据主要是由 DEM 所生成的坡度数据，根据 2004 年《土地利用更新调查技术规定（试行）》，本研究中将坡度分为平地、缓地、斜坡、缓陡坡和陡坡五级。利用 ArcGIS 中的 Surface 工具将 DEM 数据派生出坡度图，提取研究区的坡度信息，如图 9.7 所示。

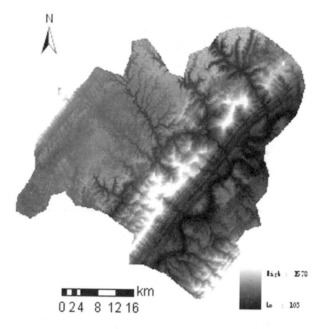

图 9.6　研究区 DEM

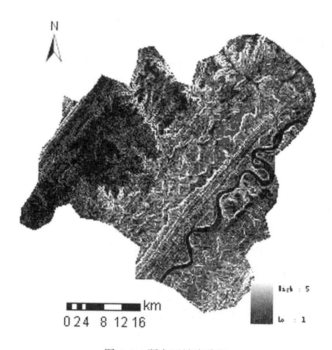

图 9.7　研究区坡度分级

3. 研究方法

1) 土地利用分类系统的建立

土地利用分类系统的确立主要依据土地的自然属性和土地利用的双重属性,并结合土地二调分类体制确定最终土地利用分类系统,以反映土地自然生态状况和土地利用状况。本研究将土地利用分为耕地、林地、草地、水体、人工表面和未利用地六大类别。

2) 土地利用的多尺度分割

忠县地处西南山区,地物斑块比较破碎,应用基于传统的像元分类方法分类将产生大量的"椒盐"现象,而影像分割则可以把具有相同特征性质的像元根据指定的尺度聚合在一起形成一个对象,避免了"椒盐"现象的出现。

利用尺度分割方法,形成不同光谱间隔(尺度)的矢量图(图9.8)。多尺度分割是针对不同土地利用类型的尺度效应,解决所产生斑块与真实地物边界拟合的问题,选取最优分割尺度,可以让每个类型在该尺度上有较好的空间斑块信息表达,分割后避免了分类中出现的"椒盐"现象,产生丰富的地物斑块的内部纹理信息、几何属性、空间关系、尺度关联等信息。当分割尺度为3的时候,完全失去了各个地类景观的概念,虽然可以保证每个斑块的内部均一,但是难以看出每一个地类的边界,同时产生了大量的图斑,计算量较大,分类比较困难。当分割尺度为20的时候,发现在图斑的内部存在很多混合像元,而水体却依然很纯净,这说明分割尺度为20对某些地类来说分割尺度过大。因此,确定最终的分割尺度应该在6~20之间。

图9.8 割响应矢量图

由于各个地表覆盖类型的景观都不一致,所以不能以统一的尺度来进行对象的分割,需要多个分割尺度试验、分析,最终确定每个地类最适合的分类尺度。最终确定水体的分割尺度确定为20,旱地在尺度为10的层面上进行提取,水田只能在尺度为6的层面上提取,林地的分割尺度为10(图9.9)。

4. 结果与分析

为了与传统方法进行对比,采用多种方法研究,比如监督分类、非监督分类和面向对象分类。分类结果表明,面向对象的分类方法效果最佳。在监督分类中,分类精度很大程

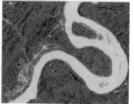

图 9.9   提取效果

度上取决于样本的选择。西南山区地形复杂，土地类型丰富多样，有的类型之间差距很小，接近相似，样本确立困难，根据样本分类出的结果也存在很多错误，分类精度不高。而在非监督分类中，更多地考虑了影像中光谱的差异，大量的空间信息被忽略，虽然工作简单、快速，但是精度无法保证，西南地区大量的破碎图斑，导致了过多"椒盐"现象的发生。面向对象分类将光谱近似的单个像元合并形成对象，使每个对象携带更多的非光谱属性，它包括空间信息和空间关系信息，从对象上提取的非光谱信息结合光谱信息分类可提高分类精度。所以，利用面向对象分类技术进行分类，有助于目标的识别，因而提高了分类的精度。

9.4   植被遥感制图

9.4.1   草地植被覆盖变化人文影响因素定量研究

1. 研究区概况

研究区东北松嫩平原西部（包括吉林省西部和黑龙江省西部）半湿润半干旱地区是我国北方农牧交错带东段，属于典型的生态脆弱区和退化生态系统。地理位置为 45°30~47°28′N、123°44′~126°38′E，整个研究区面积 4.7×10⁴km²，草地面积 6 151.2km²，其中研究草地面积 2 893.6km²；2004 年总人口为 440.1 万人，其中农业人口 231.5 万人。

2. 数据来源和处理

采用 2001—2005 年生长季 NDVI 数据，空间分辨率为 250m，全部来源于美国国家航空航天局（NASA）的 Earth Observing System Data Gateway（EDG）下载数据和光盘数据。应用遥感影像处理软件 ERDAS8.7 对所获得的 MODIS 数据进行处理。对原始数据进行校正、配准及投影转换，将生长季 25 幅 NDVI 影像转成 Albers 等面积投影，投影参数第一条纬线：25°N；第二条纬线：47°N；中央经线：105°E；然后，根据研究区范围将处理后的影像裁切，生成 25 幅 Albers 等面积投影的研究区 2001—2005 年生长季 NDVI 栅格数据。

3. 研究方法

采用长时间序列遥感数据，结合地面实测数据和历史资料数据，利用统计分析软件综合定量评价气候变化和人类活动因素对松嫩平原西部草地生产力的影响以及各人文影响因素的贡献率；采用遥感和 GIS 分析与实地观测研究相结合、典型地区定点观测与广泛调查相结合的方法，完成松嫩平原西部草地生产力空间格局变化分析和草地生产力的控制因素分析。

4. 结果与分析

1）土地单元划分

土地单元划分对获取的研究区水文（河流、湖泊分布）、土壤、地貌（地形、地势），以及多年平均气候因子（气温、降水）图形数据进行扫描，在 GIS 环境下进行矢量化和属性添加，建立空间和属性数据库；获得的空间数据进行投影变换、裁切等处理。以主成分因子的贡献率作为权重值，求综合得分；将处理后矢量化的各种数据进行叠加分析。对叠加后图形进行细碎多边形去除后，根据综合得分，将各个空间单元进行合并，划分成 8 个均一性质的土地单元（同一土地单元具有相对均一的自然条件，气候变化对同一单元内草地的影响可认为具有一致性）。结合 2003 年 6 月中巴卫星影像，参照东北地区土地利用/覆被遥感 TM 影像解译标志，利用 ArcView 对研究区 2001 年 8 月 ETM 影像进行解译，初步确定研究区的草地范围。因为 2000 年以后研究区内天然草场、采草场及放牧场范围没有变化，而且天然草场和采草场生长季内也没有人为干扰，所以可以认定 2001—2005 年生长季（5~9 月）天然草场和采草场 NDVI 仅受自然因素影响，所以将研究区内天然草场、采草场划为未受干扰草地，放牧场及其他草地划为受干扰草地。在各个土地单元内选取面积较大且连片的草地作为研究草地，结合遥感影像结果，最终确定所研究的受干扰草地和未受干扰草地的范围（图 9.10）。

2）相对干扰指数

正常情况下，同一土地单元内的草地自然条件一致，如果没有人为干扰，植被覆盖应该相同，因此 $\sum$ NDVI 也相同。但如果草地受到人为干扰，则其 $\sum$ NDVI 就会有差别。本研究为了衡量人为因素影响的大小，引进了相对干扰指数这一概念。一般情况下，相同的土地单元人为干扰草地的 $\sum$ NDVI 小于未受人为干扰草地的 $\sum$ NDVI，植被覆盖度也相对较小，往往这些草地的植被覆盖度符合国家草地退化的标准，所以这里把同一土地单元未受人为干扰草地与受人为干扰草地的 $\sum$ NDVI 之差和未受人为干扰草地 $\sum$ NDVI 的比值称为相对干扰指数。

$$RII = (\sum NDVI_n - \sum NDVI_i)/NDVI_n \times 100 \tag{9.4}$$

式中，RII 为相对干扰指数；$\sum NDVI_n$ 为未受人为干扰草地 $\sum$ NDVI；$\sum NDVI_i$ 为受人为干

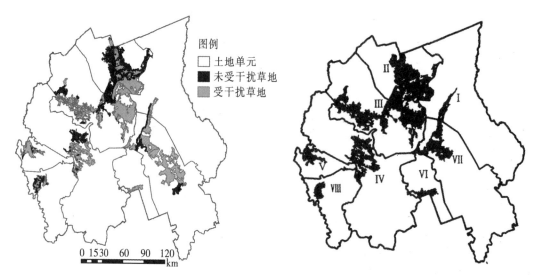

图9.10 受干扰草地和未受干扰草地的范围

扰草地的ΣNDVI。各土地单元各个时期相对干扰指数的大小表示人为因素对草地植被覆盖的影响大小。

3）土地单元生长季ΣNDVI及相对干扰指数

利用ArcGis对研究区裁切后的25幅2001—2005年生长季NDVI栅格数据进行分析，统计出2001—2005年5~9月各个土地单元受干扰草地及未受干扰草地的ΣNDVI，并根据ΣNDVI计算出各土地单元的相对干扰指数（图9.11）。2001—2005年生长季除个别土地单元个别月份（如第4单元2003年5月和第8单元2002年5月）外，未受人为干扰草地的植被覆盖普遍高于受人为干扰草地的植被覆盖；不同的土地单元由于自然条件和受人为干扰程度的不同，未受人为干扰草地的植被覆盖和受人为干扰草地的植被覆盖的差别有所不同；第1、第5、第6、第7土地单元未受人为干扰草地的植被覆盖全部高于受人为干扰草地的植被覆盖；第2、第3、第4、第8土地单元未受人为干扰草地的植被覆盖高于受人为干扰草地的植被覆盖的可能性分别为84%、84%、96%和76%。

各土地单元生长季相对干扰指数除个别时间出现负值外，基本上都为正值；各土地单元生长季相对干扰指数表明，草地植被覆盖未受人为干扰草地要高于受人为干扰草地的3%~20%；第1、第6、第7土地单元的平均相对干扰指数最高，分别为15.83%、19.27%和17.53%；第3、第8土地单元的平均相对干扰指数最低，分别为3.45%和3.1%；所有土地单元的平均相对干扰指数的均值约为12%，表明整个研究区草地植被覆盖受人为干扰的程度平均约为12%。总体看来，2001—2005年生长季年相对干扰指数以7月、8月的相对干扰指数最大，说明这两个月份草地植被覆盖变化人为因素影响的差别更明显；5月份的相对干扰指数最小，说明该月份草地植被覆盖变化人为因素影响的差别不大。

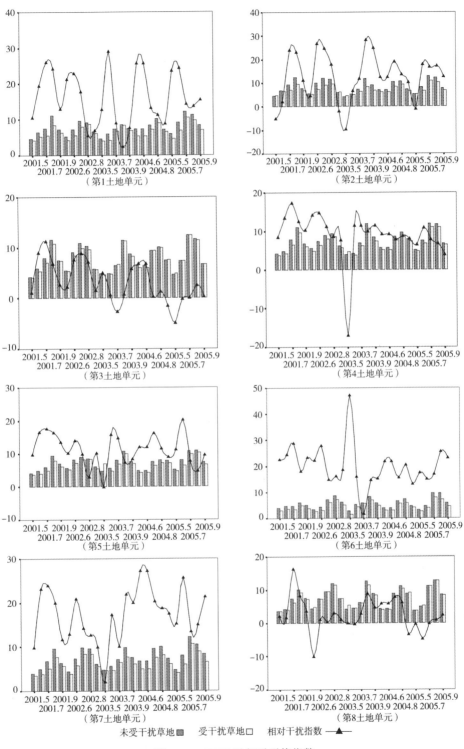

图 9.11 NDVI 及相对干扰指数

5. 结 论

5 月相对干扰指数出现负值，主要是因为 5 月草地植被覆盖受干扰草地和未受干扰草地都很低，差别不大，而且还出现了受干扰草地 NDVI 大于未受干扰草地的情况。9 月出现负值的原因是在某一土地单元内个别采草场承包人私自提前割草，使得这些草场的 NDVI 明显低于受人为干扰的草地。因此，如果有更长时间序列的草地 NDVI 数据，只计算 6 月、7 月、8 月相对干扰指数更能说明人为因素对草地植被覆盖变化的影响大小。草地面积减少是自然条件与社会经济环境共同作用的结果，如果气候条件非常适宜草的生长，则自然条件对草地植被覆盖的影响远远大于人为因素对草地植被覆盖的影响，草地植被覆盖受人为干扰的显著性会有所下降。20 世纪 90 年代后期，退耕还林还草工程对保护草地资源发挥了重要的作用，但在一些地区，尤其是生态脆弱区，退耕后实现真正的还林与还草还需要持续努力。

9.4.2 湿地景观格局动态变化研究

1. 研究区概况

研究区三江平原抚远县（现黑龙江省抚远市）地理位置为 47°25′30″~48°27′40″N、133°40′08″~135°5′20″E，地处三江平原的东北边缘，全县边境线长 275km。抚远县的主要地貌特征为河流泛滥冲积平原，沼泽洼地、古河道地貌广泛发育；地势低洼平缓，西南部略高于东北部，坡降小；主要土壤类型为草甸土与沼泽土；具有中温带湿润大陆性季风气候，年平均气温为 2.2℃，年降水量在 600mm 左右。1968 年年末，原抚远县开始大规模开荒；到 1973 年年末，全县耕地面积达 2 700hm²；1974 年以后，抚远县开始大量移民，并不断增加开荒面积和兴建居民点；1974—1981 年，全县累计开荒 2.4×104hm²；2004 年，全县耕地面积已经达到 7.3×10⁴hm²，农村人均占有耕地近 1hm²，是中国人均占有耕地面积最大的县。

2. 数据来源和处理

采用的数据源包括：1954 年 1∶10 万地形图；1976 年 6 月 23 日的空间分辨率为 80m 的 7 波段、5 波段、4 波段假彩色合成的 Landsat MSS 遥感影像；1986 年 6 月 12 日、1995 年 6 月 13 日和 2000 年 9 月 17 日的空间分辨率为 30m 的 4 波段、3 波段、2 波段假彩色合成的 Landsat TM 遥感影像；2005 年 8 月 24 日的空间分辨率为 20m 的 4 波段、3 波段和 2 波段假彩色合成的中巴地球资源卫星 CBERS-1 数据。利用 2000 年 TM 数据与 1∶10 万地形图配准，根据研究区的景观类型影像特征，建立解译标志，获得 2000 年景观类型矢量数据。以 2000 年的数据为基础，对 1976 年 MSS 影像、1986 年和 1995 年的 TM 影像、2005 年 CBERS 影像进行纠正，并勾绘出景观类型发生变化的图斑，再结合 1954 年的地形图信息生成 6 年、5 个时期的景观类型动态变化数据。综合《中国土地利用现状调查技术规程》以及研究区土地的用途、经营特点、利用方式和覆盖特征等因素，将其景观类型分为耕地、林地、草地、水域、居民与工矿建设用地、未利用土地、沼泽湿地 7 种类型。遥感解译结果野外考察验证于 2006 年 7 月进行。野外考察的重点是对室内判读有疑问的样地进行野外 GPS 定位实地考察验证，具体验证地点在不同分幅地形图内沿交通线路进行随机抽取。验证结果表明，景观类型的解译正确率达 88% 以上。

3. 研究方法

景观格局的空间特征研究是景观生态学研究的核心内容，景观格局是景观异质性的具体体现，又是各种生态过程在不同尺度上长期作用的产物。基于以上不同时期的研究区空间数据，对景观结构基本描述参数进行计算，以确定 5 个时期景观格局变化特征与规律。采用的景观指数包括斑块密度（PD）、最大斑块指数（LPI）、景观形状指数（LSI）、Shannon 多样性指数（SHDI）、斑块聚集度指数（CONTAG）和斑块周长-面积分维数（PAFRAC）。特定组分转入（出）贡献率，指其他景观组分向某一特定景观组分转入（出）的面积占景观总转移发生量的比例。这两个参数可用于比较不同组分在景观动态变化的转入（出）过程中面积增量分配的差异。

4. 结果与分析

1）抚远县各种景观类型面积相对变化特征

根据研究区 6 年的各景观空间数据，计算出抚远县各种景观类型面积的相对变化率，见表 9.6。

表 9.6　　三江平原抚远县 5 个时期各种景观类型面积的相对变化率（%）

时期	耕地	林地	草地	水域	居工地	沼泽湿地
1954—1976 年	7.56	9.34	3.90	3.17	0.75	1.23
1976—1986 年	1.25	7.09	25.71	0.89	6.50	1.13
1986—1995 年	5.94	4.52	1.98	0.93	2.23	1.31
1995—2000 年	10.04	6.43	42.64	7.64	3.75	0.50
2000—2005 年	0.26	0.30	1.95	0.29	0.78	0.23

1954—1976 年，整个三江平原都处于农田大开发阶段，抚远县耕地面积的相对变化率为 7.56%；1976—1986 年，抚远县耕地面积的相对变化率较小，仅为 1.25%；1986—1995 年，抚远县的耕地面积快速增长，耕地面积的相对变化率为 5.94%；由于国家相关农业政策和当地政府政策的倾斜以及可垦荒地资源相对丰富等原因，1995—2000 年，抚远县进行了大规模垦荒活动，耕地面积的相对变化率高达 10.04%。抚远县沼泽湿地面积

的最大相对变化率出现在 1976—1986 年，为 1.31%；最小相对变化率出现在 2000—2005 年，只有 0.23%。总体而言，抚远县耕地面积显著增加，主要是由于沼泽湿地被不断开垦为农田的结果。

　　2）抚远县景观格局变化

　　抚远县景观格局变化见表 9.7，1986—1995 年，抚远县由于人类活动比较频繁，致使景观比较破碎，PD 值较大（1986 年为 0.196，1995 年为 0.198）。LPI 值在 1986—1995 年期间较小，而在 2005 年，由于面积较大的农田斑块的存在，LPI 值达到最大，为 53.35。抚远县各种景观的 LSI 值呈波动变化，这主要受农业开垦速度和强度的影响。1954—1976 年，由于大量的岛状林地和湿地被开垦，致使抚远县的各种景观的斑块趋于规则化，因此 LSI 值逐渐变小，从 1954 年的 33.90 减小至 1976 年的 20.62，随着人类活动导致的各种自然植被的进一步被破坏，各种基底性景观不断破碎化，1976—1986 年与 1986—1995 年，LSI 值不断增大，1995 年达到最大，为 36.99；随着农垦活动的进一步加剧，抚远县的景观基底发生重大改变，基本由湿地转变为农田，斑块的形状也变得更加规则，因此 LSI 值不断减小。1954—1986 年，SHDI 值呈上升趋势，抚远县 1986 年及以前的土地利用变化是主要景观单元被切割的过程，并且耕地的分布比较零散，在空间上也没有连成一体，所以单位面积内的景观斑块数量较多，因此 SHDI 值在 1954—1986 年一直呈增大趋势，1986—2005 年，抚远县耕地面积在不断增加，逐渐成为研究区的景观基底，耕地逐渐连成一体，因此 SHDI 值不断减小。总之，抚远县农田化过程不仅使其景观多样性降低，同时也使得同类景观更加聚集。1986—2005 年，CONTAG 值有增大的趋势，也说明了以上观点。1954—2005 年，抚远县的景观形状逐渐趋于规则，使得 PAFRAC 值大致上呈现逐渐减小的趋势。

表 9.7　　三江平原抚远县 1954 年、1976 年、1986 年、1995 年、2000 年和 2005 年景观指数变化

景观指数 年份	PD	LPI	LSI	PAFRAC	CONTAG	SHDI
1954	0.440	49.33	33.90	1.44	58.78	1.25
1976	0.047	18.04	20.62	1.40	57.41	1.29
1986	0.196	10.44	35.90	1.42	48.78	1.45
1995	0.198	12.70	36.99	1.40	54.70	1.26
2000	0.181	48.62	25.80	1.39	61.61	1.14
2005	0.088	53.35	20.80	1.37	64.14	1.06

5. 结论

　　抚远县沼泽湿地景观农田化现象比较严重，特别是 1954—1976 年和 2000—2005 年，

分别有 $0.72\times10^4hm^2$ 和 $2.3\times10^4hm^2$ 的沼泽湿地转化为耕地；抚远县景观的斑块密度、景观形状指数、最大斑块指数和多样性指数在过去 50 多年间发生了明显变化。LSI 值在 1995 年最大，为 36.99；SHDI 值在 1986 年最大，为 1.45；CONTAG 值在 2005 年最大，为 64.14；PAFRAC 值在 1954 年最大，为 1.54。农田面积的扩大与以上景观指数的变化规律存在密切关系，景观农田化过程使 LPI 值在 1976 年以后逐渐增大，而 PD 值则呈逐渐减小趋势。抚远县沼泽湿地景观组分在 1976—1986 年转入贡献率大于转出贡献率，而在其他阶段都是转出贡献率大于转入贡献率；而耕地景观组分在 1976—1986 年转出贡献率大于转入贡献率，而在其他阶段都是转入贡献率大于转出贡献率。这也证明了抚远县湿地景观逐渐农田化的事实。

9.5　土壤遥感应用

9.5.1　基于高分辨率遥感影像的土壤遥感分类

1. 研究区概况

研究区甘肃位于中国地理中心，地理位置为 92°13′～109°46′E、32°11′～42°57′N，地形狭长，横跨多个气候带，地貌错综复杂，山地、高原、平川、河谷、沙漠、戈壁等多种地貌类型并存。甘肃省的土壤类型较为丰富。全省土壤分布大致可按区划分为陇南黄棕壤、棕壤、褐土地区；陇东黄绵土、黑笋土地区；陇中麻土、黄白绵土区；甘南草甸土、草甸草原土地区；河西漠土、灌溉土区和祁连山栗钙土、黑钙土区，共 6 个地区及 19 个土坡区。

2. 数据来源与处理

采用 2011 年 6 月的 MODIS MYD09GA 反射率数据和 MODIS MYD13A2 植被指数数据。MYD09GA 覆盖面积约为 1 100km×1 100km，影像大小 1200×1200 像元空间分辨率为 500m，投影方式为等面正弦投影（Sinusoidal），是可见光、近红外到中红外波段的表面反照率参数；MYD13A2 数据是空间分辨率为 1 000m 的 16d 三级产品，该数据来源于美国国家航天局（NASA）的 MODIS 数据产品分发网站（https：//modis. GsFc. nasa. Gov/）。地形数据采用 SRTM3 数据（http：//datamirror. csdb. cn/dEm），按 3 弧秒进行采样，其水平分辨率为 90m，综合比例 1∶25 万。将地形数据作为辅助数据对提高甘肃省土壤分类的精度起到很重要的作用，并提取 3 个地形参数，即高程、坡度和曲率（分别表示为 ELV、SLOP 和 CAV）。另外，选用全国第 2 次土壤普查形成的 1∶100 万全国土壤数据库作为遥感分类的训练数据和验证数据。

使用 MODIS 产品处理工具 MRT 对 MODIS 数据进行投影变换、几何校正、镶嵌和重采样等预处理。投影坐标系为双标准纬线等积圆锥投影（ALBERS），椭球体为 Krasovsky，重采样像元尺寸为 1 000m。从 MODIS 数据产品中提取多波段反射率、植被指数，计算湿度指数、亮度指数，提取纹理特征，并从 SRTM3 数据中提取坡度和地面曲率等地形特征。

3. 研究方法

使用最大似然法在 ERDAS 中进行监督分类。

4. 结果与分析

由于软件在进行分类时是按照图像的光谱特征进行的聚类分析，并且分类具有一定的盲目性，故需要对分类后的图像进行后处理。首先进行聚类统计，由于表达受精度的限制，对于分类结果中较小的图斑有必要进行剔除，然后进行重新编码，最后得到分类类别明确和图面比较完整的分类图像。由于后处理前的分类图像存在某一土壤类的图斑太小而被剔除的情况，因此最终输出的结果为 34 类土壤亚类。使用验证样本，以混淆矩阵分析方法计算总分类精度 R 和一致性指数 Kappa。结果总体分类精度达 74%，整体 Kappa 统计值为 0.729。甘肃省土壤类型分布比例较大的有黄绵土、灰棕漠土、冷钙土、荒漠风沙土，所占比例分别为 29.70%、19.70%、13.10%、9.10%。其中，甘肃省中部主要土壤类型有黄绵土、淡灰钙土、黑麻土等。在河西走廊区域主要土壤类型有灰棕漠土、石膏灰棕漠土、荒漠风沙地等。中南部地区土壤类型主要有黑毡土、棕壤、石灰性褐土等。分类结果较差的土壤类型有黄棉土、棕漠土、冷钙土、淡灰冷钙土、高山漠土、黑麻土、灰棕漠土、荒漠风沙土，与实际面积的比差分别是 20.6、17.7、9.5、5.6、4.2、4.0、3.4、3.0。土壤分类结果之所以还存在着一定的误差，是由于甘肃省山地纵横交错，地形错综复杂，在获取数据的时候难免会因为地形起伏、复杂多变引起误差，使得一些土壤亚类出现错分的情况。

（1）数据选择方面：试验采用 6 月的光谱数据的成像，由于在该时相下植被生长良好，对于多源数据中表观植被的部分（NDVI，EVI 等）数据分布良好，特征比较明显，但是由于植被在这个时相下生长旺盛、枝叶繁密，对土壤表面有大面积的覆盖影响，从而导致土壤亮度等数据分布偏离正常值。因此，利用多源数据，结合时间分辨率和空间分辨率更高的数据，并且综合考虑土壤分类的多方面因子，才能提高土壤分类的精度。

（2）甘肃省土壤亚类自身差异性的影响：从土壤分布的自身特点分析，土壤亚类间土壤物化性质相似性较大，进而导致地面景观（植被）分布差异性小，而以地面光谱反射率为信息源遥感数据表现出的光谱特征区分度不高，这也是遥感手段土壤分类结果与全国第 2 次土壤调查结果的差异所在。

（3）空间因素：甘肃省地形复杂多样，较为破碎，山脉分布面积广，且纵横交错，另外分布有平川、高山、沙漠戈壁和盆地等类型，海拔相差悬殊。受这种破碎的地形和山脉交错分布特征的影响，一些分布面积较小，并未达到数据分辨率要求的水稻土、沼泽土、潮土、灌淤土等未进入分类。因此，研究区域的空间结构在一定程度上会影响土壤分类。

5. 结论

（1）基于地表反射率、归一化积雪指数、水体指数、湿度指数、纹理特征和昼夜地表温度植被指数等分类特征，再结合研究区域的地形参数特征，得到理想的分类结果，适合作为甘肃省土壤分类的分类特征。

（2）未被分出的土壤亚类，其与地理空间因素、数据的选取、数据的分辨率、分类方法和土壤分布的自身特点等因素相关。

（3）根据植被指数等遥感数据产品，提取 9 种图像特征，并结合 DEM 生成的地形参数数据，利用计算机自动分类法，对土壤类型进行系统分类，最终获得了 34 个土壤亚类，分类的总体精度达 74%。

9.5.2　基于多源遥感影像的流域土壤遥感分类

1. 研究区概况

研究区青海湖流域地处青藏高原东北部，是一个封闭的内陆盆地。气候类型为半干旱的温带大陆性气候。流域内年平均气温在 -1.1~4.0℃，呈现出由东南向西北递减的趋势。流域年平均降水量为 291~579mm，受地形和湖区影响，降水分布极不均匀。试验区位于青海湖流域西北部，地理位置为 37°1′16″~37°48′39″N、98°50′27″~99°46′32″E，南北长 70.7km，东西长 53.5km，面积约为 3 783km^2。试验区内有 4 条河流流过，分别为布哈河、峻河、夏日哈曲和吉尔孟曲。试验区内的植被类型随海拔的升高，依次为温性草原、高寒草原、高寒草甸和高寒沼泽草甸。在高海拔地区阴坡、半阴坡，还分布有斑块状的高寒灌丛。

2. 数据来源与处理

选用青海湖流域 2009 年 8 月 11 日 Landsat5 TM 图像和 2010 年 7 月、2012 年 9 月的 GeoEye-1 高分辨率图像进行分类样本和验证样本的选择。对研究区进行了实地调查，调查内容包括地形、地貌、土地利用方式、土壤要素和植被类型及覆盖度。使用了青海省测绘局 1984 年制作的 1∶100 万的青海省土壤图，在 ArcGIS 软件平台下将其矢量化，裁剪出属于青海湖流域的部分，然后分析青海湖流域内的土壤分布，进而选择试验区的范围。本试验区内包括 5 个土类、10 个亚类和 1 个非土壤单元。地形数据包括：试验区 1∶5 万 DEM 数据，其空间分辨率为 25m，经预处理，重采样后，用于坡度、坡向等分类特征的提取；试验区 1∶10 万地形图，主要用于 TM 图像的几何精纠正。在 ENVI4.7 软件平台的支持下，以青海湖流域 1∶10 万比例尺地形图为基准，对青海湖流域 2009 年的 TM 图像进行几何精纠正，并保证误差在 1 个像元内。在遥感图像上，不同土壤类型的特征差别不明显，同时，由于土壤性状主要表现在剖面上，而不是表现在土壤表面，因此仅依靠土壤表面电磁波谱的辐射特性来判别土壤类型并不直接，可借助间接解译标志对其进行综合分析。

3. 研究方法

采用最大似然方法进行分类，具体的技术流程如图 9.12 所示。

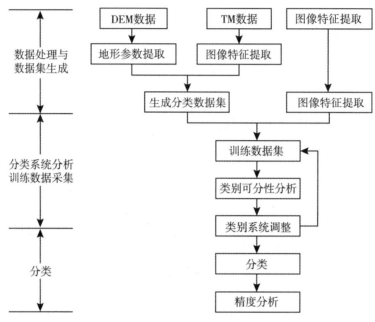

图 9.12 技术路线

4. 结果与讨论

采用混淆矩阵进行精度评价计算得到总体分类精度为 91.76%，Kappa 系数为 0.8957。栗钙土和暗栗钙土是栗钙土下面的两个亚类，它们在水分、植被方面有着相似性，造成了界线的模糊，所以在边缘部分遥感区分难度较大。

5. 结论

以 TM 图像和地形数据为主，高分辨率遥感图像和土壤图为辅，参照土壤发生分类系统，对试验区土壤进行遥感分类研究，并对分类结果进行了精度验证和分析。采用的从遥感图像和 DEM 中提取的土壤分类特征，对于该尺度的土壤类型区分是有效的，能够较好地区分出大部分的土壤亚类，但对于某些光谱特征和地形条件相似的亚类，区分度不高，需要进行类别的合并等调整。这也说明了土壤发生分类系统并不直接适用于遥感分类。在青海湖流域这种地形复杂的区域，高分辨率遥感图像的参与对样本选择具有一定的作用。试验区范围有限，训练样本的采集相对较简单，如果对整个青海湖流域进行土壤遥感分类，训练样本的采集将会比较困难，而且分类精度将会有所降低。所以，土壤遥感分类系统在整个青海湖流域的推广还有待进一步研究和验证。

9.6 地貌遥感应用

9.6.1 丹霞地貌遥感应用

1. 研究区概况

研究区广丰盆地位于赣浙闽三省交界地带，地理位置为 118°7′~118°27′E、28°13′~28°28′N。盆地内沉积了一套以红色陆相碎屑岩系为主的地层，盆地水系发源于仙霞岭，从福建浦城入境，横贯境内中部向西流往上饶的信江支流丰溪河。第四纪以来，在新构造运动的影响下，盆地不断抬升，在外动力地质作用下，不断遭受侵蚀，逐步形成石寨、石峰、石柱、石崖、峰林、巷谷、一线天、造型石等类型的丹霞地貌景观。

2. 数据来源与处理

采用 2000 年 11 月 3 日的 Landsat ETM+遥感影像数据，轨道号为 Path=120，Row=040，空间分辨率为 15m。实验发现，第 4、7 波段对岩性和地质构造反映较好，适合于丹霞地貌遥感解译，决定采用 ETM+743 波段合成影像数据。影像经过几何校正和地理配准等预处理后，结合 1∶20 万地形图、1∶25 万地质图等数据和图件资料对广丰盆地进行目视解译。

3. 研究方法

在丹霞地貌演化的不同阶段，形成不同的景观类型，在遥感影像中表现出不同的斑块、色彩特征；同时受土壤成分、岩石裸露与植被的发育程度影响，其影像特征发生规律性的变化。从遥感影像上识别丹霞地貌，需要建立丹霞地貌的解译标志。色彩特征、阴影特征、影纹特征、地质特征、地形地貌特征是丹霞地貌所特有的标志，在解译过程中，如果这些标志同时存在即可判定为丹霞地貌。通过分析研究区遥感影像特征，对照研究区的地质图件，在红层分布区内，可识别出条块状、脑状、栅状、格状和丘状五种影像特征，表征不同的丹霞地貌景观类型（图 9.13~图 9.17）。

4. 结果与讨论

丹霞地貌景观的形成、景观类型及特征，是受红层的岩石类型、边界断裂活动以及外动力地质作用共同作用的结果。广丰盆地由于受盆地边界断裂的控制以及受不同地区区域构造影响，边界断裂发育的特征不同，因而造成在盆地不同部位，节理的发育具有不同的

图 9.13 丹霞地貌块状遥感影像

图 9.14 丹霞地貌脑状遥感影像

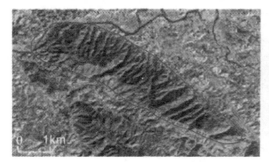

图 9.15 丹霞地貌栅状遥感影像

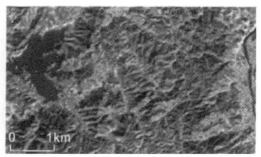

图 9.16 丹霞地貌格状遥感影像

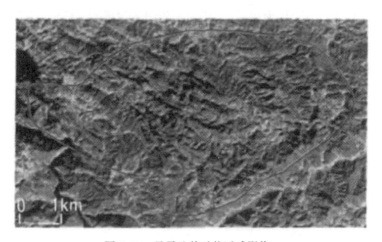

图 9.17 丹霞地貌丘状遥感影像

特征。盆内南部和东部边界断裂发育，由断裂所产生的派生节理较为发育，使得南部和东部的丹霞地貌景观最为发育，其中南部丹霞地貌分布面积较大。盆内遥感影像线性构造发育，根据走向可划分为北东向、北北东向和北北西向等数组，其中以北东向最为发育，北北西向次之，构成区域内主干线性构造网络。对解译出的广丰盆地 8 处丹霞地貌区进行遥感影像构造方位分析，统计丹霞地貌区节理的条数和走向，将统计数据用玫瑰花图表示，显示节理展布方向的特征。盆地受北东向江山-绍兴断裂带、北北西向广丰-五都断裂带和上饶-玉山-常山断裂带复合控制。丹霞地貌区节理走向以北东向为主，北西向为次，与区域断裂总体走向一致，节理的发育受大断裂控制。盆内只有一处丹霞地貌落入河口组地层中，其余全部落入晚白垩纪茅店组地层中，断裂构造将山体切割成多种构造网络图形。以发育石寨、石峰、石柱、石崖、峰林、巷谷、一线天和造型石等类型的丹霞地貌景观为主。

5. 结论

建立丹霞地貌遥感解译标志，通过解译发现 8 处丹霞地貌区，发育有以石峰、石崖、峰林、峰丛等类型为主的丹霞地貌景观；将广丰盆地丹霞地貌归纳为 5 种遥感影像特征：块状影像、脑状影像、栅状影像、格状影像和丘状影像；通过对丹霞地貌区节理构造进行解译，作出节理玫瑰花图，分析得出丹霞地貌区节理走向以北东向为主，北西向为次，节理的发育受区域大断裂控制；丹霞地貌发育受区域大断裂复合控制，丹霞地貌的形态受节理控制，断裂构造是丹霞地貌发育特征和发育类型的重要控制因素。

9.6.2　流域地貌遥感应用

1. 研究区概况

研究区选取黄河中游从内蒙古托克托县河口镇至河南郑州桃花峪间的黄河河段，这一河段位于黄土高原的核心区域，黄河在流经黄土高原时发育了众多的支流。从黄河中游由北到南依次选取了窟野河、秃尾河、无定河、延河、汾河、洛河以及渭河 7 个一级支流流域作为研究对象。

2. 数据来源

研究数据为从地理空间数据云网站下载的 30m 分辨率的 DEM 数据。

3. 研究方法

基于 DEM 通过水文分析的方法提取黄河中游 7 条主要一级支流及其所属流域，并沿河流走向等间隔提取特征点，在此基础上，从 DEM 数据中提取高程值赋予特征点，从而提取河流纵剖面，并通过分析拟合一级支流的纵剖面反映河流的发育阶段；然后计算各流域的沟壑密度、流域平均坡度、纵比降、地势比、圆度率以及面积-高程积分值，从而量化分析流域地貌形态和演化特征；在此基础上，以各流域地貌特征因子为变量，利用主成分分析和回归分析得到一个地貌特征综合评价指标，用以描述黄土高原区域侵蚀地貌的整体特征。

4. 结果与讨论

（1）对河流纵剖面进行拟合分析，从拟合结果可以看出，黄河中游7条一级支流纵剖面的总体趋势均类似幂函数形。秃尾河、无定河、延河的拟合系数 N 小于1，说明该河流处于地质构造持续抬升中后期，属于深切侵蚀期；窟野河的拟合系数 N 约为1，说明其处于地质构造稳定初期，属于深切侵蚀和均衡调整之间的过渡期；汾河、洛河以及渭河的拟合系数 N 远大于1，说明河流所在区域的侵蚀基准长期稳定，属于均衡调整期。汾河、洛河和渭河的纵剖面呈现一定的阶梯状，是由于在青藏高原隆起的基础上，黄土高原的主隆起运动形成的。

（2）通过黄河中游流域地貌形态特征定量分析，流域地貌形态是由于土壤侵蚀和堆积形成的，其形态的差异反映了流域被侵蚀的程度以及流域地貌演化的阶段。主要从地形复杂度特征、地貌发育特征角度定量分析流域地貌形态特征和发育规律。地形复杂度特征指标包括沟壑密度和流域平均坡度，地貌发育特征指标包括纵比降、地势比、圆度率以及面积-高程积分值。

（3）通过建立地貌特征综合评价指标对黄土高原区域侵蚀地貌特征进行定量分析，选取前3个主成分构成黄土高原侵蚀地貌特征综合评价指标，能很好地反映各流域的综合地貌特征，并能准确地将这一结果以量化的形式表现出来。因此，通过侵蚀地貌综合评价指标可以对黄土高原核心区域侵蚀地貌特征进行定量分析。

5. 结论

本研究以黄河中游7个主要一级支流流域为研究区域，利用数字地形分析和数理统计等方法，研究黄河中游流域地貌形态特征。

（1）通过对黄河中游7条一级支流纵剖面的拟合分析可以反映这7条河流的发育阶段。随着河流的不断发育，河流纵剖面形态指数 N 逐渐变大。秃尾河、无定河以及延河发育至深切侵蚀期；窟野河发育至深切侵蚀和均衡调整之间的过渡期；汾河、洛河以及渭河发育至均衡调整期。在河流发育过程中，流域地貌随侵蚀循环而相应演化，研究黄河中游一级支流纵剖面对揭示黄土高原区域地质构造特征有重要意义。

（2）定量分析了黄河中游流域地貌形态特征和发育规律。从流域地貌形态角度分析，窟野河、秃尾河、无定河以及延河流域的地面破碎程度较大，洛河、汾河以及渭河流域的地面破碎程度较小；窟野河、秃尾河以及无定河流域整体地形较缓，延河、汾河、洛河以及渭河流域整体地形较陡。从地貌发育角度分析，7条河流所在流域的地貌发育程度从北到南基本呈现逐渐成熟的趋势。通过对流域地貌形态特征的定量分析可以反映流域被侵蚀的程度和流域地貌演化的阶段。因此，研究流域地貌形态规律对流域土壤侵蚀与地貌演化以及水土保持研究有着重要意义。

（3）黄河中游位于黄土高原的核心区域，通过对黄河中游流域地貌形态特征的综合分析可以反映黄土高原区域侵蚀地貌形态特征。通过建立侵蚀地貌综合评价指标可定量分析地形地貌与土壤侵蚀之间的耦合关系。根据各流域侵蚀地貌综合评价指标结果可知，窟野河、秃尾河、无定河以及延河流域共同构成黄土高原强烈土壤侵蚀区；汾河、洛河以及渭河流域的土壤侵蚀程度较低。因此，通过建立侵蚀地貌综合评价指标，可以定量地反映黄土高原侵蚀地貌形态特征。

9.6.3　三角洲地貌遥感应用

1. 研究区概况

研究区黄河三角洲位于山东省北部，渤海湾和莱州湾湾口之间，地理位置为117°30′~119°20′E、36°53′~38°20′N，同时也是世界上发育演化速度最快的三角洲。黄河三角洲的形成主要依赖于黄河高泥沙含量的水流长时间的淤积造陆作用，随着时间的推移，黄河入海河道按照淤积、延伸、摆动、改道等规律不断演变，研究区选为现代黄河三角洲的所在区域，在黄河三角洲区域内选取刁口河河口区和清水沟河口沙嘴区作为主要研究区。

2. 数据来源与处理

基于遥感处理方法提取黄河三角洲岸线变化情况，选择 Landsat 系列数据作为遥感处理基础数据，数据来源为美国地质勘探局（United States Geological Survey，USGS）官网（http：//glovis. usgs. gov/），收集得到 Landsat4-5 TM 和 Landsat8 OLI 卫星 1976—2015 年共 40 期遥感影像数据。基于 ENVI5. 3 遥感影像处理平台，利用遥感技术提取黄河三角洲海岸线变化情况，对原始影像数据进行波段组合、辐射定标、大气校正和图像裁剪等预处理。

3. 研究方法

选取基于 SMNDWI 指数（二次改进归一化水体指数）的阈值分割法对黄河三角洲多年多期遥感影像进行瞬时水边线提取，再利用 ENVI5. 3 软件对已进行过图像预处理的遥感影像进行分类处理，根据分类后的影像，在 ArcGIS 软件平台上通过目视解译的方法，即可得到平均潮位下的陆地面积。

4. 结果与讨论

（1）刁口河河口沙嘴形态演变：刁口河河口沙嘴多年形态演变效果如图 9.18 所示，自 1976 年以来，其演变始终向夷平方向发展，沙嘴向海中凸出，前缘地形变陡；外凸岸段因受波浪折射，波能集聚，逐渐冲刷夷平，内凹岸段侵蚀速率逐渐上升。从 2010 年卫星影像上可以看出，东部内凹海段已形成明显的缺口。通过对刁口河流路进行生态补水，至 2015 年，西部外凸岸段冲刷趋势受到控制，东部内凹岸段呈现明显的淤进趋势。

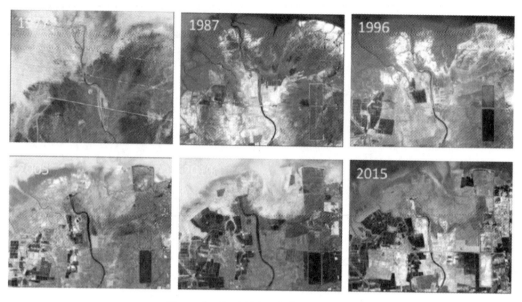

图 9.18　刁口河河口沙嘴形态演化图

（2）清水沟河口沙嘴形态演变：清水沟河口沙嘴多年形态演变效果如图 9.19 所示，自 1976 年以来，黄河入海主河道有两次明显的迁移，1996 年之前，即清山沟流路人工改道之前，河口沙嘴持续向东南方向延伸，整个河口沙嘴呈现尖而长的形态；1996 年入海流路人工改道北汊，新沙嘴开始向东北方向发育。由于缺乏足够的水沙供应，老沙嘴逐渐被海水侵蚀后退。从 2005 年开始，新沙嘴又呈现出向西北方向发展趋势。至 2015 年，南部老沙嘴已基本被侵蚀殆尽，新沙嘴向正北方向继续延伸。为更好地区分南北新老沙嘴的演化过程，利用 ArcGIS 软件绘制出黄河口新老沙嘴区域划分图。

5. 结论

1976—2010 年，自河口改道起至刁口河流路恢复过水止，刁口河河口完全失去水沙补给的 35 年间，从遥感影像可看出，在海洋动力作用下，岸线被不断侵蚀后退。根据提取出的刁口河河口区陆地面积数据，研究区陆地面积从 332.4km^2 下降为 192km^2，年侵蚀速率为 4.01km^2。区域陆地面积变化分别在 1985 年、1993 年、1997 年、2003 年以及 2007 年都出现突变点，查阅黄河三角洲历史资料可知，均是由于各年份发生较大风暴潮引起。2010—2015 年（流路生态补水以后），刁口河流路恢复过水，在水沙调控作用的影响下，海岸线被蚀退情况得到有效控制，刁口河河口区海岸带被侵蚀速率显著降低，淤蚀基本达到平衡。总侵蚀面积约 2.826km^2，总淤积面积约 3.156km^2，净淤积面积达到 0.33km^2。其中，西部外凸岸段以蚀退为主，东部内凹岸段出现淤积。

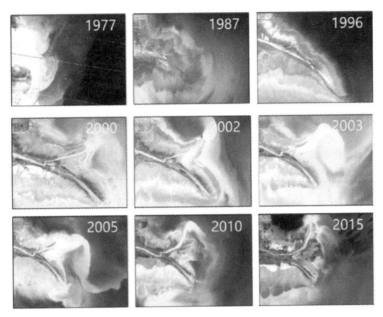

图 9.19　清水沟河口沙嘴形态演化图

9.6.4　风沙地貌遥感应用

1. 研究区概况

我国风沙地貌主要分布在北方，从东北到西北形成一条沙漠带，包括：塔克拉玛干沙漠、古尔班通古特沙漠、库姆塔格沙漠、柴达木盆地沙漠、腾格里沙漠、巴丹吉林沙漠、乌兰布和沙漠、库布齐沙漠、毛乌素沙地、浑善达克沙地、科尔沁沙地、呼伦贝尔沙地。

2. 数据来源与处理

利用遥感和 GIS 技术，解译 2000—2002 年 Landsat7 ETM 卫星影像的风沙地貌类型数据，建立风沙地貌类型数据库，分析我国北方主要风沙地貌区域沙丘类型、空间分布、数量特征，以期了解中国风沙地貌的最新情况，为科研、决策部门提供相关资料和信息。

3. 研究方法

遥感数据经辐射、几何校正、假彩色合成（742 波段）、图像拼接、增强等一系列处理后，用于地貌类型的解译。首先，根据已有图件如植被图、沙漠图、沙漠化图和相关的文献资料建立多层次的分类系统，分类系统遵循形态成因统一原则，综合考虑风向、风力、植被等因素；其次，在分类系统基础上，结合遥感影像特征建立风沙地貌类型的遥感影像特征标志库；再次，进行基于专家知识的类型解译；最后，对解译结果进行评价及检查，修订有争议的界线，同时完善属性库，最终形成风沙地貌类型数据库（图9.20）。数据解译比例尺为1∶10万，最小图斑1.5km²，最终结果存储为ArcGIS Geodatabase数据库，坐标系统为双标准纬线的Albers等积割圆锥投影。

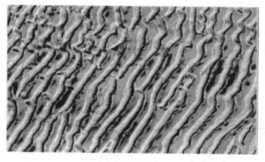

（a）塔克拉玛干沙漠的复合型沙垄　　　（b）巴丹吉林沙漠的星形沙丘和新月形沙丘

图9.20　基于ETM影像解译的风沙地貌类型边界示例

4. 结果与讨论

（1）主要风沙地貌区域的类型特征：在类型多样性方面，沙漠比沙地丰富，其中塔克拉玛干沙漠沙丘类型最多，有20种，库姆塔格沙漠、巴丹吉林沙漠有17种，柴达木盆地15种，古尔班通古特沙漠14种，腾格里沙漠、乌兰布和沙漠11种，库布齐沙漠、毛乌素沙地、浑善达克沙地、科尔沁沙地和呼伦贝尔沙地则不足10种。特殊地貌类型出现，主要是由于局部的地形、气候和植被等自然环境条件所造成的。

（2）基于行政区域的风沙地貌特征分析：根据省级行政边界提取的风沙地貌类型，可以看出我国北方风沙地貌主要分布在新疆、青海、内蒙古、甘肃、宁夏、陕西、吉林和黑龙江8省区，其中新疆沙漠面积最大，内蒙古次之，青海和甘肃位列第三和第四。

（3）沙丘动态特征：沙漠主要是以流动沙丘为主，而古尔班通古特沙漠、乌兰布和沙漠以固定、半固定为主；毛乌素沙地、浑善达克沙地、科尔沁沙地和呼伦贝尔沙地主要以固定、半固定沙丘状态为主，流沙比例较低。

5. 结论

不同风沙地貌区地貌多样性和优势地貌类型不同，沙漠的地貌多样性普遍高于沙地；在所有地貌类型中，既有普遍分布的类型，也存在一些局限于特定区域的类型。普遍分布的类型有平沙地、缓起伏沙地、草灌丛沙丘、梁窝状沙丘、沙垄、新月形沙丘和沙丘链、格状沙丘和沙丘链；特有类型有塔克拉玛干沙漠的鱼鳞状沙丘，古尔班通古特沙漠分布的蜂窝状沙垄、树枝状沙垄，库姆塔格沙漠的羽毛状沙垄及浑善达克沙地的抛物线状沙丘。研究结果也间接说明，遥感、地理信息系统技术在风沙地貌监测、定量、定位研究中有不可替代的作用，两者形成的增益系统改变了传统研究方法，获得了传统方法达不到的结果。

9.6.5 黄土地貌遥感应用

1. 研究区概况

以陕北黄土高原作为研究区域。研究区范围内整体呈现西北高、东南低的地形特征，总面积约 $12.4×10^4 km^2$。从北向南，由陕北的温带干旱半干旱气候逐渐过渡到关中地区的暖温带半干旱气候，整个研究区域内塬、梁、峁及其组合形态的沟壑地貌景观发育明显，空间分布格局显著。宏观来看，从北向南，由风沙地貌逐渐向峁状丘陵、梁状丘陵、黄土塬和黄土台塬，直至渭河阶地过渡。

2. 数据来源与处理

选择 Landsat7 ETM+和 Landsat9 OLI 影像作为实验主要数据。为研究遥感影像的季相节律变化，分别选择同年大致对应春夏秋冬四个季节的影像资料，表中行列号为127/34的对应影像 2002 年夏季无可用数据，故采用 2001 年对应季节数据代替。研究遥感纹理特征多时序变化时，选择不同时期 ETM+和 OLI 影像资料。分别选取 1∶10 000 和 1∶50 000 数字高程模型，用于地形因子分析以及与遥感和数字高程模型纹理特征对比实验。以《中华人民共和国地貌图集（1∶100 万）》作为主要参照，同时参考《中国黄土高原地貌类型图》。

3. 研究方法

针对基于遥感纹理的黄土地貌景观特征分析，首先对遥感纹理表达地貌景观特征的尺度效应进行研究，在此基础上开展黄土地貌景观的尺度特征分析和遥感尺度效应分析。依据黄土地貌景观尺度特征分析结果结合对遥感数据尺度效应分析，选择合适的遥感数据源。依据黄土地貌景观尺度特征分析结果，分别对遥感纹理的幅度变化特征和粒度变化特征进行分析，根据遥感纹理分析中出现的幅度和粒度变化规律，选择合适的尺度参数和纹理分析模型。进而在合适尺度参数控制下提取纹理指数，构建特征空间向量，并结合地学信息图谱理论构建地貌景观纹理特征图谱，进而利用构建的纹理特征图谱所具有的特性，对地貌景观自动识别、地貌景观边界划分、地貌景观空间分析和地貌景观多时序变化等方面展开探索性应用问题的研究，最后辨析遥感纹理与 DEM 纹理异同。

4. 结果与讨论

黄土地貌景观图谱是基于遥感影像中提取的纹理指数实现对地貌景观的量化表达方法。在具体应用时这种量化表达方式可分别从定性和定量两方面对黄土地貌景观的时空异质性问题进行研究。定性研究中，可根据地貌景观图谱与地貌景观类型的一一对应关系，通过比较未知遥感影像的纹理特征谱线与已建立的 9 类黄土地貌景观图谱的相似性实现对未知影像所对应区域的地貌景观类型的识别。定量研究中，主要是对黄土地貌景观时空异质性的量化分析，分为空间异质性与时间异质性的定量分析。对空间异质性的分析可将地貌景观图谱应用于景观边界划分和景观空间分析研究，对时间异质性的分析可将地貌景观图谱应用于景观时序变化以及地貌景观季相节律性的研究。在此基础上应用秋季遥感影像建立黄土地貌景观图谱。

地貌景观类型自动识别：通过 BP 神经网络模型对利用地貌景观图谱进行地貌景观类型识别效果进行验算，分类结果显示通过纹理图谱识别地貌景观类型的总分类精度达 90%，取得了良好的分类识别效果，其中对沙地、残塬和梁塬的识别全部正确，对斜梁、峁梁、台塬和塬的识别率均在 90% 以上，只有峁的识别率为 65%。地貌景观边界划分：从地貌景观图谱的可量算性和空间变异性出发，利用变异指数对指定区域内的纹理特征空间变异程度进行度量。在地貌景观边界明显的地区，利用纹理特征谱的变异性可以较为准确地识别出地貌景观边界。地貌景观空间分异分析：该区域内将变异指数划分为 0~1%、1%~4% 和 4%~14%，三个等级得到的结果具有一定的地理学意义，不同变异程度区域内对应地形因子的平均值存在差异，三个地形因子的平均值在从峁梁向峁、河谷变化的过程中均呈递减的趋势。

5. 结论

地貌景观图谱来源于遥感影像，因此图谱继承了遥感影像所具有的多种属性，包括多源性、时相性和季相节律性。此外，地貌景观图谱还具有可量算性、普遍性与典型性、空间变异性等特有的属性。构建陕北黄土高原典型地貌景观节律谱，从节律谱对表达不同地貌景观的显著性角度，得出秋季谱是最适宜表达典型地貌景观的遥感纹理图谱。构建陕北黄土高原典型地貌景观的图谱。采用秋季谱作为能够显著表达陕北黄土高原典型地貌景观的图谱。实现地貌景观类型自动识别，通过 BP 神经网络模型对自动识别的方法进行验证，实验结果表明，平均识别率达 90%。探索地貌景观边界划分方法，利用地貌景观图谱的空间变异性可以辅助地貌景观类型边界的划分以及边缘过渡带的识别。探索地貌景观空间分异规律，可为进一步深入探索土壤侵蚀的空间分异规律提供一定的数据与方法参考。

9.6.6 冰川地貌遥感应用

1. 研究区概况

研究区念青唐古拉山脉是中国青藏高原主要山脉之一。横贯西藏自治区中东部，西接冈底斯山，东南延伸与横断山脉相连，地理位置为 $89°37' \sim 97°45'E$、$27°51' \sim 31°10'N$（图 9.21）。西自 90°E 左右处的冈底斯山脉尾闾起，向东北延伸，至那曲附近又随北西向的断裂带而呈弧形拐弯折向东南延伸，接入横断山脉伯舒拉岭。总体近东西走向，全长1 400km，平均宽80km，海拔5 000~6 000m。属于半干旱大陆性气候，年降水量在300~400mm。

图9.21 念青唐古拉山地区影像图（GF-1影像图由4、3、2波段合成）

2. 数据来源与处理

采用的数据源有ETM（1999年）和GF-1/OLI（2014年和2015年）两期卫星影像、数字高程模型数据及《中国第二次冰川编目》矢量数据等。其中，ETM和GF-1/OLI卫星遥感影像用于提取两期冰川边界；SRTMV4数据作为DEM模型数据，用于复合冰川面积的分割与冰川几何参数提取；冰川编码依据《中国第二次冰川编目》。同时，以在线Google Earth作为参考。这里在分析冰川变化趋势时以1999—2015年作为时间参考（图9.22）。

3. 研究方法

使用人机交互解译，以目视解译方法提取复合冰川面积，再根据GIS技术利用流域边界和坡向差自动提取的山脊线，并经过人工修正作为分冰岭，依次分割复合冰川，划分单条冰川面积；编辑相关属性信息，经过外业验证和修改，完成冰川信息编目。由于地形起伏较大，不同的传感器引起的图像几何畸变难以完全消除，两期影像调查中采用相对解译的方法来识别冰川不同时相的变化。

271

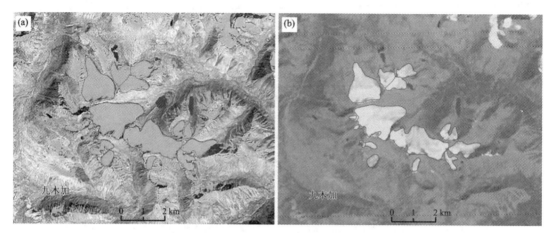

（a）1999 年 ETM 影像解译冰川图斑（由 7、4、1 波段合成）；

（b）2015 年 GF-1 影像解译冰川图斑（由 4、3、2 波段合成）

图 9.22　念青唐古拉山冰川 1999—2015 年变化（局部）

4. 结果与讨论

冰川总体变化：冰川数量由 1999 年的 6 374 条减少到 2015 年的 6 364 条，减少 10 条，减少变化率为 0.16%；冰川面积由 8 450.85km² 减少到 8 394.54km²，退缩了 56.31km²，减少变化率约为 0.67%；冰川数量，除了规模小于等于 0.1km² 的有所增加外，其他级别的冰川数量呈减少或者保持不变趋势，不同规模的冰川均退缩变小，而小冰川消失使冰川平均面积相对稳定或变化不大。冰川朝向、坡度与海拔变化：2015 年偏南及东向的冰川数量为 4 185 条、面积为 7 178.13km²，分别占冰川总量的 65.76% 和 85.51%，远大于偏北及西向冰川的数量、面积，冰川在各朝向上有变化，冰川数量和面积的变化不一致，减少绝对量和相对变化率也不一致；冰川变化流域差异按照"国标冰川流域编目规范"，在雅鲁藏布江流域冰川消失 8 条，减少面积最多，达 48.17km²，占退缩量的 85% 以上，山系东段的雅鲁藏布江流域中的拉萨河、易贡藏布和察隅曲等，以及怒江流域的中下游和那曲等流域冰川发生退缩，而山系西段流域的冰川则相对稳定。冰川储量变化：冰储量的变化率（0.78%）大于冰川面积的变化率（0.67%），与中国阿尔泰山冰川体积变化大于冰川面积调查结果一致；气候变化具有周期波动的性质，并受区域性及地区性气候的约束，但其变化与气候变化并不是完全同步的，以气温和降水为代表的气候变化会直接引发冰川的波动。

5. 结论

通过对念青唐古拉山地区 1999 年和 2015 年两期冰川编目结果分析：1999—2015 年，该区域冰川总体上表现为萎缩状态，东段海洋型冰川以退缩为主，西段的亚大陆型冰川相对稳定；不同规模的冰川均有退缩，发生退缩的有 221 条；对冰川的朝向、坡度与海拔高度分析表明，冰川各朝向上均有退缩，偏南向和东向的冰川数量与面积减少大于偏北向和西向的；平均坡度在 20°~35° 的冰川数量、面积减少最多。由于冰川集中分布在这些朝向、坡度和海拔高程范围内，但这些冰川的数量、面积的变化量与最大变化率并没有保持一致性；研究区冰川空间分布呈现出东部或东南部多于西部或西北部的特征，冰川退缩集中于东部海洋型冰川，而西部亚大陆型冰川则相对稳定。在流域中，雅鲁藏布江流域冰川数量和面积减少最多，其次是怒江流域，其他流域相对稳定，但是怒江流域变化率强于雅鲁藏布江流域；对当雄、嘉黎和波密 3 个气象台年均气温、降水量变化分析表明，1961—2013 年该区域气温呈显著上升趋势，降水量有增有减，没有明显特征，但地域差异较大。1999—2015 年冰川消融与该区域气温快速上升密切相关，气温上升、降水减少可能是导致东段冰川退缩的一个因素；研究区冰川面积的变化，选取相近季节的影像进行对比，受数据时相差异及 2014 年和 2015 年的数据中个别区域雪被覆盖而无法准确判断冰舌变化位置时，保持原冰川边界，所以本研究计算的冰川退缩面积可能偏小。

9.7 城市遥感应用

9.7.1 城市热岛效应时空变化遥感分析

1. 研究区概况

研究区域北京市地理位置为 115.7°~117.4°E、39.4°~41.6°N，总面积为 16 807.8km²，截至 2014 年底常住人口总数为 2 151.6 万。自 1978 年改革开放以来，北京在 40 年间发生了巨大变化，政治经济文化的快速发展使北京城区面积迅速扩张，城市下垫面变化很大。本研究区域为北京市（东城区、西城区、海淀区、朝阳区、丰台区、石景山区、顺义区及通州区这 8 个市辖区的全部区域以及房山区、大兴区和门头沟区的部分区域。

2. 数据来源与处理

考虑到中国国民经济发展实行"五年计划"制度以及 Landsat 卫星数据的可获取性，本研究所用数据的间隔均在 5 年左右，所用 Landsat 卫星数据均获取自美国地质调查局官网（http：//glovis. usgs. gov/），并结合每一年的数据优先选择 5~9 月时间范围内的影像。Landsat5/7/8 的载荷分别对应 TM、ETM+和 TIRS 这 3 种传感器。

3. 研究方法

采用 Landsat 数据直接反演地表亮度温度（地表亮温），作为 LST 来研究热岛效应。热红外波段数据经辐射定标之后，便可根据普朗克函数直接求解地表亮温。为了减少温度波动带来的影响，这里采用 Shen 等提出的 RPGS 方法确定地表亮温的等级划分标准以生成温度图。RPGS 方法利用相对百分比范围划分 LST 数据，参考各个地物类别在研究区范围内所占的比例确定阈值。对 7 期 Landsat 影像进行最大似然分类，将地物主要分为 5 类：水体、高大植被、低矮植被、裸土以及不透水面，每一类最高温和最低温之间的温差都在 10K 以上。考虑到一般地表覆盖类型的温度由低到高分别为水体、森林、农田、裸土、农村居民用地、其他建设用地和城镇用地，以分类结果为参考，将水体和高大植被作为低温区、低矮植被作为亚低温区、裸土作为中温区、不透水面作为亚高温区和高温区，得到本研究的 RPGS 方法地表亮温等级划分标准。

4. 结果与讨论

城市热分布演变过程定性分析：1985、1991、1995、2001、2005、2011 和 2015 年这 7 年的北京市 LST 分级分布，能够清晰地反映城市热岛效应的演变过程。高温区及亚高温区主要分布在市区，且随着时间的推移和城镇化进程的加快，城区范围不断扩大，城区内工业发达、商业繁华、人口增多，郊区则大部分变为城区，绿化、裸土面积减小。因此，高温区域和亚高温区域由原来的市中心和郊区裸土区域逐渐扩展为集中分布在整个城区内。由于城区的扩展，高温区和亚高温区就由早些年的集中分布在东城区和西城区向外扩展为若干个小热岛，分布在整个北京市的市中心；热聚合和热岛强度演变过程定量分析：利用基于 RPGS 的 HAI 描述高温区及亚高温区的聚合度，选择东西城区、四环路和五环路 3 个典型区域，在 1985 年的最大似然分类结果图中的位置示意图，其中东西城区根据 2007 年北京行政矢量图划分，四环路和五环路根据 2015 年卫星影像划分。随着时间的流逝，东西城区、四环路和五环路高温区域像元个数均呈波动下降趋势，随时间流逝没有大范围成片热聚集区，这和以前报道的对北京市热岛效应的研究结果不太一致，其主要原因为国家政策影响城镇化进程，进而影响到城市土地覆盖变化的发展模式。

5. 结论

本研究以经筛选的 1985 年、1991 年、1995 年、2001 年、2005 年、2011 年和 2015 年 7 个时段内的 Landsat 卫星数据为基础，采用遥感手段，分析了北京市城市热岛效应的时空变化特征。考虑到国家政策对城镇化进程的影响，使用 7 个时段的 Landsat 卫星数据分析北京市热岛效应热转移趋势；对城市热分布演变过程的定性分析结果表明，在工厂密集、大型购物中心较多、住宅区分布较广的区域，高温区与亚高温区分布也相对较密集，但呈递减趋势。究其原因可能是，虽然住宅区人口密度大、建筑物分布密集，但是住宅区能源消耗合计没有工厂区大，绿化程度比工厂区高，且没有明显的热源。此结论对城市规划具有重要意义，可为相关部门合理规划工业园区分布以减轻城市热岛效应的影响提供参考依据。综上所述，如何缓解或尽量减轻城市热岛效应，将是一个非常值得研究和讨论的话题。

9.7.2　基于高分辨率遥感影像的城市扩张监测与分析

1. 研究区概况

研究监测区为中国 31 个省会城市（包括省会城市、自治区首府、直辖市，不包含港澳台），选取其市辖区作为城市区域提取范围，存在行政区划调整的城市以 2015 年市辖区为准。按经济区域划分为东部、中部、西部和东北四大地区。

2. 数据来源与处理

采用高分辨率遥感影像作为主要数据来源，覆盖整个研究区域。其中，研究区的 2015 年遥感影像以全国第一次地理国情普查标准时点核准影像为主要数据源，来源于国家基础地理信息中心。2010 年遥感影像主要来源于原国土资源部（现自然资源部），不足的影像通过收集全国第一次地理国情普查影像数据予以补充，多为当年度 9~12 月的卫星影像，分辨率一般为优于 1m 分辨率，且已经过正射纠正处理。2000 年和 2005 年遥感影像以测绘地理信息部门存档高分辨率遥感影像和航片为主，优先选择 9~12 月的影像。数据覆盖省会城市市辖区范围，由于研究区覆盖较广，时间跨度大，少量影像缺失区域以相邻年份的影像进行补充。为保证提取结果的一致性，影像数据统一重采样到 2m 分辨率。

3. 研究方法

利用 2000 年、2005 年、2010 年和 2015 年高分辨率遥感影像、第一次全国地理国情普查成果和基础地理信息成果等辅助数据，经过正射纠正、影像融合、影像镶嵌、裁切等预处理步骤，采用人工解译的方法进行城市区域边界提取，并与同类研究成果进行比较，同时开展城市规模分布及城市区域扩展分析和城市区域边界提取流程。

4. 结果与讨论

与同类研究成果比较分析：①世界银行组织发布的《东亚变化中的都市景观》中的成果，主要采用 MODIS 影像进行自动分类提取；②王雷等在《中国 1990—2010 年城市扩张卫星遥感制图》中公布的成果，主要采用 Landsat TM/ETM+影像进行人工目视解译提取得到；③本研究的城市区域提取结果，主要包括省会城市区域面积和扩展。对 3 组提取结果分年份两两进行显著性检验（t 检验），结果显示，成果①与成果②、成果③的差异均较大，成果②与本研究结果通过 0.01 水平显著性检验。差异较大的城市主要有北京、重庆等，选择 2010 年的北京市及重庆市的 3 种成果进行比较，结果如图 9.23 所示。

城市规模分布变化分析：2000 年全国省会城市区域总面积为 6 520.17km²，2005 年为 8 217.72km²，2010 年为 10 361.08km²，2015 年为 12 398.31km²，显示中国省会城市增长

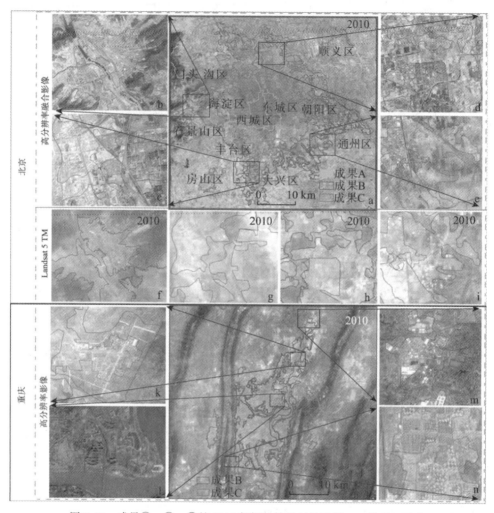

图 9.23　成果①、②、③的 2010 年提取结果对比示例——北京、重庆

保持了指数级的增长趋势；城市区域扩展分析：2000—2015 年，31 个省会城市区域面积均显著增加，反映了这 15 年间中国省会城市的迅速发展。其中，这些城市中有一半以上属于东部地区，占东部省会城市总数的 60%，反映了东部地区城市的快速扩张。相比于东部地区，其他地区还有很大的发展空间，尤其是中西部地区。同时，也反映了这些排名前十的城市在各自区域城镇化发展中的引领作用。

　　通过分时段、分城市、分区域计算城市扩展速率和扩展强度，得到各省会城市具体扩展情况，并结合全国省会城市区域的面积分布情况开展分析。从扩展速度来看，2000—2005 年、2005—2010 年、2010—2015 年这 3 个时期，西部地区省会城市扩展速度整体偏低，但总体呈上升趋势；东部地区省会城市则呈现相反的趋势，扩展速度整体最高，但随着时间发展其扩展速度在逐步降低，表明东部地区发展速度在减缓；东北地区的 3 个省会城市扩展速度均保持着稳步上升的趋势；中部地区整体扩展速度较为缓慢，各个城市扩展速度差异不大，扩展速度阶段性变化也不明显。

研究结果表明，2000 年以来，西部省会城市扩展速度逐步上升，2010—2015 年的扩展速度最大，与西部大开发战略阶段相符合。自 2004 年提出中部崛起战略以来，具有政策和资源优势的中部地区省会城市率先受益，2005—2010 年扩展速度迅速提升，达到一个高点，但在 2010 年到 2015 年又有所减缓，只有武汉一直保持着较高的发展速度。振兴东北战略也是在 2004 年提出并开始实施的，2005 年后，东北三省省会城市面积扩展速度不断提升，侧面反映了振兴东北战略实施的效果。

5. 结论

本研究利用高分辨率遥感影像采集了 2000 年、2005 年、2010 年和 2015 年 4 期全国 31 个省会城市市辖区范围内的城市区域边界，与同类研究成果进行了比较，证明了本研究在方法、精度、可靠性等方面的优势，并对城市空间扩展所引起的城区面积的时空变化进行了分析。全国省会城市整体扩展迅猛，呈指数级的增长趋势；中国省会城市规模分布接近捷夫分布模式，并随着时间推移趋于均衡；全国省会城市扩展速度整体呈现先上升后下降的趋势，西部、东北地区扩展速度逐步上升，东部地区扩展速度逐渐放缓，中部地区稳步扩张。在研究中国省会城市规模分布和扩展情况的基础上，本研究针对中国省会城市发展和规划，提出以下建议：①坚持西部大开发和振兴东北战略，持续推动西部和东北地区城镇化发展；②加快推进中部崛起战略实施，实现中部城市的快速发展；③控制东部特大城市规模，保证城市发展的健康可持续；④未来城市发展要以大城市为依托，重点发展中小城市，逐步形成辐射作用大的城市群，促进中国城市的协调发展。本研究只从成果比较、城市规模分布和扩展面积 3 个方面进行了分析，下一步将结合经济、人口、土地利用等专题数据开展城市扩展协调性、用地效率、空间形态变化、占用土地类型等方面的综合分析，发掘更多的中国城市发展规律。

9.7.3 基于夜光遥感影像的城市发展时空格局分析

1. 研究区概况

"一带一路"倡议涉及亚、欧、非大陆，衔接活跃的东亚经济圈与发达的欧洲经济圈，中间广大腹地国家经济发展潜力巨大。丝绸之路经济带主要包括三条路线，一是中国经中亚、俄罗斯至欧洲波罗的海；二是中国经中亚、西亚至波斯湾、地中海；三是中国至东南亚、南亚、印度洋。"一带一路"是开放的国际经济区域合作倡议，会有更多的国家加入"一带一路"合作中，但现在并没有一个准确的空间范围。为了方便研究，本研究将研究范围设定为中国、蒙古、俄罗斯、中亚 5 国、南亚 8 国、东南亚 10 国、西亚非洲 20 国、欧洲 20 国。

2. 数据来源与处理

夜光遥感的数据源具有代表性的是美国国家海洋和大气管理局提供的 1992—2013 逐年全球 DMSP/OLS 稳定夜光遥感时间序列影像。DMSP 卫星以每天 14 轨的速度绕地球一周，主要包括 F-10、F-11、F-12、F-13、F-14、F-15、F-16、F-17 和 F18 八颗卫星。卫星系统搭载的 OLS 传感器有两个通道，第一是可见光、近红外通道，波长范围 0.4~1.0μm，辐射量化级为 64；第二通道是热红外通道，光谱分辨率为 8bit，能够获取空间分辨率为 2.7km、幅宽为 3 000km 的影像，数据量比同等情况下使用其他遥感影像较小。此夜间灯光数据集在去云的基础上，进一步去除了火光、极光等偶然事件对影像的影响，最终得到由城市、乡村等稳定光源发出的年平均灯光影像。选用文献提供的经年间辐射校正的 1993—2012 年 DMSP/OLS 的稳定夜间灯光时间序列集，DN 值取值范围为 0~63，背景值为 0，分辨率为 1km，避免了由于年间 DN 值不一致而产生的灯光强度误差。本研究选用的各年份数据为：F10：1993 年、1994 年；F12：1995 年、1996 年；F14：1997—2001年；F15：2002 年、2003 年；F16：2004—2009 年；F18：2010—2012 年。夜间灯光遥感影像反映的是全球稳定光源的灯光强度，其中大型油气井田所发出来的能被卫星观测记录的常年稳定火光对研究城市产生干扰。本研究参考全球天然气燃烧记录、全球 30m 地表覆盖分布图和 Google Earth 影像，将大型油气井田去除，再利用"一带一路"各国行政边界划分各国稳定夜间灯光遥感影像，并将投影转换成分辨率为 1km 的古德陆地等面积投影以方便研究。

3. 研究方法

本研究首先对 1993—2012 年"一带一路"沿线国家和地区的夜间灯光总量与增量进行统计性研究；其次，基于标准差椭圆方法，分析"一带一路"区域夜间灯光的整体性演化方向；最后，利用城市位序-规模法则分析"一带一路"整体区域与中国的夜光规模分布空间形态和时空演化特征。

4. 结果与讨论

夜光总量统计分析结果，基于 1993—2012 年的夜光遥感影像进行夜光总量变化的统计分析，揭示不同国家和区域 20 年的发展变化规律。研究发现，大多数国家夜间灯光都呈现显著性增长，平均增长率为 50%，其中沿线国家夜间灯光总量增长最快的主要是通过经济改革快速发展的国家以及经历过战乱之后快速进入和平的国家，而夜光总量减少主要发生在经济动荡的地区。这说明，"一带一路"区域内亚洲的发展中国家在此 20 年间经济快速发展，成为夜光增长量的主要贡献者；通过标准差椭圆的面积变化大小和重心移动距离，分析夜间灯光城市规模在空间上的集中程度和方向变化趋势。"一带一路"城市夜间灯光空间分布格局呈现由西向东、由南向北的演化特征，即"西（略偏北）-东（略偏南）"的格局。方位角变大，标准差椭圆长轴的伸缩幅度较大，表明推动"一带一路"

城市体系夜间灯光演化的主要拉动力量为东西向，而非南北向，说明中国、东南亚地区对"一带一路"城市体系空间规模拉动作用较强。城市位序-规模法则分析结果：位序-规模分布中下尾的可靠性不高，需要进行去尾处理。从长时间序列来看，"一带一路"夜光规模分布逐渐集中，高位序城市的夜光辐射聚集作用增强，对周围区域起到了辐射带动作用，从而夜间灯光空间规模扩张，城市夜光规模分布集中趋势大于分散趋势，大城市与特大城市的首位度增大，对周围区域影响增强。

5. 结论

基于 1993—2012 年 DMSP/OLS 夜间灯光影像数据，利用数学统计分析、标准差椭圆、位序-规模法则分析方法，对"一带一路"以及其子区域的夜间灯光城市规模分布进行空间分析。20 年间中国夜光增长率为 137%，占"一带一路"总夜光增量的 38.37%，夜光空间演化特征不断向西扩张，证实了中国这 20 年间展开的"西部大开发"等促进区域经济快速均衡化发展的政策富有成效。"一带一路"区域呈现出不同发展阶段的夜间灯光时空动态变化特征：东西轴向性，"一带一路"区域城市夜间灯光在发育的过程中呈现出明显的东西成长轴线；区域差异性主要体现在各个子区域的夜光增长情况和空间格局变化差异，"一带一路"区域东亚、东南亚的夜光增长总量和增长率明显高于西部的欧洲和西亚，中亚地区甚至呈现负增长；首位聚集性指原有的城市对其他区域规模增长起着巨大的辐射和带动作用，整个"一带一路"的城市首位度增大。从区域均衡化发展来看，夜光总量增多而城市体系首位度增大，说明大城市仍有发展空间与趋势，也说明中小城市急需转变经济增长方式，促进产业结构转型升级。本研究从统计与空间两个角度分析了"一带一路"夜间灯光的时空格局，但仍存在局限性，数据集在像元聚集区存在"饱和现象"，产生的灯光强度误差和数据波动性对研究结果产生的影响将会在以后的研究中进一步讨论。

9.8 遥感专题制图应用

9.8.1 全球 30m 空间分辨率耕地遥感制图

1. 研究区概况

耕地类型是指用来种植农作物的土地，是通过播种耕作生产粮食和纤维的地表覆盖。在 30m 分辨率全球遥感影像上，耕地的典型形态主要包括有作物耕地、收割后无作物耕地、灌水期水田、收割后水田、人工牧草地、由迹地开垦的耕地和菜地等。就分布的区域及 30m 影像上的纹理特征而言，本研究主要包括平原区耕地、山区/丘陵地区耕地、干旱/半干旱区耕地及其他类型的耕地等。

2. 数据来源与处理

采用 2000 年和 2010 年的 Landsat TM/ETM+ 影像作为主要数据来源，同时采用 HJ-1 数据作为补充。其中，2000 年 Landsat 影像共 10 270 景，2010 年 Landsat 影像共 9 907 景，2010 年 HJ-1 影像共 2 640 景。所有 30m 分辨率影像均经过标准化的流程进行处理，包括几何纠正、缺失数据插补、辐射定标和裁切。有关影像数据筛选和处理的方法可参见 Chen 等 2015 年的研究成果。此外，还使用了 2000 年和 2010 年 MODIS NDVI 时间序列数据，空间分辨率为 250m，每 16 天合成一幅 NDVI 图像，全年共 23 幅。另外，将多种辅助数据集成于网络信息服务平台，用以帮助分类，包括：Google Earth 高清影像及实景照片、SRTM DEM 数据和 GDEM 数据，以及全球现有的 5 套地表覆盖分类数据、Geo-wiki 全球耕地数据，由联合国粮农组织（FAO）综合全球已有多种土地覆盖数据，利用全球实地调查样本进行修正得到。

3. 研究方法

针对全球耕地提取面临的难题，本研究提出了像元、对象和知识 3 个层次的耕地提取技术思路，即基于像元尺度多特征优化的耕地分类提取、基于对象的耕地自动判别以及基于信息服务和先验知识的交互式对象处理。在像元尺度对耕地的提取采用顾及光谱、纹理与物候特征的最大似然分类（MLC）/支撑向量机（SVM）监督分类方法；通过 eCognition 软件对 30m 遥感影像进行对象分割，对每一个对象通过计算对象中耕地所占比例及对象中平均坡度进行自动判别，以去除像元层次分类结果中的"椒盐效应"；利用耕地在不同区域分布的先验知识，结合耕地提取指标，利用人工编辑的方式将对象化的耕地提取结果进行进一步优化，以提高耕地提取的精度。

4. 结果与讨论

为了验证本研究得到的全球 30m 分辨率耕地制图结果的精度，本研究采用空间数据二级抽样检验模型，即第一级以"图幅"为抽样单元，第二级以"图幅内空间分类要素"为抽样单元（Tong 等，2011），对全球耕地制图产品进行精度评价。全球耕地制图结果按照 5°（纬度）×6°（经度）（南北纬 60°区域内）及 5°（纬度）×12°（经度）（南北纬 60°~80°区域）的大小进行分幅，其中包含耕地的图幅数分别为 609 幅（2000 年）和 611（2010 年）幅，第一级抽样数均为 78 幅。根据 Tong 等（2011）提供的估计样本数量的方法，全球耕地第二级抽样样本点数在 2000 年和 2010 年分别为 19 892 个和 20 634 个，空间布点上采用随机分布的方法，2000 年和 2010 年全球耕地制图总体精度分别为 92.82% 和 93.13%，不同区域的耕地遥感产品总体精度均高于 83%，其中，大洋洲、欧洲、东南亚及西亚地区、东北亚及中亚地区的耕地精度较高，美洲（包括北美洲和南美洲）和非洲耕地提取精度较低。

5. 结论

本研究提出了面向多特征全球耕地信息的遥感分类提取方法及工程化技术，首次研制出两期全球 30m 分辨率耕地遥感数据产品。针对全球耕地的多样性和复杂性，提出了像元、对象和知识 3 个层次的耕地提取方法，即基于像元尺度多特征优化的耕地分类提取、基于对象的耕地自动判别以及基于信息服务和先验知识的交互式对象处理；利用多源复合信息，按照耕地提取的质量指标要求，通过全面的人工交互检查与编辑，提高耕地信息的提取精度。所研制出的耕地数据产品，分辨率较国际上 300~1 000m 的同类产品高 1~2 个数量级。尚存在以下不足：①耕地的特征多样，所采用的影像时相存在不一致的问题，影响了耕地的提取精度；②提出的耕地制图方法尚依赖于人工经验；③耕地分类信息提取仍然缺少亚类信息，尚需进一步提取二级类的耕地数据，并研制长时间跨度的耕地数据；④全球耕地的国际精度验证工作亟待开展。

9.8.2 全球 30m 空间分辨率人造地表遥感制图

1. 研究区概况

在 30m 空间分辨率的遥感影像尺度上，具备可识别的人造表面纹理和光谱特征的斑块被定义为人造地表斑块（大于 3×3 像元），以避免忽略低密度区域。人造地表根据其光谱特点可以分为 2 种典型的类型，即：①纯人造地表，主要体现人造材料的光谱特点，包括绿化程度低的建筑、工地、道路、矿区等；②混合植被的人造地表，能体现出较多的植被光谱信号，包括乡村居民地、绿化较好的城区等。

2. 数据来源与处理

采用生长季的 Landsat TM/ETM+影像作为主要数据来源，将中国环境星数据作为补充。另外，将多种辅助数据集成于网络信息服务平台，用以帮助分类，包括 DEM 数据、V-map、1∶100 万地形图、谷歌地球、实地照片以及 5 套已有的全球地表覆盖产品。所有 30m 分辨率影像均经过一套标准化的流程进行处理，包括几何纠正、缺失数据插补、辐射定标和裁切。由于人造地表是中国遥感地表覆盖制图项目的第四个提取类别，因此之前提取的水体、湿地、冰雪三个类别对应的区域均被掩膜去除。

3. 研究方法

人造地表所在背景归纳为三种广泛存在的景观，包括裸地、植被以及混合背景，分别对应于不同的光谱和景观特点。本研究以人造地表的具体特征为依据，设计了一套以像素级分类、对象化识别与知识化编辑为主线，综合多种计算机分类技术与人工解译的人造地表提取流程。另外，采用了一个集成多种类型参考数据的网络信息服务平台和一套质量控

281

制体系来支持标准化的人工操作。本研究总结了 6 种典型的人造地表与背景的光谱组合，选择各自相适应的分类特征与分类器组合。采用基于对象的处理方法减少分类破碎度，采用 eCognition 软件提供的多分辨率分割功能。为了实现更精确的人造地表制图，参照多种知识的人工解译非常重要，可采取专家核检的方式进行质量控制。

4. 结果与讨论

精度评价由独立的研究小组进行评估，包括中国科学院遥感与数字地球所、中国农业科学院和中国林业科学院的研究小组。在全球范围内共选择 154 070 个像元作为参照样本进行精度评价，其中参照人造地表像元 4 269 个。人造地表的用户精度为 87.0%，生产者精度为 64.6%。各大洲的精度评价结果，用户精度均在 80% 以上，意味着错分误差非常低。而生产者精度普遍较低，特别是非洲与亚洲的生产者精度甚至低于 60%。这可能是由于这两个大洲的发展中国家较多，人造地表分布较为破碎，与其他地表覆盖类型容易混淆，提取难度较大。

5. 结论

本研究介绍了利用 Landsat 数据制作全球人造地表产品的制图方法与产品，提出了结合计算机分类与人工解译的分类流程以在全球尺度内平衡分类质量与效率。通过本研究提出的这一套分类流程，生产了 2000 年与 2010 年两个基准年的人造地表产品。作为全球尺度上分辨率和精度都最高的人造地表制图产品，该数据集将对多个研究领域产生巨大贡献。该数据集能够支持全球范围内城市形态的全面研究，有助于更全面地理解城市扩张机制。另外，这套数据对于气候变化研究也有很大的帮助，该数据集能够支持更精确的城市增温估计。本研究还存在不成熟及进一步探讨的空间，该制图方法需要大量的人力投入，这限制了其在将来人造地表变化的及时更新，"人造地表"类别的定义同时考虑了地理含义与遥感分类的可行性，但是在实际应用中可能无法直接使用。

9.8.3 亚洲中部干旱区湖泊的自动化遥感制图

1. 研究区概况

亚洲中部干旱区主要包括中国干旱区、中亚五国干旱区等地理区域，总面积约 $760 \times 10^4 km^2$。亚洲中部干旱区是全球干旱区湖泊分布最密集的地区之一，据统计，2010 年研究区湖泊总数为 30 952 个，总面积为 $49.67 \times 10^4 km^2$。

2. 数据来源与处理

采用 2013 年 6~10 月的 Landsat8 数据作为亚洲中部干旱区湖泊制图的数据源，覆盖研究区共需 479 景，总覆盖面积为 $1 519.20 \times 10^4 km^2$，其重叠区域约为研究区总面积的 2

倍,因此消除影像间的冗余信息是提高大区域专题制图效率的关键。大区域数据的运算还需考虑海量数据的计算效率问题,需将大的区域划分为面积适中的小区域。本研究采用通用横轴墨卡托 UTM 投影格网系统对研究区进行区域网格划分,使每个网格内的遥感数据量适中。

3. 研究方法

采用的大区域湖泊制图方案主要包括数据收集与区域划分、湖泊自动化制图、UTM 网格内接缝线网络生成、UTM 网格间接缝线合并、大区域湖泊制图与编辑 5 个步骤。大区域遥感自动化制图需要实现遥感专题信息的自动化提取,采用"全域-局部"自适应阈值分割方法提取湖泊信息。首先,采用归一化水体指数对 Landsat 影像进行全域阈值分割,得到初始湖泊水体单元与背景信息;然后,针对每个初始水体单元,在与之面积相等的缓冲区内采用分割迭代的方法确定最佳分割阈值,实现对每个湖泊边界的精准提取。同时,利用 DEM 分析地形因素对湖泊提取的影响,降低阈值分割过程中阴影和水体误判的情况,从而提高湖泊识别的精度。湖泊制图具体步骤:①图层裁切:针对每景 Landsat 数据的湖泊提取结果,采用有效制图区对其裁切,剔除有效制图区外的湖泊信息,并在矢量属性信息中生成面积字段和 UTM 格网信息。②统一投影转换:由于生成的矢量湖泊图层的投影信息来源于对应的遥感源数据,又由于亚洲中部地区地域广大,即使同一 UTM 网格内的 Landsat 数据,其 UTM 投影也不同,需要统一成全球投影或区域投影才能拼合所有的矢量湖泊图层。为了方便,本研究采用经纬度投影对所有的矢量湖泊图层进行投影变换。③矢量图层拼合:投影统一后,拼合所有的湖泊图层,并对跨景、跨带的大型湖泊进行人工编辑,重新计算面积。然后,对拼合结果进行人工检查,改正少量遗漏或边界错误的湖泊矢量信息,得到最终制图结果。

4. 结果与讨论

在影像数据预处理阶段,计算出每景遥感数据的有效制图区域,仅在有效制图区域进行湖泊信息提取,而其他区域被划分到相邻景的遥感数据,不需要湖泊提取,不仅减少了湖泊制图的计算量,而且减少了后期编辑制图的工作量;有效制图区域划分时采用了湖泊边界约束条件,拼接接缝线不会经过绝大多数湖泊,确定了重叠区影像内湖泊数据来源的唯一性,保证了湖泊边界的有效性。

5. 结论

本研究提出了一套针对大区域遥感专题制图的自动化技术策略,引入遥感影像镶嵌的方法确定每景遥感影像的有效制图区域,解决了大区域制图过程中重叠区信息冗余的问题;同时,采用分区分块的策略,保证每次计算操作过程中的遥感数据量适中,提高了计算处理和专题制图的效率。在现有技术积累的基础上,以亚洲中部干旱区湖泊制图为例,进一步发展了一套大区域湖泊专题制图的自动化策略,与现有的类似研究相比，在制图精度和制图效率上都有较大的提高，能够大幅度提高湖泊制图的自动化程度，从而为开展大区域乃至全球的遥感专题信息制图提供了有益的实践。今后，将继续完善其技术流程，提高信息提取算法的稳定性，并将其推广到洲际或全球的湖泊专题制图应用中。

◎ **思考题**

（1）简述 PM$_{2.5}$ 时空变化特征遥感监测分析方法及其应用。

（2）简述城市黑臭水体遥感识别方法及其应用。

（3）简述基于多源遥感的水质参数反演方法及其应用。

（4）简述面向对象的土地利用遥感分类方法及其应用。

（5）简述基于 Landsat 的湿地景观时空格局演变应用。

（6）简述多源遥感影像的土壤遥感分类方法及其应用。

（7）简述数字地貌遥感解析的关键技术及其应用。

（8）简述三角洲海岸线动态变化遥感监测方法及其应用。

（9）简述基于遥感纹理的黄土地貌景观图谱及其应用。

（10）简述现代冰川动态变化遥感监测方法及其应用。

（11）简述城市热岛效应时空变化遥感分析方法及其应用。

（12）简述基于夜光遥感影像的城市发展时空格局应用。

（13）试说明深度学习在遥感影像分类与识别中的研究进展。

（14）简述全球 30m 空间分辨率遥感制图研究及其应用。

（15）简述大区域自动化遥感制图的技术流程及其应用。

（16）简述地表覆盖遥感制图产品常用的精度评估方法。

（17）试列举 3 个以上国内外遥感影像数据产品下载的相关网址。

（18）下载一景 30m 空间分辨率的 DEM 影像，并使用 ArcGIS 软件制作专题图。

参 考 文 献

1. 王欣蕊，黄丹，尚子吟．遥感制图的发展［J］．科技传播，2012（14）：235-236.

2. 傅肃性，曹桂发．遥感制图及其研究特点［J］．遥感信息，1986（1）：23-25.

3. 王建敏，黄旭东，于欢，等．遥感制图技术的现状与趋势探讨［J］．矿山测量，2007（1）：38-40.

4. 廖克．中国地图学发展的回顾与展望［J］．测绘学报，2017（10）：319-327.

5. 廖克．中国地图学展望［J］．地图，2005（2）：36-37.

6. 王雷．遥感制图的种类及其在地图制图中的应用［J］．民营科技，2017（4）：28-28.

7. 廖克．试论现代地图学的体系［J］．地理学报，1983（1）：80-89.

8. 廖克．现代地图学的最新进展与新世纪的展望［J］．测绘科学，2004（1）：12-16+4.

9. 陈广学．现代地图学的特征及其发展与应用［J］．解放军测绘研究所学报，2001，21（1）：12-19.

10. 刘岳．现代地图学发展的主要特征和今后方向［J］．中国测绘，2002（1）：39-42.

11. 杨剑霞．现代地图学及其发展趋势［J］．世界科学，2006（6）：44-46.

12. 杨国清，祝国瑞，喻国荣．可视化与现代地图学的发展［J］．测绘通报，2004（6）：40-42.

13. 余志文，叶圣涛．现代地图学与虚拟现实［J］．四川测绘，2002，25（3）：99-101.

14. 王家耀．信息化时代的地图学［J］．测绘科学与工程，2000（1）：3-7.

15. 王家耀．关于信息时代地图学的再思考［J］．测绘科学技术学报，2013（4）：5-9.

16. 凌善金．论现代地图学的学科体系［J］．安徽师范大学学报（自然科学版），2010，33（3）：281-285.

17. 罗广祥，田永端，高凤亮，等．现代地图学特点及学科体系［J］．地球科学与环境学报，2002，24（3）：55-57.

18. 袁勘省，张荣群，王英杰，等．现代地图与地图学概念认知及学科体系探讨［J］．地球信息科学学报，2007，9（4）：100-108.

19. 边淑莉，田璐．现代地图学较传统地图学的特征及其发展方向［C］//中国地理信息系统协会第四次会员代表大会暨第十一届年会论文集 . 2007.

20. 陈军，廖安平，陈晋，等 . 全球 30m 地表覆盖遥感数据产品-GlobeLand30［J］. 地理信息世界，2017，24（1）：1-8.

21. 庞小平，王光霞，冯学智，等 . 遥感制图与应用［M］. 北京：测绘出版社，2016.

22. 向培素 . 草原火灾监测中的遥感卫星数据源［J］. 科技资讯，2017，34：95-97.

23. 郑伟，邵佳丽，王萌，等 . 多源卫星遥感草原火灾动态监测分析［J］. 自然灾害学报，2013，22（3）：54-61.

24. 李增元，高志海，李凡，等 . 高分林业遥感应用示范系统的建设与应用［J］. 卫星应用，2015（3）：25-30.

25. 陈玲，贾佳，王海庆 . 高分遥感在自然资源调查中的应用综述［J］. 国土资源遥感，2019，31（1）.

26. 温奇，李苓苓，马玉玲，等 . 旱灾遥感预警监测评估技术——以 2011 年长江中下游旱灾为例［J］. 灾害学，2013，28（2）：51-54.

27. 李加林，曹罗丹，浦瑞良 . 洪涝灾害遥感监测评估研究综述［J］. 水利学报，2014，45（3）：253-260.

28. 蒋友严，黄进，李民轩 . 环境减灾卫星在甘肃省草原火灾监测中的应用研究［J］. 干旱气象，2013，31（3）：590-594.

29. 杨蕾，王健，高玉宏，等 . 基于风云三号气象卫星遥感在森林火灾监测的实例应用［J］. 环境与发展，2019（1）：129-129.

30. 周永宝，韩惠 . 基于遥感数据的森林火灾监测研究概述［J］. 测绘与空间地理信息，2014（3）：134-136.

31. 隋学艳，王汝娟，姚慧敏，等 . 农业气象灾害遥感监测研究进展［J］. 中国农学通报，2014，30（17）：284-288.

32. 杨伟，姜晓丽 . 森林火灾火烧迹地遥感信息提取及应用［J］. 林业科学，2018，54（5）：135-142.

33. 李素菊，刘明 . 卫星遥感在我国重大地震灾害应急监测中的应用［J］. 城市与减灾，2018，121（4）：11-14.

34. 张宝，彭志帆，赵锁志 . 我国遥感技术在国土资源调查与监测发展现状综述［J］. 西部资源，2012（1）：135-136.

35. 于德龙 . 遥感技术在林业中的应用现状与展望［J］. 科技创新与应用，2017（18）：291.

36. 邢凯鑫 . 遥感技术在我国林业中的应用与展望［J］. 黑龙江科学，2016，7（6）：138-139.

37. 于冬梅 . 专题地图集设计理论、方法与应用研究［D］. 武汉：武汉大学，2011.

38. 鞠洪波 . 沙尘暴监测与预警技术研究［D］. 北京：中国科学院研究生院（遥感应用研究所），2004.

39. 董婷婷. 省域范围旱情遥感监测方法研究——以辽宁省为例［C］//大数据时代的信息化建设——2015（第三届）中国水利信息化与数字水利技术论坛论文集. 2015.

40. 业巧林，许等平，张冬. 基于深度学习特征和支持向量机的遥感图像分类［J/OL］. 林业工程学报，2019（2）：119-125［2019-03-18］. https：//doi.org/10.13360/j.issn.2096-1359.2019.02.019.

41. 李天. 面向图像分类的遥感影像综合评价方法研究［J］. 北京测绘，2019，33（2）：157-160.

42. 徐运杰，庸国祥，庸非，等. 基于深度学习遥感目标分类研究［J］. 电子世界，2019（3）：26-27.

43. 张润雷. 基于决策树的遥感图像分类综述［J］. 电子制作，2018（24）：16-18，55.

44. 张裕，杨海涛，袁春慧. 遥感图像分类方法综述［J］. 兵器装备工程学报，2018，39（8）：108-112.

45. 崔璐，张鹏，车进. 基于深度神经网络的遥感图像分类算法综述［J］. 计算机科学，2018，45（S1）：50-53.

46. 杨明震. 基于深度学习的高光谱图像分类方法的研究［D］. 南昌：东华理工大学，2018.

47. 黎玲萍. 基于深度学习的遥感图像分类算法研究［D］. 北京：北京化工大学，2018.

48. 张蓓. 高光谱遥感图像分类方法研究［D］. 西安：长安大学，2018.

49. 闫晗晗，邢波涛，任璐，等. 遥感数据融合技术文献综述［J］. 电子测量技术，2018，41（9）：26-36.

50. 陆梦溪. 基于深度学习的遥感图像分类研究［D］. 哈尔滨：哈尔滨工程大学，2018.

51. 付伟锋，邹维宝. 深度学习在遥感影像分类中的研究进展［J］. 计算机应用研究，2018，35（12）：3521-3525.

52. 张文兴. 基于 GIS 和 IDL 的遥感图像分类研究［J］. 信息与电脑（理论版），2017（20）：49-51，54.

53. 李梦诗. 遥感图像分类技术综述［J］. 科技创新与应用，2016（21）：48-49.

54. 杨艳青. 不同地貌单元下遥感影像分类方法的比较研究［D］. 临汾：山西师范大学，2016.

55. 胡伟强，鹿艳晶. 遥感图像分类方法综述［J］. 中小企业管理与科技（下旬刊），2015（8）：231.

56. 史泽鹏，马友华，王玉佳，等. 遥感影像土地利用/覆盖分类方法研究进展［J］. 中国农学通报，2012，28（12）：273-278.

57. 张莹. 遥感影像监督分类和非监督分类方法探讨［J］. 黑龙江科技信息，2016（2）：79.

58. 金杰，朱海岩，李子潇，等．ENVI 遥感图像处理中几种监督分类方法的比较 [J]．水利科技与经济，2014（1）：146-148．

59. 闫琰，董秀兰，李燕．基于 ENVI 的遥感图像监督分类方法比较研究 [J]．北京测绘，2011（3）：14-17．

60. 杨鑫．浅谈遥感图像监督分类与非监督分类 [J]．四川地质学报，2008，28（3）：251-254．

61. 李石华，王金亮，毕艳，等．遥感图像分类方法研究综述 [J]．国土资源遥感，2005，17（2）：1-6．

62. 曹宝，秦其明，马海建，等．面向对象方法在 SPOT5 遥感图像分类中的应用——以北京市海淀区为例 [J]．地理与地理信息科学，2006，22（2）：46-50．

63. 刘书含，顾行发，余涛，等．高分一号多光谱遥感数据的面向对象分类 [J]．测绘科学，2014，39（12）：91-94．

64. 阳松，王继尧．浅论面向对象的遥感图像的模糊分类 [J]．图书情报导刊，2007，17（8）：236-237．

65. 杨柯．基于 ENVI 的遥感图像自动解译分类结果优化 [J]．世界有色金属，2016（18）：130-131．

66. 张日升，张燕琴．基于深度学习的高分辨率遥感图像识别与分类研究 [J]．信息通信，2017（1）：110-111．

67. 杨昆，黄诗峰，辛景峰，等．水旱灾害遥感监测技术及应用研究进展 [J]．中国水利水电科学研究院学报，2018，16（5）：451-456，465．

68. 张启伟．浅谈谷歌遥感影像和无人机航拍影像在水土流失综合治理实施方案编制中的一些应用和方法 [J]．亚热带水土保持，2017，29（3）：65-67．

69. 王芳洁，杜渊会．高分辨率遥感影像在宜昌城区地图编制中的应用 [J]．城市建设理论研究（电子版），2017（25）：102-104．

70. 唐乾忠．公安遥感监测技术标准体系研究 [J]．中国公共安全（学术版），2017（2）：121-125．

71. 王冰琰．基于遥感影像的保护区专题地图制作技术研究 [D]．西安：西安科技大学，2016．

72. 刁明光，薛涛，李建存，等．基于 ArcGIS 的矿山遥感监测成果编制系统 [J]．国土资源遥感，2016，28（3）：194-199．

73. 孙志峰．运用卫星遥感影像编制《草原供水工程示意图》方法初探 [J]．水利水电工程设计，2015，34（4）：46-47．

74. 张坤．郯城县宗地统一代码编制和遥感数据融合工作顺利通过省级验收 [J]．山东国土资源，2015，31（6）：23．

75. 李小文．编制大数据时代的大地图，遥感可先行 [J]．科技导报，2014，32（18）：1，3．

76. 洪亮，饶得凤，杨昆．校园遥感影像地图的设计与编制——以云南师范大学为例

［J］. 昆明冶金高等专科学校学报，2013，29（3）：50-54.

77. 施丽军. 甘肃拾金坡金矿区矿山遥感监测及其 Web 管理系统的实现［D］. 长沙：中南大学，2013.

78. 王婷玉，石云，米文宝. 宁夏遥感影像旅游地图的编制［J］. 宁夏工程技术，2013，12（1）：27-29.

79. 张泰峰，杨晓华，柴志起，等. 基于遥感数据反演技术的东海海洋环境谱编制［J］. 装备环境工程，2013，10（1）：29-32，56.

80. 吴红江. 基于卫星遥感数据的数字地貌图编制［J］. 测绘，2012，35（4）：184-185.

81. 李远华. 陆域遥感军事地质图件编制方法研究［J］. 科技通报，2012，28（2）：36-38.

82. 王晓青.《汶川地震建筑物震害遥感解译图集》的编制［J］. 灾害学，2011，26（4）：103-105.

83. 周连成，陈军，王保军，等. 基于遥感与 GIS 技术编制 1∶25 万山东省海洋功能区划工作底图［J］. 海洋地质前沿，2011，27（3）：42-47.

84. 董润华. 基于卫星遥感影像的城市影像地图集编制［J］. 城市勘测，2010（S1）：107-110.

85. 方利，易文斌，岳建伟，等. 统计遥感基础地理数据库标准研究与编制［J］. 测绘与空间地理信息，2010，33（1）：14-17.

86. 赵永春，于景龙，张延安. 应用遥感技术编制小流域专业图件的初步探讨［J］. 黑龙江水利科技，2009，37（3）：99-101.

87. 尹言军，郭礼珍.GPS 技术和遥感影像在编制重点文物地图中的应用——以制作武汉大学校园重点文物图为例［J］. 测绘与空间地理信息，2006（4）：83-86.

88. 陈锦辉. 遥感影像在旅游地图编制中的应用［J］. 广西师范学院学报（自然科学版），2005（2）：94-97.

89. 王超，马玉晓，杨瑞霞，等. 基于 RS 和 GIS 的遥感影像专题地图编制［J］. 平顶山工学院学报，2005（1）：30-31.

90. 高文清. 利用 ERDASIMAGINE 遥感影像软件编制区域水文地质图［J］. 河北煤炭，2004（1）：35-36.

91. 王军，袁佩新，曾建. 水土流失现状图的遥感编制方法探讨［J］. 四川地质学报，2003（4）：225-229.

92. 沈延敏. 用遥感卫星影像编制专题地图的探索［J］. 四川测绘，2002（4）：186-187.

93. 贾淑媛，苏晓颖，尤燕，等. 卫星遥感专题图编制技术［J］. 内蒙古林业调查设计，2002（1）：41-42，48.

94. 刘冰，关继保，于福义. 基于 TM 遥感影像的林相图的编制与应用［J］. 防护林科技，2001（4）：27-29.

95. 孙燕，周万村，江晓波．遥感及 GIS 技术支持下林地动态变化图的编制及林地资源动态变化研究——以四川省盐源县为例 [J]．山地学报，2001（S1）：142-147.

96. 罗磊．结合 GIS 的遥感专题地图编制与应用 [J]．林业资源管理，1999（4）：63-66.

97. 益建芳，陈德超．利用信息复合方法编制遥感考古专题影像图 [J]．影像技术，1998（4）：4-9，12.

98. 关盛坡．利用航空遥感的黑白像片编制假彩色影像地图方法的研究 [J]．测绘通报，1997（2）：18-20.

99. 吴红，陈儒庆．桂林卫星遥感影像导游图的编制及应用 [J]．桂林冶金地质学院学报，1994（3）：327-332.

100. 赤松幸生，刘福恕．遥感与 CIS 在编制防灾计划中的应用 [J]．国土与自然资源研究，1992（S1）：44-52.

101. Dutt C，范建蓉．利用遥感技术编制 Kanha 国家公园森林植被类型图 [J]．中南林业调查规划，1992（2）：58-59.

102. 李久林．遥感技术在编制乌江流域土地利用现状图的应用及卫片判读探讨 [J]．贵州科学，1991（2）：136-144.

103. 钱乐祥．应用遥感技术编制地表覆盖图的研究——以开封市郊为例 [J]．地域研究与开发，1991（1）：59-62，64.

104. 王文生．应用卫星遥感信息编制内蒙古后套平原土壤盐碱危害图 [J]．土壤，1991（3）：131-133.

105. 宇都宫阳二朗，赵华昌，华润葵，等．利用 NOAA 卫星遥感编制中国东北部土壤水分分布图 [J]．遥感技术动态，1990（4）：27-30.

106. 朱觉先．探索应用遥感资料编制铁道遥感方案工程地质图的新途径 [J]．铁路航测，1990（2）：26-30.

107. 马玉生．应用遥感技术编制河南省 1：25 万土地利用图 [J]．地域研究与开发，1989（S1）：12.

108. 李学仁，徐传宝．用遥感图像编制河南 1：25 万土地类型图 [J]．地域研究与开发，1989（S1）：21-23.

109. 马效平，周天增，范玉兰，等．应用遥感技术编制河南省农业气候图 [J]．地域研究与开发，1989（S1）：38-39.

110. 张洪模，刘春祥，徐福龄．利用遥感技术编制黄河下游（1/50 万）古河道图 [J]．地域研究与开发，1989（S1）：72-73，81.

111. 丁应祥，徐盛荣，朱克贵．遥感技术在编制南京幅 1：50 万江苏省部分土壤图中的应用 [J]．土壤，1989（6）：304-306.

112. 李世泉．应用航空遥感技术编制景台河小流域水土保持现状图 [J]．中国水土保持，1988（12）：51-54，68.

113. 赵宗琛．呼盟《应用遥感技术调查水土流失现状编制土壤侵蚀图》成果通过盟级鉴定［J］. 东北水利水电，1988（10）：48.

114. 贾德序，杨太宏，张晓明. 遥感数据图像处理编制土壤侵蚀图的研究［J］. 中国水土保持，1988（4）：38-42，66.

115. 陈宪忠. 应用遥感技术目视解译编制赤峰市土壤侵蚀图的方法［J］. 东北水利水电，1988（2）：16-19.

116. 李建龙. 应用遥感技术编制草地类型图通过成果鉴定［J］. 干旱区研究，1987（2）：45.

117. 杜万春. 林业部北方林业遥感试验场利用彩色红外航空像片编制各森林类型及地类典型样片册的工作现已完成［J］. 林业资源管理，1987（2）：93-94.

118. 陈显忠. 应用遥感技术编制土壤侵蚀图［J］. 中国水利，1987（3）：27-28.

119. 穆信芳. 菲律宾应用多阶遥感编制森林资源图［J］. 林业勘查设计，1986（4）：36-41.

120. 李岩. 航空遥感技术在编制沙漠化土地类型图中的应用——以塔里木河中游为例［J］. 干旱区地理，1986（3）：41-46.

121. 刘复新. 应用卫星遥感技术编制水土流失图［J］. 江苏水利，1985（4）：6-9.

122. 应用遥感技术编制土壤侵蚀图［J］. 中国水土保持，1985（11）：11-12.

123. 荣连暄，冯明祥. 松辽流域片应用遥感技术编制土壤侵蚀图第三次工作会议在金县召开［J］. 东北水利水电，1985（5）：54-55.

124. 徐彬彬. 利用遥感编制灌区盐渍化土壤图［J］. 土壤学进展，1985（1）：38.

125. 李芝喜，曹宁湘，工维勤，等. 利用卫星遥感数据自动编制森林分布图［J］. 林业资源管理，1984（1）：15-18.

126. 胡万钧. 利用遥感技术进行森林抽样和编制森林分布图［J］. 云南林业调查规划，1983（1）：23-25.

127. 吴焕忠. 遥感资料在冰川制图中的应用—以编制托木尔峰地区冰川图为例［J］. 冰川冻土，1980（S1）：60-61.

128. 尼克·兰杰斯，尚若筠. 根据照片和其他遥感图像编制工程地质图［J］. 水文地质工程地质，1979（4）：55-58.

129. 侯西勇，邸向红，侯婉，等. 中国海岸带土地利用遥感制图及精度评价［J］. 地球信息科学学报，2018，20（10）：1478-1488.

130. 侯鹏敏，廖顺宝，姬广兴，等. 中比例尺土地覆盖遥感制图质量的野外验证与评价——以河南省为例［J］. 河南大学学报（自然科学版），2016，46（2）：139-148.

131. 白燕，王卷乐，宋佳. 中国1:25万土地覆盖遥感制图精度评价——以鄱阳湖地区为例［J］. 地球信息科学学报，2012，14（4）：497-506.

132. 李爽，李小娟，孙英君，等. 遥感制图中几何纠正精度评价［J］. 首都师范大学学报（自然科学版），2008，29（6）：89-92.

133. 陈辉，厉青，李营，等. 京津冀及周边地区$PM_{2.5}$时空变化特征遥感监测分析［J］. 环境科学，2019，40（1）：33-43.

134. 别念. 卫星遥感中国区域大气 CO_2 柱浓度时空特征与不确定性分析 [D]. 北京：中国科学院大学（中国科学院遥感与数字地球研究所），2018.

135. 张亚杰，车秀芬，张京红，等. 卫星遥感监测海南地区对流层 CO_2 浓度时空变化特征 [J]. 环境科学研究，2017，30（5）：688-696.

136. 肖茜，杨昆，洪亮. 近30a云贵高原湖泊表面水体面积变化遥感监测与时空分析 [J]. 湖泊科学，2018，30（4）：1083-1096.

137. 姚月，申茜，朱利，等. 高分二号的沈阳市黑臭水体遥感识别 [J]. 遥感学报，2019，23（2）：230-242.

138. 杨柳，田生伟. 基于分布式计算的遥感图像水体识别研究 [J]. 计算机应用与软件，2016，33（6）：138-140，145.

139. 何海清，杜敬，陈婷，等. 结合水体指数与卷积神经网络的遥感水体提取 [J]. 遥感信息，2017，32（5）：82-86.

140. 江辉. 基于多源遥感的鄱阳湖水质参数反演与分析 [D]. 南昌：南昌大学，2011.

141. 王强，刘丹丹，张为成. 基于DART模型森林结构参数反演 [J]. 黑龙江工程学院学报（自然科学版），2012，26（2）：32-35.

142. 郑树峰，张柏，王宗明，等. 松嫩平原西部草地植被覆盖变化人文影响因素定量研究 [J]. 中国草地学报，2007，29（3）：1-5.

143. 郑树峰，张柏，王宗明，等. 三江平原抚远县景观格局变化研究 [J]. 湿地科学，2015（1）：13-18.

144. 刘春晓，吴静，李纯斌，等. 基于MODIS的甘肃省土壤遥感分类 [J]. 草原与草坪，2018，38（6）：83-88.

145. 尹晓利，张丽，许君一，等. 青海湖流域土壤遥感分类 [J]. 国土资源遥感，2014，26（1）：57-62.

146. 黄宝华，郭福生，姜勇彪，等. 广丰盆地丹霞地貌遥感影像特征 [J]. 山地学报，2010，28（4）：500-504.

147. 李晨瑞，李发源，马锦，等. 黄河中游流域地貌形态特征研究 [J]. 地理与地理信息科学，2017，33（4）：107-112，2.

148. 郭文. 基于遥感的黄河三角洲海岸带淤蚀变化及其水沙阈值研究 [D]. 郑州：华北水利水电大学，2018.

149. 安国英，韩磊，黄树春，等. 念青唐古拉山现代冰川1999—2015年期间动态变化遥感研究 [J]. 现代地质，2019，33（1）：176-186.

150. 刘海江，柴慧霞，程维明，等. 基于遥感的中国北方风沙地貌类型分析 [J]. 地理研究，2008（1）：109-118.

151. 张苏. 基于遥感纹理的黄土地貌景观图谱研究 [D]. 西安：西北大学，2017.

152. 王兵，胡伟平，吴燕梅，等. 基于GIS的中国1∶100万陆地数字地貌遥感解译与分析——以台湾省为例 [J]. 华南师范大学学报（自然科学版），2008（2）：136-142.

153. 杨敏，杨贵军，王艳杰，等．北京城市热岛效应时空变化遥感分析［J］．国土资源遥感，2018，30（3）：213-223.

154. 张翰超，宁晓刚，王浩，等．基于高分辨率遥感影像的2000—2015年中国省会城市高精度扩张监测与分析［J］．地理学报，2018，73（12）：2345-2363.

155. 李德仁，余涵若，李熙．基于夜光遥感影像的"一带一路"沿线国家城市发展时空格局分析［J］．武汉大学学报（信息科学版），2017，42（6）：711-720.

156. 田厚安．GIS的发展与地图投影［J］．中国科技信息，2006（21）：141-143.

157. 代付．不同投影方法在遥感图像制图中的应用研究［D］．沈阳：沈阳农业大学，2007.

158. 李厚朴，唐庆辉，边少锋，等．空间地图投影数学分析研究现状与对策［J］．测绘科学技术，2018，6（2）：110-118.

159. 任留成，吕泗洲，施全杰，等．空间地图投影分类研究［J］．测绘科学技术学报，2002，19（3）：230-231.

160. 程阳．论等角空间投影［J］．测绘学报，1991（1）：36-45.

161. 任留成，吕泗洲，王青山，等．一种空间斜圆锥投影模型及解算［J］．测绘学报，2013（3）：461-466.

162. Kruse F A，Raines G L．TECHNIQUE FOR ENHANCING DIGITAL COLOR IMAGES BY CONTRAST STRETCHING IN MUNSELL COLOR SPACE.［J］．Center for Integrated Data Analytics Wisconsin Science Center，1984：755-760.

163. 陈钹．高空间分辨率遥感影像中建筑物阴影的处理研究［D］．成都：西南交通大学，2014.

164. 杨俊，赵忠明，杨健．一种高分辨率遥感影像阴影去除方法［J］．武汉大学学报（信息科学版），2008，33（1）：17-20.

165. 张兵．光学遥感信息技术与应用研究综述［J］．南京信息工程大学学报（自然科学版），2018（1）：1-5.

166. 龚媛媛．面向大区域遥感专题制图的自动化策略分析［J］．建材与装饰，2016（45）：205-206.

167. 李均力，潘俊，常存，包安明．面向大区域遥感专题制图的自动化策略［J］．地球信息科学学报，2016，18（5）：673-680.

168. 任留成，吕晓华，吕泗洲．地图投影学科性质的演变［J］．地图，2001（1）：1-2.

169. 任留成，杨晓梅，赵忠明．空间墨卡托投影研究［J］．测绘学报，2003，32（1）.

170. 雷博恩，王世航．微波遥感应用现状综述［J］．科技广场，2016（6）：171-174.

171. ENVI遥感图像处理实习指导手册［EB/OL］．［2014-10-02］．https：//wenku.baidu.com/view/8dba1283524de518964b7dc4.html.

172. ENVI遥感图像处理实用手册［EB/OL］．［2015-11-08］．https：//max.book118.

com/html/2015/1107/28780468. shtm.

173. 遥感数据处理拼接镶嵌原则［EB/OL］.［2019-01-08］. http：//www. sohu. com/a/287405069_100265683.

174. 利用 ENVI5. 1 进行遥感影像的镶嵌拼接［EB/OL］.［2017-11-09］. https：//jingyan. baidu. com/article/9f7e7ec087e4be6f28155415. html.

175. ENVI5. 1 无缝镶嵌工具［EB/OL］.［2013-12-24］. http：//blog. sina. com. cn/s/blog_764b1e9d0101cbf0. html.

176. Landset7 ETM 数据的图像缺失问题［EB/OL］.［2018-09-07］. https：//blog. csdn. net/mashui21/article/details/82504056.

177. 遥感图像处理技术几个侧重点［EB/OL］.［2015-10-15］. https：//blog. csdn. net/lijie45655/article/details/49156695.

178. ENVI 遥感影像处理实用手册［EB/OL］.［2015-11-08］. https：//max. book118. com/html/2015/1107/28780468. shtm.

179. ERDAS IMAGINE 软件介绍［EB/OL］.［2007-04-29］. http：//blog. sina. cn/dpool/blog/s/blog_3edd08c4010009en. html.

180. Pix4Dmapper 软件数据处理［EB/OL］.［2018-06-29］. https：//wenku. baidu. com/view/dabd2dd96c85ec3a86c2c564. html? from＝search.

181. ArcGIS 10 用户使用指南［EB/OL］.［2012-05-24］. https：//www. doc88. com/p-891111079414. html.

182. 全面拥抱大数据，SuperMap GIS 9D 正式发布［EB/OL］.［2017-08-25］. http：//www. xinhuanet. com/expo/2017-08-25/c_129689034. htm.

183. 遥感数据处理拼接镶嵌原则［EB/OL］.［2019-01-08］. http：//www. sohu. com/a/287405069_100265683.

184. 郭经. 国内外遥感标准现状分析［J］. 航天标准化，2010（4）：38-42.

185. 杨晓燕，王海燕. 现行测绘成果质量检验与评定标准在摄影测量与遥感中的应用［J］. 测绘标准化，2013，29（1）：45-46.

186. 马聪丽，薛艳丽，陈骏，等. 航空航天遥感测绘标准建设研究初探［J］. 遥感信息，2018，33（3）：17-25.

187. 孟雯，童小华，谢欢，等. 基于空间抽样的区域地表覆盖遥感制图产品精度评估——以中国陕西省为例［J］. 地球信息科学学报，2015，17（6）：742-749.

188. 廖安平，彭舒，武昊，等. 30m 全球地表覆盖遥感制图生产体系与实践［J］. 测绘通报，2015（10）：4-8.

189. 韩刚，何超英，陈军，等. 基于 Web 服务的全球地表覆盖遥感制图大数据集成与应用［J］. 测绘通报，2014（3）：103-106，110.

190. 张明洋，马维峰，唐湘丹，等. 地质灾害三维遥感解译成果的自动制图方法［J］. 国土资源遥感，2013，25（2）：164-167.

191. 文琳，聂赞，傅晓俊，等. 基于 ADS80 武汉市区域影像图的设计与研制［J］.

地理空间信息，2013，11（5）：158-160，15.

192. 蒋雪．考虑地图空间认知的大比例尺城市影像地图集设计初探［J］．测绘通报，2014（2）：112-114，121.

193. 廖安平，陈利军，陈军，等．全球陆表水体高分辨率遥感制图［J］．中国科学：地球科学，2014，44（8）：1634-1645.

194. 杨光．时序区域地表覆盖制图关键技术研究［D］．武汉：武汉大学，2017.

195. 陈学泓，曹鑫，廖安平等．全球30m分辨率人造地表遥感制图研究［J］．中国科学：地球科学，2016，46（11）：1446-1458.

196. 宫鹏，张伟，俞乐，等．全球地表覆盖制图研究新范式［J］．遥感学报，2016，20（5）：1002-1016.

197. 陈军，陈晋，廖安平，等．全球30m地表覆盖遥感制图的总体技术［J］．测绘学报，2014，43（6）：551-557.

198. 陈军，陈晋，宫鹏，等．全球地表覆盖高分辨率遥感制图［J］．地理信息世界，2011，9（2）：12-14.

199. 曹鑫，陈学泓，张委伟，等．全球30m空间分辨率耕地遥感制图研究［J］．中国科学：地球科学，2016，46（11）：1426.

200. 陈军，陈晋，廖安平，等．全球地表覆盖遥感制图［M］．北京：科学出版社，2000.

201. 庞小平，王光霞，冯学智，等．遥感制图与应用［M］．北京：测绘出版社，2016.

202. 邸凯昌，刘召芹，万文辉，等．月球和火星遥感制图与探测车导航定位［M］．北京：科学出版社，2015.

203. 唐华俊，周清波，刘佳，等．中国农作物空间分布高分遥感制图——小麦篇［M］．北京：科学出版社，2016.

204. 杜辉．Photoshop遥感影像工程制图［M］．北京：科学出版社，2018.

205. 中国标准化委员会．GB/T28923.1-2012自然灾害遥感专题图产品制作要求［M］．北京：中国质检出版社，2014.

206. 周成虎，程维明，钱金凯，等．数字地貌遥感解析与制图［M］．北京：科学出版社，2009.

207. 杨树文，董玉森，詹玉林，等．遥感数字图像处理与分析-ENVI5.x实验教程（第2版）［M］．北京：电子工业出版社，2019.

208. 袁勘省．现代地图学教程（第二版）［M］．北京：科学出版社，2019.

209. 赵英时．遥感应用分析原理与方法（第二版）［M］．北京：科学出版社，2018.

210. 李小文，刘素红，等．遥感原理与应用［M］．北京：科学出版社，2019.

211. 彭望琭，余先川，贺辉，等．遥感与图像解译（第7版）［M］．北京：电子工业出版社，2016.

212. 杜世宏，李培军，等．遥感与地理信息系统集成：理论，方法与应用［M］．北京：科学出版社，2019.

213. 韦玉春，汤国安，汪闽，等．遥感数字图像处理教程（第二版）［M］．北京：科学出版社，2018.

214. 常庆瑞，蒋平安，周勇，等．遥感技术导论［M］．北京：科学出版社，2017.

215. 梁顺林，李小文，王锦地，等．定量遥感：理念与算法［M］．北京：科学出版社，2018.

216. 陈圣波．遥感影像信息库［M］．北京：科学出版社，2011.

217. 张钧萍，谷延锋，陈雨时，等．遥感数字图像分析导论（第五版）［M］．北京：电子工业出版社，2015.

218. 张加龙，刘畅，李素敏，等．遥感与地理信息科学［M］．北京：科学出版社，2019.

219. 韦玉春，秦福莹，程春梅，等．遥感数字图像处理实验教程［M］．北京：科学出版社，2018.

220. 吴俐民，左小清，倪曙，等．卫星遥感影像专题信息提取技术与应用［M］．成都：西南交通大学出版社，2013.

221. 韩玲，杨军录，陈劲松，等．遥感信息提取及地质解译［M］．北京：科学出版社，2017.

222. 邓书斌．ENVI遥感图像处理方法［M］．北京：科学出版社，2018.

223. 张练蓬，李行，陶秋香，等．高光谱遥感影像特征提取与分类［M］．北京：测绘出版社，2012.

224. 何宁，吕科，等．遥感图像处理关键技术［M］．北京：清华大学出版社，2015.

225. 马建文．遥感数据智能处理方法与程序设计［M］．北京：科学出版社，2019.

226. 薛重生，张志，董玉森，等．地学遥感概论［M］．武汉：中国地质大学出版社，2011.

227. 焦李成．高分辨遥感影像学习与感知［M］．北京：科学出版社，2019.

228. 王超，石爱业，陈嘉琪，等．高光谱遥感图像处理与应用［M］．北京：人民邮电出版社，2018.

229. 刘代志．高光谱遥感图像处理与应用［M］．北京：科学出版社，2019.

230. 李红．遥感图像融合方法研究［M］．北京：科学出版社，2018.

231. 张显峰，廖春华，等．生态环境参数遥感协同反演与同化模拟［M］．北京：科学出版社有限责任公司，2019.

232. 杜培军，谭琨，夏俊士，等．城市环境遥感的方法与实践［M］．北京：科学出版社，2017.

233. 冯伍法．遥感图像判绘［M］．北京：科学出版社，2016.

234. 芮杰，金飞，王番，等．遥感技术基础［M］．北京：科学出版社，2019.

235. 王绍强．基于遥感和模型模拟的中国陆地生态系统碳收支［M］．北京：科学出版社有限责任公司，2017.

236. 中国土地勘测规划院 . 全国土地利用遥感监测成果影像集 ［M］. 北京：中国地图出版社，2018.

237. 沈焕锋 . 遥感数据质量改善之信息校正 ［M］. 北京：科学出版社，2018.

238. 曾春芬 . 遥感数据质量对水文过程影响研究 . 基于地表覆盖遥感数据分类类别及分辨率研究 ［M］. 南京：东南大学出版社，2013.

239. 汪金花，张永彬，宋利杰，等 . 遥感技术与应用 ［M］. 北京：测绘出版社，2015.

240. 曹春香，陈伟，田蓉，等 . 环境健康遥感诊断指标体系 ［M］. 北京：科学出版社，2018.

241. 邵振峰 . 城市遥感 ［M］. 武汉：武汉大学出版社，2009.

242. 秦其明，范闻捷，任华忠，等 . 农田定量遥感理论、方法与应用 ［M］. 北京：科学出版社，2018.

243. 张佳华 . 植被与生态遥感 ［M］. 北京：科学出版社，2017.

244. 韩玲，赵永华，韩晓勇，等 . 遥感陆表数据重建与时空分析应用 ［M］. 北京：科学出版社，2018.

245. 盛庆红，肖晖，等 . 卫星遥感与摄影测量 ［M］. 北京：科学出版社，2018.

246. 尹占娥 . 现代遥感导论 ［M］. 北京：科学出版社有限责任公司，2019.

247. 李爱农 . 山地遥感 ［M］. 北京：科学出版社，2017.

248. 张仁华 . 定量遥感若干关键科学问题研究 ［M］. 北京：高等教育出版社，2016.

249. 高永年，刘传胜，王静，等 . 遥感影像地形校正理论基础与方法应用 ［M］. 北京：科学出版社，2013.

250. 顾海燕，李海涛，闫利，等 . 高分辨率遥感影像面向对象分类技术 ［M］. 北京：科学出版社，2017.

251. 傅肃性 . 遥感专题分析与地学图谱 ［M］. 北京：科学出版社，2018.

252. 骆剑承 . 遥感图谱认知 ［M］ 北京：科学出版社，2017.

253. 孔祥生 . 遥感技术与应用实验教程 ［M］. 北京：科学出版社，2018.

254. 韩鹏 . 遥感影像中的空间尺度问题 ［M］. 北京：科学出版社，2018.

255. 何彬彬，全兴文，白晓静，等 . 遥感模型弱敏感参数反演方法 ［M］. 北京：科学出版社，2018.

256. 温兴平 . 遥感技术及其地学应用 ［M］. 北京：科学出版社，2017.

257. 陈明辉，黎夏，等 . 遥感技术在城市发展与规划中的综合应用研究与实践 ［M］. 武汉：武汉大学出版社，2017.

258. 刘美玲，明冬萍，等 . 遥感地学应用实验教程 ［M］. 北京：科学出版社，2019.

259. 陈良富，李莘莘，陶金花，等 . 气溶胶遥感定量反演研究与应用 ［M］. 北京：科学出版社，2011.

260. 王琦安，施建成，等 . 全球生态环境遥感监测 2016—2017 年度报告 ［M］. 北京：科学出版社，2018.

261. 李云梅，王桥，黄家柱，等．太湖水体光学特性及水色遥感［M］．北京：科学出版社，2010.

262. ［美］普拉萨德，［美］约翰，［美］阿尔弗雷德，等．高光谱植被遥感［M］．北京：中国农业科学技术出版社，2015.

263. 黄诗峰，陈德清，李小涛，等．洪涝灾害遥感监测评估方法与实践［M］．北京：水利水电出版社，2012.

264. 田淑芳，詹骞．遥感地质学［M］．北京：地质出版社，2013.

265. 苏奋振．海岸带遥感评估［M］．北京：科学出版社，2015.

266. 段四波，李召良，范熙伟，等．地表温度热红外遥感反演方法［M］．北京：科学出版社，2019.

267. 陈静波，汪承义，孟瑜，等．新型航空遥感数据产品生产技术［M］．北京：化学工业出版社，2016.

268. 张永生，王涛，张云彬，等．航天遥感工程（第二版）［M］．北京：科学出版社，2010.

269. 国家测绘地理信息局测绘标准化研究所，等．1∶5000 和 1∶10000 基础地理信息要素识别与表达［M］．西安：西安地图出版社，2013.

270. 阎守邕，刘亚岚，余涛，等．现代遥感科学技术体系及其理论方法［M］．北京：电子工业出版社，2013.

271. Lillesand T，Kiefer R，利尔桑德，等．遥感与图像解译［M］．北京：电子工业出版社，2003.

272. 吕晓华，李少梅．地图投影原理与方法（第一版）［M］．北京：测绘出版社，2006.

273. 胡圣武，肖本林．地图学基本原理与应用［M］．北京：测绘出版社，2014.

274. 祁向前，王文福，胡晋山，等．地图学原理［M］．武汉：武汉大学出版社，2012.

275. 祝国瑞．地图学［M］．武汉：武汉大学出版社，2004.

276. 祝国瑞，郭礼珍，尹贡白，等．地图设计与编绘［M］．武汉：武汉大学出版社，2010.

277. 邓磊，孙晨．ERDAS 图像处理基础实验教程［M］．北京：测绘出版社，2014.

278. 赫晓慧，贺添，郭恒亮．ERDAS 遥感影像处理基础实验教程［M］．郑州：黄河水利出版社，2014.

279. 党安荣，贾海峰，陈晓峰．ERDAS IMAGINE 遥感图像处理教程［M］．北京：清华大学出版社，2010.

280. 李小娟．ENVI 遥感影像处理教程［M］．北京：中国环境科学出版社，2007.

281. 赵文吉，段福州，刘晓萌．ENVI 遥感影像处理专题与实践［M］．北京：中国环境科学出版社，2007.

282. 沈焕锋．ENVI 遥感影像处理方法［M］．武汉：武汉大学出版社，2009.

283. 王冬梅，潘洁晨，唐红梅．遥感技术与制图［M］．武汉：武汉大学出版社，2015.

284. 李小文，刘素红．遥感原理与应用［M］．北京：科学出版社，2008.

285. 周军其，叶勤，邵永社，等．遥感原理与应用［M］．武汉：武汉大学出版社，2014.

286. 周延刚，何勇，杨华，等．遥感原理与应用［M］．北京：科学出版社，2015.

287. 常庆瑞．遥感技术导论［M］．北京：科学出版社，2004.

288. 张占睦，芮杰．遥感技术基础［M］．北京：科学出版社，2007.

289. 赵英时．遥感应用分析原理与方法［M］．北京：科学出版社，2003.

290. 梅安新，彭望琭，秦其明，等．遥感导论［M］．北京：高等教育出版社，2001.

291. 林辉，刘泰龙，李际平．遥感技术基础教程［M］．长沙：中南大学出版社，2002.

292. 日本遥感研究会，刘勇卫．遥感精解［M］．北京：测绘出版社，1993.

293. 孙家抦．遥感原理与应用［M］．武汉：武汉大学出版社，2009.

294. 党安荣，王晓东，张建宝．ERDAS IMAGINE 遥感图像处理方法［M］．北京：清华大学出版社，2003.

295. 韦玉春，汤国安，杨昕．遥感数字图像处理教程［M］．北京：科学出版社，2007.

296. 梁顺林，李小文，王锦地．定量遥感：理念与算法［M］．北京：科学出版社，2013.

297. 王家耀，陈毓芬．理论地图学［M］．北京：解放军出版社，2000.